AF347181

ZOOLOGIE
DE PLINE

TRADUCTION NOUVELLE

PAR

M. AJASSON DE GRANDSAGNE

AVEC DES RECHERCHES SUR LA DÉTERMINATION DES ESPÈCES
DONT PLINE A PARLÉ

PAR M. LE Bon G. CUVIER

TOME TROISIÈME.

PARIS

IMPRIMERIE DE C. L. F. PANCKOUCKE

MEMBRE DE L'ORDRE ROYAL DE LA LÉGION D'HONNEUR

RUE DES POITEVINS, N° 14

M DCCC XXXI.

HISTOIRE NATURELLE

DE PLINE.

LIVRE ONZIÈME.

C. PLINII SECUNDI

HISTORIARUM MUNDI

LIBER XI.

INSECTORUM ANIMALIUM GENERA.

Subtilitas in his rebus naturæ.

I. 1. Multa hæc et multigenera, terrestrium volucrumque vita. Alia pennata, ut apes: alia utroque modo, ut formicæ: aliqua et pennis et pedibus carentia; et jure omnia insecta appellata ab incisuris, quæ nunc cervicum loco, nunc pectorum atque alvi, præcincta separant membra, tenui modo fistula cohærentia. Aliquibus vero non tota incisura, eam ambiente ruga: sed in alvo, aut superne tantum, imbricatis flexili vertebris, nusquam alibi spectatiore naturæ rerum artificio.

2. In magnis siquidem corporibus, aut certe majoribus, facilis officina sequaci materia fuit. In his tam

HISTOIRE NATURELLE

DE PLINE.

LIVRE XI.

DES DIVERSES ESPÈCES D'INSECTES.

Extrême petitesse de ces êtres.

I. 1. Les insectes sont en grand nombre, et forment une multitude de genres différens qui vivent sur la terre et dans l'air. Les uns sont ailés, comme les abeilles; les autres ont le vol et la marche, comme les fourmis : quelques-uns sont dénués à la fois d'ailes et de pieds; mais tous, avec raison, sont appelés insectes à cause des incisions qui partagent, soit au cou, soit à la poitrine ou au ventre, les parties de leur corps qui n'adhèrent les unes aux autres que par un tube fort étroit. Dans quelques-uns l'incision n'est pas entière, mais recouverte d'une enveloppe ridée; cependant cette zone flexible, composée de vertèbres imbriquées, recouvre seulement ou le ventre ou le dos. Nulle part l'industrie de la nature ne s'est montrée plus admirable.

2. Dans les grands corps, ou du moins dans ceux qui sont plus grands, la matière obéissait et se prêtait sans

parvis, atque tam nullis, quæ ratio, quanta vis, quam
inextricabilis perfectio? ubi tot sensus collocavit in culice? et sunt alia dictu minora. Sed ubi visum in eo
prætendit? ubi gustatum adplicavit? ubi odoratum in-
seruit? ubi vero truculentam illam et portione maximam vocem ingeneravit? qua subtilitate pennas ad-
nexuit? prælongavit pedum crura? disposuit jejunam
caveam, uti alvum? avidam sanguinis, et potissimum
humani, sitim accendit? Telum vero perfodiendo ter-
gori, quo spiculavit ingenio? Atque ut in capaci, quum
cerni non possit exilitas, ita reciproca generavit arte,
ut fodiendo acuminatum pariter, sorbendoque fistulosum esset. Quos teredini ad perforanda robora cum sono
teste dentes adfixit, potissimumque e ligno cibatum
fecit? Sed turrigeros elephantorum miramur humeros,
taurorumque colla, et truces in sublime jactus: tigrium
rapinas, leonum jubas, quum rerum natura nusquam
magis, quam in minimis, tota sit. Quapropter, quæso,
ne nostra legentes, quoniam ex his spernunt multa,
etiam relata fastidio damnent, quum in contemplatione
naturæ nihil possit videri supervacuum.

peine à ses desseins ; mais pour façonner ces êtres si petits, que d'intelligence ! quelle puissance, quelle inconcevable perfection ! où la nature a-t-elle placé tant de sens dans le cousin ? et bien d'autres sont plus petits encore. Mais enfin, dans cet insecte, où a-t-elle placé l'organe de la vue ? où a-t-elle fixé le goût, insinué l'odorat ? d'où fait-elle partir cette voix terrible et prodigieuse en raison de la petitesse de l'animal ? avec quelle dextérité a-t-elle attaché les ailes, allongé les pattes, disposé en forme d'estomac cette cavité qui sent le besoin des alimens, allumé cette soif avide de sang, et surtout de sang humain ? Mais le dard qui doit percer la peau, avec quelle adresse l'a-t-elle aiguisé ? et, par un art d'autant plus grand que l'objet, par sa finesse, échappe à la vue, elle a travaillé comme si les dimensions eussent été plus grandes, et rendu tout à la fois le trait aigu pour percer, et creux pour pomper. Quelles dents a-t-elle données au térédo pour ronger avec tant de bruit les chênes les plus durs, dont elle a voulu qu'il fît sa principale nourriture ? Mais nous admirons les épaules des éléphans chargées de tours, le cou nerveux des taureaux, et leur force effrayante pour lancer dans les airs ; la rapacité des tigres, la crinière des lions ; et cependant la nature n'est nulle part plus grande que dans les êtres les plus petits. Ainsi donc, je prie mes lecteurs, qui méprisent la plupart de ces animaux, de ne pas repousser avec le même dédain les observations que je leur présente ; car rien ne peut paraître superflu dans l'étude de la nature.

An spirent, an habeant sanguinem.

II. 3. Insecta multi negarunt spirare, idque ratione persuadentes, quoniam in viscera interiora nexus spirabilis non inesset. Itaque vivere ut fruges, arboresque: sed plurimum interesse, spiret aliquid, an vivat. Eadem de causa nec sanguinem iis esse, qui sit nullis carentibus corde atque jecore. Sic nec spirare ea, quibus pulmo desit. Unde numerosa quæstionum series exoritur. Iidem enim et vocem esse his negant, in tanto murmure apium, cicadarum sono, et aliis quæ suis æstimabuntur locis. Nam mihi contuenti se persuasit rerum natura, nihil incredibile existimare de ea. Nec video, cur magis possint non trahere animam talia, et vivere, quam spirare sine visceribus : quod etiam in marinis docuimus, quamvis arcente spiratum densitate et altitudine humoris. Volare quidem aliqua, et animatu carere in ipso spiritu viventia, habere sensum victus, generationis, operis, atque etiam de futuro curam : et quamvis non sint membra, quæ, velut carina, sensus invehant, esse tamen his auditum, olfactum, gustatum, eximia præterea naturæ dona, solertiam, animum, artem, quis facile crediderit? Sanguinem non'esse his fateor, sicut ne terrestribus quidem cunctis, verum simile quiddam. Ut sepiæ in mari sanguinis vicem atra-

Les insectes respirent-ils ? ont-ils du sang ?

II. 3. Plusieurs auteurs nient que les insectes respirent ; la raison qu'ils en donnent, c'est qu'on ne trouve pas dans leurs viscères le conduit de la respiration. Ils disent donc que ces animaux vivent comme les plantes et les arbres ; mais que respirer et vivre sont deux choses très-différentes. D'après le même principe, ils prétendent que les insectes n'ont point de sang, parce que ce liquide manque chez tous les animaux privés du cœur et du foie ; et qu'ils ne respirent pas non plus, parce qu'ils n'ont pas de poumon. De là découle une série nombreuse de questions : par exemple, les mêmes auteurs nient que les insectes aient la voix, malgré le bourdonnement des abeilles, le chant des cigales, et les sons de plusieurs autres dont nous parlerons en leur lieu. Pour moi, une étude approfondie de la nature m'a convaincu que rien ne lui est impossible. Je ne vois pas pourquoi les animaux de ce genre pourraient plutôt vivre sans respirer que respirer sans poumons, comme nous l'avons dit des animaux marins, quoique la densité et la profondeur de l'eau interdisent toute communication avec l'air. Peut-on se résoudre à croire que des animaux qui volent, ne respirent pas l'air au sein duquel ils vivent, et soient capables de se nourrir, de se reproduire, de suivre des travaux, de s'occuper même de l'avenir; et que, privés des membres qui servent à transmettre les sensations, ils jouissent cependant de l'ouïe, de l'odorat et du goût; je dis plus, qu'ils possèdent l'adresse, le courage, l'industrie, ces dons précieux de la nature?

mentum obtinet, purpurarum generi infector ille succus : sic et insectis quisquis est vitalis humor, hic erit
et sanguis, donec æstimatio sua cuique sit. Nobis pro-
positum est, naturas rerum manifestas indicare, non
causas judicare dubias.

De corpore eorum.

III. 4. Insecta, ut intelligi possit, non videntur nervos habere, nec ossa, nec spinas, nec cartilaginem, nec
pinguia, nec carnes, ne crustam quidem fragilem, ut
quædam marina, nec quæ jure dicatur cutis : sed mediæ
cujusdam inter omnia hæc naturæ corpus, arenti simile,
nervo mollius, in reliquis partibus siccius vere, quam
durius. Et hoc solum his est, nec præterea aliud. Nihil
intus, nisi admodum paucis intestinum implicatum. Itaque divulsis præcipua vivacitas, et partium singularum
palpitatio. Quia quæcumque est ratio vitalis, illa non
certis inest membris, sed toto in corpore, minime tamen
capite, solumque non movetur, nisi cum pectore avul-
sum. In nullo genere plures sunt pedes. Et quibus ex his
plurimi, diutius vivunt divulsa, ut in scolopendris videmus. Habent autem oculos, præterque e sensibus tactum
atque gustatum : aliqua et odoratum, pauca et auditum.

J'avoue que les insectes, que même tous les insectes terrestres, n'ont point de sang ; mais ils ont quelque chose d'équivalent. Ainsi que l'encre de la sèche et le suc qu'on extrait des pourpres pour la teinture tiennent lieu de sang chez ces animaux marins, de même chez les insectes, quelle que soit cette humeur vitale, je la nommerai leur sang, laissant à chacun la liberté de la définir à son gré. Mon but est d'indiquer des faits constans, non de juger des questions douteuses.

Du corps des insectes.

III. 4. Les insectes, autant qu'il est possible de s'en assurer, ne paraissent avoir ni nerfs, ni os, ni arêtes, ni cartilage, ni graisse, ni chair, ni même cette croûte fragile qui revêt quelques animaux marins, ni peau proprement dite. La nature de leur corps tient, en quelque sorte, le milieu entre toutes ces matières ; c'est une substance aride, plus molle que le nerf (tendons), et plutôt sèche que dure dans les parties extérieures : voilà tout ce qu'ils ont, et rien de plus. Dans l'intérieur on ne trouve rien, si ce n'est, dans un très-petit nombre, un intestin qui forme plusieurs replis. Aussi les insectes, coupés en morceaux, vivent encore long-temps, et chaque partie palpite séparément, parce que, chez eux, la force vitale, quelle qu'elle soit, n'est pas fixée dans tel ou tel membre, mais répandue dans tout le corps, moins toutefois dans la tête que partout ailleurs. La tête seule, une fois séparée, n'a plus de mouvement, à moins qu'elle n'ait été arrachée avec le corselet. Aucun genre d'ani-

De apibus.

IV. 5. Sed inter omnia ea principatus apibus, et jure præcipua admiratio, solis ex eo genere hominum causa genitis. Mella contrahunt, succumque dulcissimum atque subtilissimum , ac saluberrimum. Favos confingunt et ceras , mille ad usus vitæ : laborem tolerant, opera conficiunt, rempublicam habent, consilia privatim , ac duces gregatim : et quod maxime mirum sit, mores habent. Præterea , quum sint neque mansueti generis, neque feri, tamen tanta est natura rerum , ut prope ex umbra minimi animalis , incomparabile effecerit quiddam. Quos efficaciæ industriæque tantæ comparemus nervos ? quas vires? quos rationi medius fidius viros? hoc certe præstantioribus , quo nihil novere , nisi commune. Non sit de anima quæstio : constet et de sanguine, quantulum tamen esse in tantulis potest ? Æstimemus postea ingenium.

maux n'a été pourvu d'un plus grand nombre de pieds ;
ceux qui en ont le plus survivent le plus long-temps à
la séparation de leurs membres, comme nous le voyons
dans les scolopendres. Les insectes ont des yeux, et, en
outre, le toucher et le goût : quelques-uns ont encore
l'odorat ; mais peu sont doués du sens de l'ouïe.

Des abeilles.

IV. 5. Parmi tous les insectes, les abeilles tiennent
le premier rang et ont le plus de droit à notre admiration, puisque, seules de ce genre, elles ont été créées
pour l'homme. Elles recueillent le miel, le plus doux, le
plus subtil, le plus salubre de tous les sucs. Elles fabriquent les rayons et la cire pour une infinité d'usages
domestiques ; elles supportent le travail, exécutent des
ouvrages, forment une république, tiennent des conseils,
ont des chefs, et, ce qui est le plus merveilleux, des mœurs.
Bien qu'elles n'appartiennent ni à la classe des animaux
domestiques ni à celle des animaux sauvages, telle est
pourtant la puissance de la nature, que de l'ombre, pour
ainsi dire, d'un animal très-petit, elle a su former un
chef-d'œuvre incomparable. A leur infatigable et féconde
industrie, quels nerfs, quelles forces, quel génie humain pourrions-nous comparer ? Du moins ont-elles cet
avantage, que chez elles tout est commun. Écartons la
question de leur respiration ; accordons même qu'elles
ont du sang : toutefois, combien peu doit-il y en avoir
dans de si petits êtres ? N'envisageons que leur instinct.

Quis ordo in opere earum.

V. 6. Hieme conduntur : unde enim ad pruinas ni-
vesque, et aquilonum flatus perferendos vires ? Sane et
insecta omnia : sed minus diu, quæ parietibus nostris
occultata, mature tepefiunt. Circa apes aut temporum
locorumve ratio mutata est, aut erraverunt priores.
Conduntur a Vergiliarum occasu, sed latent ultra exortum : adeo non ad veris initium, ut dixere, nec quis-
quam in Italia de alvis existimat. Ante fabas florentes
exeunt ad opera et labores, nullusque, quum per cælum
licuit, otio perit dies. Primum favos construunt, ceram
fingunt, hoc est, domos cellasque faciunt. Deinde sobolem, postea mella, ceram ex floribus, melliginem e
lacrymis arborum, quæ glutinum pariunt, salicis, ulmi,
arundinis, succo, gummi, resina. His primum alveum
ipsum intus totum, ut quodam tectorio, illinunt, et
aliis amarioribus succis contra aliarum bestiolarum avi-
ditates : id se facturas consciæ, quod concupisci possit.
His deinde fores quoque latiores circumstruunt.

Ordre des travaux des abeilles.

V. 6. Elles s'enferment pendant l'hiver : en effet, pourraient-elles résister aux frimas, aux neiges, à la violence des aquilons? Il en est de même de tous les insectes; mais ceux qui vivent dans nos habitations restent moins long-temps cachés, et se réchauffent de bonne heure. Quant aux abeilles, ou les lieux et les temps sont changés, ou les anciens étaient dans l'erreur. Elles se renferment dès le coucher, et restent cachées jusqu'après le lever des Pléiades; elles ne reparaissent donc pas au retour du printemps, comme l'ont dit ces auteurs; cette opinion, d'ailleurs, n'est adoptée par personne en Italie. Elles sortent pour se mettre à l'ouvrage avant la floraison des fèves; et, pourvu que le temps le permette, elles ne perdent pas un seul jour dans l'oisiveté. Elles commencent par construire les rayons et fabriquer la cire, c'est-à-dire qu'elles bâtissent leurs maisons et leurs cellules; ensuite elles s'occupent de la reproduction, puis elles font le miel : elles extraient la cire des fleurs; elles tirent le melligo des larmes de tous les arbres onctueux, du suc, de la gomme, de la résine du saule, de l'orme, du roseau. Avec cette matière elles commencent à enduire tout l'intérieur de la ruche, comme d'une espèce de vernis. Elles emploient encore d'autres sucs plus amers pour se garantir de l'avidité des petits animaux, car elles savent que l'ouvrage qu'elles vont faire pourra exciter la cupidité; ensuite, avec la même matière, elles rétrécissent les portes de la ruche qui sont trop larges.

Quid sit in eo commosis, pissoceros, propolis.

VI. 7. Prima fundamenta commosin vocant periti, secunda pissoceron, tertia propolin, inter coria cerasque : magni ad medicamina usus. Commosis crusta est prima, saporis amari. Pissoceros super eam venit, picantium modo, ceu dilutior cera. E vitium, populorumque mitiore gummi propolis, crassioris jam materiæ, additis floribus, nondum tamen cera, sed favorum stabilimentum, qua omnes frigoris aut injuriæ aditus obstruuntur, odore et ipsa etiamnum gravi, ut qua plerique pro galbano utantur.

Quid erithace, sive sandaraca, sive cerinthos.

VII. Præter hæc convehitur erithace, quam aliqui sandaracam, alii cerinthum vocant. Hic erit apium, dum operantur, cibus, qui sæpe invenitur in favorum inanitatibus sepositus, et ipse amari saporis. Gignitur autem rore verno, et arborum succo, gummium modo, Africi minor, Austri flatu nigrior, aquilonibus melior et rubens, plurimus in græcis nucibus. Menecrates florem esse dicit, sed nemo præter eum.

Ce que c'est que la commosis, la pissocéros, la propolis.

VI. 7. Ceux qui s'occupent des abeilles appellent *commosis* le premier fondement des rayons, *pissocéros* le second, *propolis* le troisième. La propolis se trouve entre les autres couches et la cire : elle est d'un grand usage en médecine. La commosis, d'un goût amer, forme la première couche. La pissocéros, comme une couche de poix, s'étend par-dessus, et ressemble à une cire liquide. La propolis provient de la gomme douce des vignes et des peupliers ; sa substance, dans la composition de laquelle entre le suc des fleurs, est plus épaisse ; toutefois ce n'est pas encore la cire, mais le soutien des rayons, ce qui les garantit du froid et de toute injure ; elle est en outre d'une odeur forte, et l'on s'en sert communément au lieu de galbanum.

Érithaque, sandaraque ou cérinthe.

VII. Les abeilles transportent aussi dans leurs ruches l'érithaque, que quelques-uns nomment sandaraque, et d'autres cérinthe : ce sera leur nourriture pendant qu'elles travailleront. On la trouve souvent mise en réserve dans les rayons vides ; elle est d'un goût amer. Elle se forme de la rosée du printemps et du suc des arbres, comme les gommes ; en moindre quantité quand l'Africus souffle, plus noire quand c'est le vent du midi, rouge et d'une meilleure qualité par le vent du nord, très-abondante sur les noyers grecs. Ménécrate prétend que c'est une fleur, mais il est seul de son avis.

Ex quibus floribus opera fiant.

VIII. 8. Ceras ex omnium arborum satorumque floribus confingunt, excepta rumice et echinopode. Herbarum hæc genera. Falso excipitur et spartum, quippe quum in Hispania multa in spartariis mella herbam eam sapiant. Falso et oleas excipi arbitror, quippe olivæ proventu plurima examina gigni certum est. Fructibus nullis nocetur. Mortuis ne floribus quidem, non modo corporibus insidunt. Operantur intra sexaginta passus : et subinde consumptis in proximo floribus, speculatores ad pabula ulteriora mittunt. Noctu deprehensæ in expeditione excubant supinæ, ut alas a rore protegant.

Apium studio capti.

IX. 9. Ne quis miretur amore earum captos, Aristomachum Solensem duodesexaginta annis nihil aliud egisse : Philiscum vero Thasium in desertis apes colentem Agrium cognominatum : qui ambo scripsere de his.

Choix des fleurs pour la confection du travail.

VIII. 8. Elles extraient la cire des fleurs de tous les arbres et de toutes les plantes, excepté le rumex et l'échinopode, deux espèces d'herbes. On excepte aussi le spart, mais à tort, puisqu'en Espagne, dans les contrées qui produisent cette plante, le miel en a souvent le goût. Je pense qu'on a également tort d'excepter l'olivier, car il est certain que les essaims ne sont jamais plus nombreux que lorsque les olives sont abondantes. Elles ne nuisent point aux fruits. Elles ne se posent jamais sur des cadavres, ni même sur des fleurs desséchées. Elles travaillent dans une circonférence de soixante pas : à mesure que les fleurs sont épuisées, elles envoient des éclaireurs pour reconnaître de nouveaux pâturages. Surprises par la nuit pendant leurs expéditions, elles veillent couchées sur le dos, afin de garantir leurs ailes de la rosée.

Noms de quelques hommes épris de l'étude des abeilles.

IX. 9. Qu'on ne s'étonne pas que des hommes se soient passionnés pour elles ; comme Aristomaque de Soles, qui, pendant cinquante-huit ans, ne fit rien autre chose que d'étudier les abeilles ; et Philiscus de Thasos, qui fut surnommé Agrius, parce qu'il vécut au milieu des déserts, occupé du même soin. Tous deux ont écrit sur les abeilles.

Ratio operis.

X. 10. Ratio operis. Interdiu stadio ad portas more castrorum, noctu quies in matutinum, donec una excitet gemino aut triplici bombo, ut buccino aliquo. Tunc universæ provolant, si dies mitis futurus est. Prædivinant enim ventos imbresque, et se continent tectis. Itaque temperie cæli (et hoc inter præscita habent), quum agmen ad opera processit, aliæ flores aggerunt pedibus, aliæ aquam ore, guttasque lanugine totius corporis. Quibus est earum adolescentia, ad opera exeunt, et supradicta convehunt : seniores intus operantur. Quæ flores comportant. prioribus pedibus femina onerant, propter id natura scabra, pedes priores rostro : totæque onustæ remeant sarcina pandatæ. Excipiunt eas ternæ, quaternæque, et exonerant. Sunt enim intus quoque officia divisa. Aliæ struunt, aliæ poliunt, aliæ suggerunt, aliæ cibum comparant ex eo, quod adlatum est. Neque enim separatim vescuntur, ne inæqualitas operis et cibi fiat et temporis. Struunt orsæ à concameratione alvei, textumque velut a summa tela deducunt, limitibus binis circa singulos actus, ut aliis intrent, aliis exeant. Favi superiore parte adfixi, et paulum etiam lateribus simul hærent, et pendent una. Alveum non contingunt, nunc obliqui, nunc rotundi, qualiter poposcit alveus : aliquando et duorum

Manière de travailler des abeilles.

X. 10. Voici l'ordre du travail. Pendant le jour, une garde veille aux portes comme dans un camp ; la nuit, tout repose jusqu'au matin : alors une d'elles éveille les autres par deux ou trois bourdonnemens, comme par le son d'une trompette. Alors elles s'envolent toutes à la fois si le jour doit être serein, car elles pressentent les vents et la pluie, et alors elles se tiennent sous leur toit. Lorsque, par un temps favorable, ce qu'elles savent aussi prévoir, la troupe est partie pour le travail, les unes ramassent avec leurs pieds la poussière des fleurs, les autres remplissent leur trompe d'eau, ou elles en imbibent les poils dont tout leur corps est couvert. Les jeunes seulement sortent pour recueillir et voiturer ces approvisionnemens : les vieilles travaillent dans l'intérieur. Celles qui apportent les fleurs se servent des pieds antérieurs pour charger leurs cuisses, que, dans cette vue, la nature a faites raboteuses ; et de leur trompe pour charger leurs pieds antérieurs. Quand leur charge est complète, elles reviennent ployant sous le faix. Trois ou quatre ouvrières les reçoivent et les déchargent ; car, dans l'intérieur, les fonctions sont pareillement réparties. Les unes bâtissent, les autres polissent, d'autres fournissent les matériaux, d'autres préparent, pour le repas, quelques-unes des provisions qui ont été apportées ; en effet, elles ne mangent pas séparément, pour prévenir l'inégale distribution de travail, de nourriture et de temps. Elles bâtissent en commençant par la voûte

generum : quum duo examina concordibus populis dis-
similes habuere ritus. Ruentes ceras fulciunt, pilarum
intergerinis sic a solo fornicatis, ne desit aditus ad sar-
ciendum. Primi fere tres versus inanes struuntur, ne
promptum sit quod invitet furantem. Novissimi maxime
implentur melle : ideoque aversa alvo favi eximuntur.
Gerulæ secundos flatus captant. Si cooriatur procella,
adprehensi pondusculo lapilli se librant. Quidam in humeros eum imponi tradunt. Juxta vero terram volant
in adverso flatu vepribus evitatis. Mira observatio operis. Cessantium inertiam notant, castigant mox, et puniunt morte. Mira munditia. Amoliuntur omnia e medio, nullæque inter opera spurcitiæ jacent. Quin et
excrementa operantium intus, ne longius recedant, unum
congesta in locum, turbidis diebus et operis otio egerunt. Quum advesperascit, in alveo strepunt minus ac
minus, donec una circumvolet eodem, quo excitavit,
bombo, ceu quietem capere imperans : et hoc castrorum
more. Tunc repente omnes conticescunt.

de la ruche, et, comme dans la fabrication d'une toile, conduisent de haut en bas la chaîne de leurs cellules, ménageant deux sentiers à chaque rayon, pour entrer par l'un et sortir par l'autre. Les rayons, attachés à la ruche par leur sommité, et même un peu par leurs côtés, tiennent ensemble et sont également suspendus. Ils ne touchent pas le sol ; ils sont anguleux ou ronds, selon la forme de la ruche ; quelquefois de l'une et de l'autre sorte, lorsque deux essaims, demeurant ensemble, ne procèdent pas de la même manière. Elles étayent les rayons qui menacent ruine, au moyen de piliers massifs qui partent du bas de la ruche, et sont construits en arcades, afin de laisser un passage pour les réparations. Les deux ou trois premiers rangs demeurent vides, pour ne rien montrer qui excite la cupidité des voleurs. Les derniers sont les plus remplis de miel ; c'est pourquoi, quand on veut tailler la ruche, on l'ouvre par derrière. Les abeilles qui apportent les fardeaux recherchent les vents favorables. S'il s'élève un orage, elles saisissent de petits graviers qui leur servent de contre-poids : quelques auteurs avancent qu'elles les posent sur leurs épaules. Dans les vents contraires, elles volent près de terre, évitant les buissons. Le travail est surveillé d'une manière étonnante : elles remarquent les paresseuses, les châtient sur-le-champ, les punissent même de mort. Leur propreté est admirable : elles enlèvent soigneusement de la ruche tous les corps étrangers, et ne souffrent aucune immondice dans leurs travaux : les ordures même que les ouvrières, pour ne pas trop s'éloigner, déposent dans un lieu commun au dedans de la ruche, sont transportées au dehors les jours de

11. Domos primum plebei exaedificant, deinde regibus. Si speratur largior proventus, adjiciuntur contubernia et fucis. Hæ cellarum minimæ, sed ipsi majores apibus.

De fucis.

XI. Sunt autem fuci, sine aculeo, velut imperfectæ apes, novissimæque, a fessis et jam emeritis inchoatæ, serotinus fetus, et quasi servitia verarum apium : quamobrem imperant iis, primosque in opera expellunt : tardantes sine clementia puniunt. Neque in opere tantum, sed in fetu quoque adjuvant eas , multum ad calorem conferente turba. Certe quo major eorum fuit multitudo, hoc major fiet examinum proventus. Quum mella cœperunt maturescere, abigunt eos: multæque singulos adgressæ trucidant. Nec id genus, nisi vere, conspicitur. Fucus ademptis alis in alveum rejectus, ipse ceteris adimit.

mauvais temps et pendant la cessation des travaux. Quand la nuit arrive, le bruit dans la ruche diminue de moment en moment, jusqu'à ce qu'une abeille, voltigeant à l'entour avec un bourdonnement pareil à celui qui annonce le réveil, semble donner l'ordre du repos, comme il se pratique encore dans les camps : alors tout à coup, et à la fois, elles se taisent.

II. Elles bâtissent des logemens, d'abord pour le peuple, ensuite pour les rois ; si elles espèrent une année abondante, elles en construisent aussi pour les bourdons : ce sont les plus petites cellules, quoiqu'ils soient eux-mêmes plus grands que les abeilles.

Des bourdons.

XI. Dépourvus d'aiguillon, les bourdons sont des abeilles imparfaites, produit tardif, dernier effort de la vieillesse épuisée, et pour ainsi dire les esclaves des véritables abeilles : aussi elles leur commandent, les envoient les premiers à l'ouvrage, et punissent leur paresse sans pitié. Les bourdons ne les aident pas seulement dans le travail, mais encore pour la multiplication de l'espèce, parce que la grande quantité des habitans sert beaucoup à échauffer la ruche. Ce qui est certain, c'est que plus ils sont nombreux, plus les essaims sont abondans. Lorsque le miel commence à mûrir, elles les chassent, et, se jetant plusieurs sur un seul, elles les tuent. On ne voit cette espèce que pendant le printemps. Un bourdon qu'on a rejeté dans la ruche après lui avoir arraché les ailes, les arrache lui-même aux autres.

Quæ natura mellis.

XII. Regias imperatoribus futuris in ima parte alvei exstruunt amplas, magnificas, separatas, tuberculo eminentes : quod si exprimatur, non gignuntur soboles. Sexangulæ omnes cellæ, singulorum cæ pedum opere. Nihil horum stato tempore, sed rapiunt diebus serenis munia. Et melle uno alterove ad summum die cellas replent.

12. Venit hoc ex aere, et maxime siderum exortu, præcipueque ipso Sirio exsplendescente fit, nec omnino prius Vergiliarum exortu, sublucanis temporibus. Itaque tum prima aurora folia arborum melle roscida inveniuntur : ac si qui matutino sub dio fuere, unctas liquore vestes, capillumque concretum sentiunt. Sive ille est cæli sudor, sive quædam siderum saliva, sive purgantis se aeris succus, utinamque esset et purus ac liquidus, et suæ naturæ, qualis defluit primo : nunc vero e tanta cadens altitudine, multumque dum venit, sordescens, et obvio terræ halitu infectus, præterea e fronde ac pabulis potus, et in utriculo congestus apium (ore enim eum vomunt): ad hæc succo florum corruptus, et alveis maceratus, totiesque mutatus, magnam tamen cælestis naturæ voluptatem adfert.

Nature du miel.

XII. Les abeilles, dans la partie inférieure de la ruche, construisent, pour les rois à naître, des palais vastes, magnifiques, séparés, et surmontés d'une sorte de dôme ; cette proéminence détruite, leur naissance n'a pas lieu. Toutes les cellules sont hexagones, parce qu'elles y travaillent avec tous leurs pieds à la fois. Il n'y a point d'époques déterminées pour aucun de ces ouvrages : elles y travaillent à la hâte, profitant de tous les jours sereins. En une ou deux journées au plus elles remplissent les cellules de miel.

12. Le miel vient de l'air, généralement au lever des astres, et principalement sous la constellation de Sirius, jamais avant le lever des Pléiades, vers l'aube du jour ; aussi, à la naissance de l'aurore, les feuilles des arbres sont-elles alors humectées de miel ; et ceux qui se trouvent le matin dans les champs sentent leurs habits et leurs cheveux enduits d'une liqueur onctueuse. Au surplus, que le miel soit une transpiration du ciel, une rosée des astres, un suc de l'air qui s'épure, plût aux dieux qu'il nous parvînt sans mélange, liquide, naturel, tel qu'il a coulé d'abord ! Aujourd'hui même, qu'il tombe d'une si grande hauteur, souillé mille fois sur sa route, infecté par les exhalaisons terrestres qu'il rencontre ; ensuite recueilli sur les feuilles et les herbes, entassé dans l'estomac des abeilles, car elles le dégorgent par leur trompe ; en outre, corrompu par le suc des fleurs, macéré dans les ruches ; enfin, tant de fois changé, il conserve cependant un goût délicieux qui décèle encore une nature céleste.

Quæ optima mella.

XIII. 13. Ibi optimus semper, ubi optimorum doliolis florum conditur. Atticæ regionis hoc, et Siculæ, Hymetto, et Hybla, ab locis: mox Calydna insula. Est autem initio mel, ut aqua, dilutum, et primis diebus fervet, ut musta, seque purgat: vicesimo die crassescit, mox obducitur tenui membrana, quæ fervoris ipsius spuma concrescit. Sorbetur optimum, et minime fronde infectum, e quercus, tiliæ, arundinum foliis.

Quæ genera mellis in singulis locis.

XIV. 14. Summa quidem bonitatis natione constat (ut supra diximus), pluribus modis: aliubi enim favi cera spectabiles gignuntur, ut in Pelignis, Sicilia: aliubi mellis copia, ut, in Creta, Cypro, Africa: aliubi magnitudine, ut in septentrionalibus, viso jam in Germania octo pedum longitudinis favo, in cava parte nigro.

In quocumque tamen tractu terna sunt mellis genera. Vernum ex floribus constructo favo, quod ideo vocatur anthinum. Hoc quidam attingi vetant, ut largo alimento valida exeat soboles. Alii ex nullo minus apibus relin-

Quel est le meilleur miel.

XIII. 13. Le meilleur miel est toujours celui des contrées où il se dépose dans le calice des fleurs les plus suaves. Les lieux les plus renommés sont les monts Hymète dans l'Attique, et Hybla en Sicile, ensuite l'île de Calydna. Le miel est d'abord liquide comme l'eau ; les premiers jours il fermente comme le moût, et s'épure. Le vingtième jour il s'épaissit, et bientôt il se couvre d'une pellicule formée par l'écume du bouillonnement. Le plus agréable au goût, et le moins altéré par le feuillage, est celui qui provient des feuilles du chêne, du tilleul, des roseaux.

Quels lieux donnent telle ou telle espèce de miel.

XIV. 14. La bonté du miel dépend du pays, ainsi que nous venons de le dire ; mais la récolte n'est pas la même partout. En certains lieux, comme chez les Pélignes et dans la Sicile, les rayons sont plus chargés de cire ; en d'autres pays ils contiennent plus de miel, comme dans la Crète, l'île de Cypre et l'Afrique ; ailleurs, comme dans les régions septentrionales, ils sont remarquables par leur grandeur. En Germanie, on a vu un rayon de huit pieds, dont toute la partie creuse était noire.

Toutefois, en quelque contrée que ce soit, on distingue trois sortes de miel : la première est celui du printemps ; il est formé de la substance des fleurs, et par cette raison on l'appelle *anthinum*. Quelques-uns

quunt, quoniam magna sequatur ubertas, magnorum siderum exortu. Præterea solstitio, quum thymum et uva florere incipiunt, præcipua cellarum materia. Est autem in eximendis favis necessaria dispensatio, quoniam inopia cibi desperant, moriunturque, aut diffugiunt: contra copia ignaviam adfert: ac jam melle, non erithace pascuntur. Ergo diligentiores ex hac vindemia duodecimam partem apibus relinquunt. Dies status inchoandæ, ut quadam lege naturæ, si scire aut observare homines velint, tricesimus ab educto examine: fereque maio mense includitur hæc vindemia.

Alterum genus est mellis æstivi, quod ideo vocatur ὡραῖον, a tempestivitate præcipua, ipso Sirio exsplendescente post solstitium diebus tricenis fere. Immensa circa hoc subtilitas naturæ mortalibus patefacta est, nisi fraus hominum cuncta pernicie corrumperet. Namque ab exortu sideris cujuscumque, sed nobilium maxime, aut cælestis arcus, si non sequantur imbres, sed ros tepescat Solis radiis, medicamenta, non mella, gignuntur, oculis, ulceribus, internisque visceribus, dona cælestia. Quod si servetur hoc Sirio exoriente, casuque

défendent qu'on y touche , afin qu'une nourriture co-
pieuse rende les essaims plus vigoureux. D'autres , au
contraire, n'en laissent qu'une faible partie aux abeilles ,
parce qu'un produit abondant doit avoir lieu au lever
des grandes constellations. Au reste , c'est pendant le
solstice , lorsque le thym et la vigne commencent à fleu-
rir, que les cellules sont le mieux approvisionnées. Mais
il faut une sage économie dans la taille des ruches, car
le manque de nourriture désespère les abeilles, les fait
mourir ou les disperse ; d'un autre côté, l'abondance
amène la paresse : et alors, dédaignant l'érithaque,
elles mangent le miel pur ; aussi un bon économe leur
abandonne le douzième de cette récolte. Le jour où
l'on doit la commencer semble être fixé par une loi
de la nature ; si l'on veut l'observer et le savoir pré-
cisément , c'est le trentième après la sortie de l'essaim.
Elle se fait presque toujours dans le courant du mois
de mai.

La seconde sorte est le miel d'été; on l'appelle *horaion*,
parce qu'il se forme dans la saison la plus convenable,
quand Sirius brille de tout son éclat , environ trente jours
après le solstice. Cette production de la nature serait le
plus précieux de ses bienfaits, si la perversité de l'homme
n'altérait et ne corrompait tout. En effet , lorsque les
astres, et surtout les astres du premier rang, se lèvent ,
ou que l'arc-en-ciel se déploie, s'il ne survient point de
pluie, et que la rosée soit échauffée par les rayons du
soleil, ce n'est plus un miel qui se forme, mais un baume
salutaire, présent céleste pour les yeux, pour les ulcères
et pour toutes les parties internes. Si on le recueille au

congruat in eumdem diem, ut sæpe, Veneris aut Jovis,
Mercuriive exortus, non alia suavitas, visque mortalium malis a morte vocandis, quam divini néctaris,
fiat.

Quomodo probentur. De erice, sive tetralice, sive sisirum.

XV. 15. Mel plenilunio uberius capitur, serena die
pinguius. In omni melle, quod per se fluxit, ut mustum
oleumque, appellatur acetum. Maxime laudabile est
etiam omne rutilum, vel sic auribus aptissimum. In
æstimatu est e thymo, coloris aurei, saporis gratissimi.
Quod fit palam doliolis, pingue : marino e rore, spis-
sum. Quod concrescit autem, minime laudatur. Thymo-
sum non coit, et tactu prætenuia fila mittit : quod primum gravitatis argumentum est. Abrumpi statim et
resilire guttas, vilitatis indicium habetur. Sequens probatio, ut sit odoratum, et ex dulci acre, glutinosum,
perlucidum. Æstiva mellatione decimam partem Cassio
Dionysio apibus relinqui placet, si plenæ fuerint alvi :
si minus, pro rata portione : aut si inanes, omnino non
attingi. Huic vindemiæ Attici signum dedere initium
caprifici : alii diem Vulcano sacrum.

16. Tertium genus mellis, minime probatum, silvestre,
quod ericæum vocant. Convehitur post primos autumni

lever de Sirius, et que le lever de Vénus, de Jupiter ou de Mercure, ce qui arrive souvent, tombe le même jour, sa douceur et sa vertu pour guérir les mortels, et même les rappeler à la vie, sont celles mêmes du divin nectar.

Manière d'éprouver le miel. De l'éricée, tétralice ou sisire.

XV. 15. La récolte du miel est plus riche dans la pleine lune; le miel est plus gras dans un jour serein. Celui qui a coulé de lui-même, comme le moût et l'huile, est appelé *acetum*. Le rouge est d'une qualité supérieure, et le meilleur pour les oreilles. On estime celui qui provient du thym: il est de couleur d'or et d'un goût très-agréable. Celui qui se forme dans les calices des fleurs est gras; celui du romarin est épais; celui qui se fige est le moins recherché. Le miel du thym ne se coagule pas; quand on le touche, il file très-menu; c'est le premier indice de sa pesanteur: quand il se détache sans filer, et que les gouttes rejaillissent, c'est un signe de son infériorité. Quant aux autres qualités, on exige qu'il soit odorant, aigre-doux, gluant, transparent. Cassius Dionysius veut qu'on laisse aux abeilles le dixième de la récolte d'été si les ruches sont pleines, et une part proportionnée si elles ne le sont pas entièrement; ou, si elles sont presque vides, qu'on n'y touche pas. Les habitans de l'Attique ont fixé l'époque de cette récolte au commencement de la caprification; les autres, aux fêtes de Vulcain.

16. La troisième sorte, la moins estimée, est le miel sauvage, qu'on appelle *éricée*. Les abeilles le recueillent

imbres, quum erice sola floret in silvis, ob id arenoso simile. Gignitur id maxime Arcturi exortu ex ante pridie idus septembris. Quidam æstivam mellationem ad Arcturi exortum proferunt, quoniam ad æquinoctium autumni ab eo supersint dies quatuordecim : et ab æquinoctio ad Vergiliarum occasum diebus XLVIII plurima sit erice. Athenienses tetralicem appellant, Eubœa sisirum ; putantque apibus esse gratissimam, fortassis quia tunc nulla alia sit copia. Hæc ergo mellatio, fine vindemiæ et Vergiliarum occasu, idibus novembris fere includitur. Relinqui ex ea duas partes apibus ratio persuadet, et semper eas partes favorum, quæ habeant erithacen. A bruma ad Arcturi exortum diebus LX somno aluntur sine ullo cibo. Ab Arcturi exortu ad æquinoctium vernum tepidiore tractu jam vigilant : sed etiam tunc alveo se continent, servatosque in id tempus cibos repetunt. In Italia vero hoc idem a Vergiliarum exortu faciunt : in eum dormiunt.

Alvos quidam in eximendo melle expendunt, ita dirimentes quantum relinquant. Æquitas siquidem etiam in eis obstringitur : feruntque societate fraudata alvos mori. In primis ergo præcipitur ut loti, purique eximant

après les premières pluies d'automne, lorsque la bruyère seule fleurit dans les forêts; voilà pourquoi il a l'aspect granuleux. Il se produit principalement au lever de l'Arcture, deux jours avant les ides de septembre. Quelques-uns diffèrent la récolte d'été jusqu'au lever de l'Arcture, parce que de là il reste quatorze jours jusqu'à l'équinoxe d'automne, et que, dans les quarante-huit jours depuis l'équinoxe jusqu'au coucher des Pléiades, il y a le plus de bruyère en fleur. Les Athéniens appellent cet arbrisseau *tétralice*, les Eubéens *sisire*. Ils pensent qu'il est très-agréable aux abeilles, peut-être parce qu'alors il n'y a point d'autres plantes en fleur. Cette récolte se termine donc à la fin des vendanges et au coucher des Pléiades, vers les ides de novembre. L'expérience démontre qu'il faut en laisser aux abeilles les deux tiers, et, dans tous les cas, les parties de rayons qui contiennent l'érithaque. Depuis le solstice d'hiver jusqu'au lever de l'Arcture, pendant soixante jours, le sommeil leur tient lieu de toute nourriture. Depuis le lever de l'Arcture jusqu'à l'équinoxe du printemps, quand la température est plus douce, elles se réveillent; mais elles se tiennent encore dans la ruche, et ont recours aux provisions qu'elles ont réservées pour ce temps. Mais en Italie elles font la même chose au lever des Pléiades; elles dorment jusqu'à cette époque.

Quelques-uns en récoltent le miel, pèsent les rayons, et n'en prennent qu'autant qu'ils en laissent; car l'équité doit être observée à leur égard, et on prétend qu'elles meurent si le partage est frauduleux. On recommande avant tout, aux personnes chargées de cette récolte, le

mella. Et furem mulierumque menses odere. Quum eximuntur mella, apes abigi fumo utilissimum, ne irascantur, aut ipsæ avide vorent. Fumo crebriore etiam ignavia earum excitatur ad opera. Nam nisi incubavere, favos lividos faciunt. Rursus nimio fumo inficiuntur : quarum injuriam celerrime sentiunt mella, vel minimo contactu roris acescentia. Et ob id inter genera servatur, quod acapnon vocant.

Quomodo apes generent.

XVI. Fetus quonam modo progenerarent, magna inter eruditos et subtilis quæstio fuit. Apium enim coitus visus est numquam. Plures existimavere oportere confici floribus compositis apte atque utiliter. Aliqui coitu unius, qui rex in quoque appellatur examine. Hunc esse solum marem, præcipua magnitudine, ne fatiscat. Ideo fetum sine eo non edi : apesque reliquas, tamquam marem feminas comitari, non tamquam ducem : quam probabilem alias sententiam fucorum proventus coarguit. Quæ enim ratio, ut idem coitus alios perfectos, imperfectos generet alios ? Propior vero prior existimatio fieret, ni rursus alia difficultas occurreret. Quippe nascun-

bain et une extrême propreté. Les abeilles ont en haine les voleurs, et les femmes dans l'état de menstruation. Lorsqu'on taille les ruches, il est très-utile d'en chasser les abeilles par la fumée, pour prévenir leur fureur, ou empêcher qu'elles ne dévorent elles-mêmes le miel. Souvent on a recours au même moyen pour exciter au travail les mouches paresseuses ; car si elles ne restent pas sur les gâteaux, elles font des rayons livides. D'un autre côté, l'emploi trop fréquent de la fumée les infecte, et le mal qu'on leur fait tourne au détriment du miel, qui s'aigrit même au plus léger contact de la rosée; aussi distingue-t-on, parmi les différentes sortes de miel, celui qu'on nomme *acapnon*.

Reproduction des abeilles.

XVI. La génération des abeilles a été, parmi les savans, le sujet d'une grande et subtile question, parce qu'on ne les a jamais vues s'accoupler. Plusieurs ont pensé qu'elles devaient nécessairement être formées par une combinaison de fleurs disposées d'une manière convenable à cette reproduction : quelques autres croient qu'elles proviennent de l'accouplement d'un seul individu, que nous appelons le roi de l'essaim. Ils disent que lui seul est mâle, qu'il est plus grand pour qu'il résiste mieux à la fatigue ; que, par conséquent, la reproduction n'a pas lieu sans lui, et que les autres abeilles l'accompagnent comme leur mâle, non comme leur chef: opinion assez probable d'ailleurs, mais réfutée par la génération des bourdons. Par quelle raison, en effet, le même accouplement produirait-il des êtres parfaits et d'autres imparfaits?

tur aliquando in extremis favis apes grandiores, quæ ceteras fugant. Oestrus vocatur hoc malum : quonam modo nascens, si ipsæ fingunt?

Quod certum est, gallinarum modo incubant. Id quod exclusum est, primum vermiculus videtur candidus, jacens transversus, adhærensque ita ut pars ceræ videatur. Rex statim mellei coloris, ut electo flore ex omni copia factus, neque vermiculus, sed statim penniger. Cetera turba quum formam capere cœpit, nymphæ vocantur : ut fuci, sirenes, aut cephenes. Si quis alterutris capita demat, priusquam pennas habeant, pro gratissimo sunt pabulo matribus. Tempore procedente instillant cibos, atque incubant, maxime murmurantes, caloris (ut putant) faciendi gratia, necessarii excludendis pullis, donec ruptis membranis, quæ singulos cingunt ovorum modo, universum agmen emergat. Spectatum hoc Romæ consularis cujusdam suburbano, alveis cornu laternæ translucido factis. Fetus intra XLV diem peragitur. Fit in favis quibusdam, qui vocatur clavus, amaræ duritia ceræ, quum fetum inde non eduxere morbo aut ignavia, aut infecunditate naturali. Hic est abortus apium. Protinus autem educti operantur quadam disciplina cum matribus : regemque juvenem æqualis turba comitatur.

La première hypothèse serait plus vraisemblable, si l'on n'y trouvait une autre difficulté : c'est qu'il naît quelquefois, dans les derniers rayons, des abeilles plus grandes qui chassent les autres. Cette espèce nuisible se nomme *œstrus*. Comment naît-elle, si les abeilles se produisent elles-mêmes ?

Ce qu'il y a de certain, c'est qu'elles couvent à la manière des poules. Ce qui éclôt ressemble d'abord à un vermisseau blanc, couché de travers et tellement adhérent qu'il semble faire partie de la cire. Le roi, dès-lors, est de la couleur du miel, comme étant formé du choix de toutes les fleurs : il ne passe point par l'état de ver, mais en naissant il est pourvu d'ailes. Les autres abeilles, lorsqu'elles commencent à prendre une forme, s'appellent nymphes, comme les bourdons se nomment sirènes ou céphènes. Si l'on arrache la tête à l'une ou à l'autre espèce avant qu'elle ait des ailes, c'est le mets le plus friand pour les mères. Au bout de quelque temps elles leur versent la nourriture goutte à goutte, et les couvent en bourdonnant continuellement, afin de produire, à ce que l'on pense, la chaleur nécessaire pour faire éclore leurs petits ; jusqu'à ce que, rompant la pellicule qui enveloppe chacun d'eux, comme le poussin dans l'œuf, tout l'essaim à la fois sorte des cellules. Ce phénomène a été observé près de Rome, à la campagne d'un consulaire, qui avait fait construire des ruches avec de la corne transparente. Au quarante-cinquième jour les petits sont parvenus à l'état parfait. Dans quelques rayons, l'endurcissement d'une cire amère produit ce qu'on appelle clou, lorsque les abeilles n'ont pas conduit le couvain à terme,

Reges plures inchoantur, ne desint. Postea ex his soboles quum adulta esse cœpit, concordi suffragio deterrimos necant, ne distrahant agmina. Duo autem genera eorum : melior niger variusque. Omnibus forma semper egregia, et duplo quam ceteris major, pennæ breviores, crura recta, ingressus celsior, in fronte macula quodam diademate candicans. Multum etiam nitore a vulgo differunt.

Quæ regiminis ratio.

XVII. 17. Quærat nunc aliquis, unusne Hercules fuerit, et quot Liberi patres, et reliqua vetustatis situ obruta ? Ecce in re parva, villisque nostris adnexa, cujus assidua copia est, non constat inter auctores : rex nullumne solus habeat aculeum, majestate tantum armatus : an dederit eum quidem natura, sed usum ejus illi tantum negaverit. Illud constat, imperatorem aculeo non uti. Mira plebei circa eum obedientia. Quum procedit, una est totum examen, circaque eum globatur, cingit, protegit, cerni non patitur. Reliquo tempore, quum populus in labore est, ipse opera intus circuit, similis

par maladie, ou par paresse, ou par infécondité naturelle.
C'est l'avortement des abeilles. Les petits, aussitôt qu'ils
sont éclos, travaillent avec les mères, comme pour s'instruire à leur école. Le jeune roi emmène à sa suite
l'essaim du même âge.

Elles élèvent d'abord plusieurs rois, dans la crainte
d'en manquer; ensuite, lorsqu'ils sont adultes, elles tuent
les moins parfaits d'un commun accord, de peur qu'ils
ne divisent la ruche. Or, il y en a de deux sortes : le
meilleur est noir et tacheté. Tous sont d'une forme distinguée, et deux fois plus grands que les autres abeilles.
Leurs ailes sont plus courtes, leurs jambes droites, leur
démarche fière, et leur front porte une tache blanchâtre
en guise de diadème. Ils diffèrent aussi beaucoup des
plébéiennes par leur éclat.

Gouvernement des abeilles.

XVII. 17. Qu'on recherche maintenant, s'il n'a existé
qu'un Hercule, combien il y a eu de Bacchus, et tant
d'autres choses ensevelies sous la rouille des siècles !
Voici un fait bien simple qui se présente dans toutes nos
campagnes, que nous pouvons vérifier tous les jours, et
sur lequel cependant les auteurs ne sont point d'accord.
Le roi des abeilles est-il seul dépourvu d'aiguillon, et armé
uniquement de sa propre majesté; ou bien la nature lui
a-t-elle donné un aiguillon et en a-t-elle refusé l'usage à lui
seul ? Ce qui est certain, c'est que le roi ne se sert pas
d'aiguillon. Son peuple est envers lui d'une obéissance
admirable. Lorsqu'il sort, l'essaim entier l'accompagne,
forme un groupe autour de lui, l'enveloppe, le couvre

exhortanti, solus immunis. Circa eum satellites quidam
lictoresque, assidui custodes auctoritatis. Procedit foras
non nisi migraturo examine. Id multo intelligitur ante,
aliquot diebus murmure intus strepente, apparatus indice diem tempestivum eligentium. Si quis alam ei de-
truncet, non fugiet examen. Quum processere, se quæque proximam illi cupit esse, et in officio conspici gaudet. Fessum humeris sublevant : validius fatigatum ex
toto portant. Si qua lassata deficit, aut forte aberravit,
odore persequitur. Ubicumque ille consedit, ibi cuncta-
rum castra sunt.

Aliquando et lætum omen esse examinum.

XVIII. Tunc ostenta faciunt privata ac publica, uva
dependente in domibus templisve, sæpe expiata magnis
eventibus. Sedere in ore infantis tum etiam Platonis ,
suavitatem illam prædulcis eloquii portendentes. Sedere
in castris Drusi imperatoris, quum prosperrime pugna-
tum apud Arbalonem est, haud quaquam perpetua aruspicum conjectura, qui dirum id ostentum existimant
semper. Duce prehenso totum tenetur agmen : amisso

et le dérobe à tous les regards. Le reste du temps, lorsque le peuple est à ses travaux, il parcourt les ouvrages dans l'intérieur, comme pour exhorter au travail, dont il est seul exempt. Autour de lui marchent des satellites et des licteurs, gardes assidus de son autorité. Il ne sort jamais que lorsque l'essaim doit quitter la ruche : le départ est annoncé long-temps d'avance par un bourdonnement qui se fait entendre plusieurs jours de suite dans la ruche, signe certain que les abeilles font leurs apprêts, et n'attendent qu'un jour favorable. Si l'on arrache une aile au roi, l'essaim ne partira pas. Lorsqu'elles sont en marche, chacune ambitionne d'être le plus près du roi ; leur joie est d'en être vues remplissant leur devoir. Lassé, elles le soutiennent avec leurs épaules; trop fatigué, elles le portent tout-à-fait. Celles qui restent en arrière par lassitude, ou qui viennent à s'égarer, suivent, guidées par l'odorat. En quelque lieu que le roi s'arrête, l'armée tout entière établit son camp.

Heureux présage qu'on peut quelquefois tirer de l'aspect d'un essaim.

XVIII. Alors elles forment des présages privés et publics quand elles sont suspendues en grappes dans les maisons ou dans les temples; présages souvent accomplis par de grands évènemens. Elles se posèrent sur la bouche de Platon encore enfant, pour annoncer la douceur de son éloquence enchanteresse : elles se posèrent dans le camp de Drusus, chef de l'armée romaine, lorsque l'on combattit, avec le plus heureux succès, auprès d'Arbalon. La science des aruspices n'est donc pas tou-

dilabitur, migratque ad alios. Esse utique sine rege non possunt. Invitæ autem interimunt eos, quum plures fuere, potiusque nascentium domos diruunt, si proventus desperatur : tunc et fucos abigunt. Quamquam de iis video dubitari, propriumque iis genus esse aliquos existimare, sicut furibus grandissimis inter illas, sed nigris, lataque alvo : ita appellatis, quia furtim devorent mella. Certum est, ab apibus fucos interfici. Utique regem non habent. Sed quomodo sine aculeo nascantur, in quæstione est.

Humido vere melior fetus : sicco, mel copiosius. Quod si defecerit aliquas alvos cibus, impetum in proximas faciunt rapinæ proposito. At illæ contra dirigunt aciem : et si custos adsit, alterutra pars, quæ sibi favere sentit, non appetit eum. Ex aliis quoque sæpe dimicant causis, easque acies contrarias duo imperatores instruunt, maxime rixa in convehendis floribus exorta, et suos quibusque evocantibus : quæ dimicatio injectu pulveris, aut fumo tota discutitur. Reconciliatur vero lacte vel aqua mulsa.

jours infaillible, puisqu'ils pensent qu'un tel présage est toujours sinistre. En prenant le roi, on est maître de tout l'essaim : les abeilles l'ont-elles perdu, elles se dispersent et vont se joindre à d'autres chefs : jamais elles ne peuvent être sans roi. Elles les tuent à regret lorsqu'il y en a plusieurs; elles préfèrent détruire les cellules où ils doivent naître, quand elles désespèrent d'une année abondante; alors elles chassent aussi les bourdons. Quant à ces derniers, je vois qu'on ne s'accorde pas sur leur nature : suivant quelques auteurs, ils forment une espèce particulière, comme cette grande espèce noire, à large ventre, qui se rencontre parmi les abeilles, et qu'on nomme larronne, parce qu'elle dévore furtivement le miel. Il est certain que les abeilles tuent les bourdons. Ils n'ont point de roi. Mais comment naissent-ils sans aiguillon? c'est encore une question à résoudre.

Si le printemps est humide, les essaims multiplient davantage; s'il est sec, le miel est plus abondant. Si la nourriture manque dans quelques ruches, les abeilles se jettent sur les ruches les plus voisines pour les piller. Celles qu'on attaque les repoussent en bataille; et, si le gardien des ruches se trouve là, le parti qui le croit favorable à sa cause s'abstient de toute hostilité à son égard. Elles se font aussi la guerre pour d'autres motifs; deux généraux rangent en bataille les armées ennemies : le transport des fleurs est la cause la plus ordinaire des rixes, et chacune appelle ses compagnes à son secours. Un peu de poussière ou de fumée sépare les combattans. On les réconcilie avec du lait ou de l'eau miellée.

Genera apium.

XIX. 18. Apes sunt et rusticæ silvestresque, horridæ aspectu, multo iracundiores, sed opere ac labore præstantes. Urbanarum duo genera : optimæ breves, variæque, et in rotunditatem compactiles : deteriores longæ, et quibus similitudo vesparum : etiamnum deterrimæ ex iis pilosæ. In Ponto sunt quædam albæ, quæ bis in mense mella faciunt. Circa Thermodoontem autem fluvium duo genera : aliarum, quæ in arboribus mellificant : aliarum, quæ sub terra, triplici cerarum ordine, uberrimi proventus.

Aculeum apibus natura dedit ventri consertum. Ad unum ictum hoc infixo, quidam eas statim emori putant. Aliqui non nisi in tantum adacto, ut intestini quidpiam sequatur : sed fucos postea esse, nec mella facere, velut castratis viribus, pariterque et nocere et prodesse desinere. Est in exemplis, equos ab iis occisos.

Odere fœdos odores, proculque fugiunt, sed et fictos. Itaque unguenta redolentes infestant, ipsæ plurimorum animalium injuriis obnoxiæ. Impugnant eas naturæ ejusdem degeneres vespæ, atque crabrones, etiam e culi-

Des diverses espèces d'abeilles.

XIX. 18. On trouve aussi, dans les campagnes et les forêts, des abeilles sauvages d'un aspect rude, beaucoup plus irascibles, mais plus habiles et plus laborieuses. Les abeilles domestiques sont de deux sortes : les meilleures sont courtes, nuancées et ramassées dans leur corpulence ; les autres, moins bonnes, sont longues et semblables aux guêpes ; les pires de toutes, parmi ces dernières, sont celles qui sont velues. Il y a dans le Pont des abeilles blanches qui font du miel deux fois par mois. Aux environs du fleuve Thermodon, on en trouve une espèce qui fait son miel dans les arbres, et une autre qui le fait sous terre, avec trois rangs de rayons ; elles sont d'un très-grand produit.

La nature a donné aux abeilles un aiguillon attaché au ventre. Quelques-uns pensent qu'au premier coup qu'elles en donnent il reste dans la blessure, et qu'elles meurent aussitôt ; d'autres croient qu'elles ne meurent que lorsqu'elles l'ont enfoncé assez avant pour qu'il entraîne une portion de l'intestin ; qu'au reste, perdant leurs forces avec leur aiguillon, elles deviennent de simples bourdons et ne font plus de miel, désormais impuissantes pour nuire ou pour être utiles. Il y a des exemples de chevaux tués par les abeilles.

Elles détestent et fuient les mauvaises odeurs, et même les odeurs factices ; aussi les voit-on harceler ceux qui portent des parfums, ayant d'ailleurs à se défendre elles-mêmes contre plusieurs animaux. Les guêpes, es-

cum genere, qui vocantur muliones : populantur hirundines, et quædam aliæ aves. Insidiantur aquantibus ranæ, quæ maxima earum est operatio tum, quum sobolem faciunt. Nec hæ tantum, quæ stagna rivosque obsident, verum et rubetæ veniunt ultro, adrepentesque foribus per eas sufflant : ad hoc provolant, confestimque abripiuntur. Nec sentire ictus apium ranæ traduntur. Inimicæ et oves, difficile se a lanis earum explicantibus. Cancrorum etiam odore, si quis juxta coquat, exanimantur.

De morbis apium.

XX. Quin et morbos suapte natura sentiunt. Index eorum tristitia torpens, et quum ante fores in teporem solis promotis aliæ cibos ministrant, quum defunctas progerunt, funerantiumque more comitantur exsequias. Rege ea peste consumpto mæret plebs ignavo dolore, non cibos convehens, non procedens, tristi tantum murmure glomeratur circa corpus ejus. Subtrahitur itaque diducta multitudine : alias spectantes exanimem, luctum non minuunt. Tunc quoque ni subveniatur, fame

pèce bâtarde du même genre ; les frélons, et l'espèce de
cousins qu'on nomme mulions, leur font la guerre. Les
hirondelles et quelques autres oiseaux les détruisent en
grande partie. Les grenouilles leur tendent des embus-
cades lorsqu'elles vont chercher de l'eau, ce qui est leur
plus grande occupation dans le temps qu'elles élèvent
leurs petits. Je ne parle pas seulement de celles qui les
attendent au bord des étangs et des ruisseaux : mais les
grenouilles buissonnières viennent aussi les chercher ; et,
se glissant près des ruches, elles soufflent par les portes.
A ce bruit les abeilles sortent et sont saisies à l'instant.
On dit que les grenouilles sont insensibles à la piqûre
des abeilles. Les moutons sont encore dangereux pour
elles, parce qu'elles ont de la peine à se dégager de leur
laine. L'odeur des écrevisses, si l'on en fait cuire dans le
voisinage, les fait mourir.

Maladies des abeilles.

XX. Elles ont aussi leurs maladies particulières. Elles
paraissent alors tristes et engourdies : on les voit offrir
des alimens à celles qu'elles ont exposées à la chaleur
du soleil devant la porte de la ruche, emporter celles
qui sont mortes, et accompagner leur corps comme
pour leur rendre les derniers devoirs. Si le roi succombe
à la maladie, le peuple consterné s'abandonne à la douleur ; les travaux cessent, personne ne sort, toutes
s'attroupent en bourdonnant tristement autour de son
corps. On l'enlève donc en écartant la multitude, autrement la vue du cadavre entretient leur deuil ; même, si

moriuntur. Hilaritate igitur, et nitore sanitas æstimatur.

19. Sunt et operis morbi : quum favos non explent, claron vocant. Item blapsigoniam, si fetum non· peragunt.

Quæ inimica apibus.

XXI. Inimica est et echo resultanti sono, qui pavidas alterno pulset ictu : inimica et nebula. Aranei quoque vel maxime hostiles, quum prævaluere ut intexant, enecant alveos. Papilio etiam ignavus et inhonoratus, luminibus accensis advolitans, pestifer, nec uno modo. Nam et ipse ceras depascitur, et relinquit excrementa, quibus teredines gignuntur : fila etiam araneosa, quacumque incessit, alarum maxime lanugine obtexit. Nascuntur et in ipso ligno teredines, quæ ceras præcipue appetunt. Infestat et aviditas pastus, nimia florum satietate, verno maxime tempore : alvo cita. Oleo quidem non apes tantum, sed omnia insecta exanimantur, præcipue si capite uncto in sole ponantur. Aliquando et ipsæ contrahunt mortis sibi causas, quum sensere eximi mella, avide vorantes. Cetero præparcæ, et quæ alioqui prodigas atque edaces, non secus ac pigras atque ignavas proturbent. Nocent et sua mella ipsis, illitæque ab

l'on n'a soin de pourvoir à leur subsistance, elles se laissent mourir de faim. La gaîté et la fraîcheur sont donc chez elles les signes de la santé.

19. Leurs ouvrages ont aussi des maladies : celle qu'on nomme claros, lorsque les abeilles n'emplissent pas leurs rayons ; et celle qu'on appelle blapsigonie, lorsqu'elles n'amènent pas le couvain à terme.

Ce qui est contraire aux abeilles.

XXI. L'écho leur est également contraire par ce son retentissant et alternatif, qui les frappe et les effraie. Le brouillard ne leur est pas moins nuisible; mais leur ennemi le plus redoutable, c'est l'araignée, qui détruit la ruche entière quand elle est parvenue à y tendre sa toile. Ce lâche et vil papillon, qui voltige autour des flambeaux allumés, leur nuit aussi de plus d'une manière. Il mange la cire, et laisse des ordures où s'engendrent les térédo ; de plus, il masque les fils d'araignée, qu'il couvre du duvet de ses ailes partout où il passe. Dans le bois naissent aussi des térédo, qui attaquent particulièrement la cire. Leur propre intempérance leur est funeste : les fleurs qu'elles mangent avec excès, surtout au printemps, leur donnent le flux de ventre. L'huile tue les abeilles, ainsi que tous les insectes, principalement lorsque, après leur en avoir enduit la tête, on les expose au soleil. Quelquefois elles deviennent elles-mêmes la cause de leur mort, en dévorant le miel quand elles s'aperçoivent qu'on l'enlève. Du reste, elles sont très-ménagères : les prodigues et les gourmandes,

adversa parte moriuntur. Tot hostibus, tot casibus, (et quotam portionem eorum commemoro?) tam munificum animal expositum est. Remedia dicemus suis locis: nunc enim sermo de natura est.

De continendis apibus.

XXII. 20. Gaudent plausu atque tinnitu æris, eoque convocantur. Quo manifestum est, auditus quoque inesse sensum. Effecto opere, educto fetu, functo munere omni, exercitationem tum solemnem habent: spatiatæque in aperto, et in altum datæ, gyris volatu editis, tum demum ad cibum redeunt. Vita eis longissima, ut prospere inimica ac fortuita cedant, septenis annis universa. Alvos numquam ultra decem annos durasse proditur. Sunt qui mortuas, si intra tectum hieme serventur, deinde sole verno torreantur, ac ficulneo cinere toto die foveantur, putent revivescere.

De reparandis.

XXIII. In totum vero amissas reparari ventribus bubulis recentibus cum fimo obrutis: Virgilius juvencorum

comme les lâches et les paresseuses, sont impitoyable-
ment chassées. Leur miel même leur est funeste; quand
on en frotte la partie antérieure de leur corps, elles
meurent. A combien d'ennemis, à combien d'accidens
(et encore n'en cité-je qu'une faible partie) est exposé
un animal que sa munificence nous rend si précieux !
Nous indiquerons les remèdes en leur lieu, car maintenant nous ne traitons que de leur nature.

Moyen de contenir les abeilles.

XXII. 20. Le tintement de l'airain les réjouit, et ce
son les rallie ; ce qui démontre qu'elles ont aussi le sens
de l'ouïe. Les ouvrages achevés, les petits éclos, toutes
leurs fonctions remplies, elles se livrent alors aux exer-
cices d'usage. Répandues dans la plaine, élevées dans
les airs, elles volent en tournoyant, et ne rentrent que
pour le repas. Leur vie la plus longue, si elles ont le
bonheur d'échapper à tous les ennemis, à tous les accidens, est de sept ans en tout. On prétend que jamais
ruche n'a duré plus de dix ans. Suivant quelques auteurs, les abeilles mortes, gardées pendant l'hiver à la
maison, exposées ensuite au soleil du printemps, et
échauffées pendant un jour dans la cendre de figuier,
sont rappelées à la vie.

Moyen de repeupler les ruches.

XXIII. Si l'espèce est totalement détruite, on peut
la reproduire avec le ventre d'un bœuf tué récemment,

corpore exanimato, sicut equorum vespas atque crabrones, sicut asinorum scarabæos, mutante natura ex aliis quædam in alia. Sed horum omnium coitus cernuntur. Et tamen in fetu eadem prope natura, quæ apibus.

De vespis et crabronibus. Quæ animalia ex alieno suum faciant.

XXIV. 21. Vespæ in sublimi e luto nidos faciunt, et in his ceras: crabrones in cavernis, aut sub terra. Et horum omnium sexangulæ cellæ. Cera autem corticea et araneosa. Fetus ipse inæqualis, et barbarus; alius evolat, alius in nympha est, alius in vermiculo. Et autumno, non verno, omnia ea. Plenilunio maxime crescunt. Vespæ, quæ ichneumones vocantur (sunt autem minores, quam aliæ), unum genus ex araneis perimunt, phalangium appellatum, et in nidos suos ferunt, deinde illinunt, et ex iis incubando suum genus procreant. Præterea omnes carne vescuntur, contra quam apes, quæ nullum corpus attingunt. Sed vespæ muscas grandiores venantur: et amputato iis capite, reliquum corpus auferunt. Crabronum silvestres in arborum cavernis degunt: hieme, ut cetera insecta conduntur: vita bimatum non transit. Ictus eorum haud temere sine febri est.

et enterré dans le fumier. Suivant Virgile, le corps d'un jeune bœuf, qu'on a fait expirer sous les coups, produit des abeilles, comme le corps d'un cheval produit les guêpes et les frelons, et celui d'un âne les scarabées, la nature changeant certains animaux en d'autres. Mais on voit l'accouplement de ces dernières espèces ; néanmoins elles élèvent leurs petits presque à la manière des abeilles.

Des guêpes, des frelons. Animaux qui s'approprient le fruit du travail d'autrui.

XXIV. 21. Les guêpes font leurs nids avec de la boue dans un lieu élevé et y construisent des gâteaux. Les frelons s'établissent dans des trous ou sous terre. Toutes leurs alvéoles sont hexagones. Leur cire tient de l'écorce et de la toile d'araignée. Leurs petits éclosent sans régularité et sans ordre. Les uns volent, tandis que les autres sont encore à l'état de nymphe ou de ver ; et tout cela s'opère en automne, et non au printemps. Ils prennent, dans la pleine lune, leur plus grand accroissement. Les guêpes qu'on nomme ichneumons (elles sont plus petites que les autres) tuent une espèce d'araignée qu'on appelle phalangium, la portent dans leurs nids, pondent dans le cadavre, qu'elles enduisent de boue, et, en couvant, font éclore leurs petits. Au surplus, toutes se nourrissent de chair, au lieu que les abeilles ne touchent à aucun cadavre. Les guêpes font la chasse aux grosses mouches ; et, après leur avoir ôté la tête, elles emportent le reste du corps. Les frelons des bois vivent dans des creux d'arbres ; l'hiver

Auctores sunt, ter novenis punctis interfici hominem. Aliorum, qui mitiores videntur, duo genera: opifices, minores corpore, qui moriuntur hieme: matres, quæ biennio durant: ii et clementes. Nidos vere faciunt, fere quadrifores, in quibus opifices generentur. Iis eductis, alios deinde nidos majores fingunt, in quibus matres futuras producant. Jam tum opifices funguntur munere, et pascunt eas. Latior matrum species: dubiumque an habeant aculeos, quia non egrediuntur. Et his sui fuci. Quidam opinantur omnibus his ad hiemem decidere aculeos. Nec crabronum autem, nec vesparum generi reges, aut examina: sed subinde renovatur multitudo sobole.

De bombyce assyria.

XXV. 22. Quartum inter hæc genus est bombycum, in Assyria proveniens, majus quam supra dicta. Nidos luto fingunt, salis specie, adplicatos lapidi, tanta duritie, ut spiculis perforari vix possint. In iis et ceras largius, quam apes, faciunt: deinde majorem vermiculum.

ils se renferment, comme les autres insectes ; leur vie n'excède pas deux ans. Il est rare que leur piqûre ne cause pas la fièvre : vingt-sept de ces piqûres, suivant quelques auteurs, suffisent pour tuer un homme. D'autres frelons, qui semblent plus doux, se divisent en deux espèces : les travailleurs, plus petits, qui meurent l'hiver; et les frelons-mères, qui vivent deux ans, et ne font point de mal. Au printemps, elles construisent des nids qui, d'ordinaire, ont quatre ouvertures, et où elles enfantent les travailleurs. Lorsque ceux-ci sont élevés, elles font d'autres nids plus grands, pour y produire celles qui doivent être mères. Dès-lors les travailleurs remplissent leur fonction et les nourrissent. Les mères sont d'une forme plus grande : il est douteux qu'elles aient un aiguillon, car elles ne le montrent pas. Les frelons ont aussi leurs bourdons. Quelques-uns croient que tous ces insectes perdent leur aiguillon à l'approche de l'hiver. Ni les frelons ni les guêpes n'ont de rois et ne jettent d'essaims : l'espèce se renouvelle successivement par des reproductions individuelles.

Du bombyce d'Assyrie.

XXV. 22. Une quatrième espèce, dans ce genre d'insectes, est celle des bombyces, qui appartiennent à l'Assyrie, et sont plus grands que les précédens. Ils bâtissent, avec de la boue contre les pierres, des nids qui ont l'aspect du sel, et d'une telle dureté, qu'on peut à peine les percer avec un javelot. Ils y font de la cire en plus grande quantité que les abeilles, et le ver qu'ils produisent est aussi plus gros.

De bombyliis necydalis. Quæ prima invenerit bombycinam vestem.

XXVI. Et alia horum origo : e grandiore vermiculo, gemina protendente sui generis cornua, primum eruca fit : deinde quod vocatur bombylius : ex eo necydalus : ex hoc in sex mensibus. Bombyces telas araneorum modo texunt ad vestem luxumque feminarum, quæ bombycina appellatur. Prima eas redordiri, rursusque texere invenit in Ceo mulier Pamphila, Latoi filia, non fraudanda gloria excogitatæ rationis, ut denudet feminas vestis.

De bombyce Coa. Quomodo conficiatur Coa vestis.

XXVII. 23. Bombycas et in Co insula nasci tradunt, cupressi, terebinthi, fraxini, quercus florem imbribus decussum terræ halitu animante. Fieri autem primo papiliones parvos, nudosque : mox frigorum impatientia villis inhorrescere, et adversum hiemem tunicas sibi instaurare densas, pedum asperitate radentes foliorum lanuginem vellere : hanc ab his cogi unguium carminatione, mox trahi inter ramos, tenuari ceu pectine. Postea adprehensam corpori involvi nido volubili. Tum ab homine tolli, fictilibusque vasis tepore et furfurum esca nutriri : atque ita subnasci sui generis plumas,

Des nécydales bombyliennes. Inventeur des étoffes bombycines.

XXVI. On connaît encore des bombyles d'une origine différente : ils proviennent d'un gros ver, armé de deux cornes d'espèce particulière , qui d'abord devient chenille, puis bombyle, enfin nécydale, et cela dans l'espace de six mois. Les bombyces, à la manière des araignées, ourdissent, pour l'habillement et la parure des femmes, une toile qui s'appelle bombycine. L'art de dévider cette toile et d'en faire des tissus fut inventé dans l'île de Céos, par la fille de Latoüs, Pamphila, à qui nous ne devons pas dérober la gloire d'avoir trouvé pour les femmes un vêtement qui les montre nues.

Du bombyce de Cos. Comment se font les tissus de Cos.

XXVII. 23. On dit qu'il naît aussi des bombyces dans l'île de Cos , où la vapeur de la terre anime les fleurs que les pluies ont fait tomber du cyprès, du térébinthe, du frêne et du chêne. Il se forme d'abord de petits papillons qui sont nus; bientôt, pour se garantir du froid, ils se couvrent de poils , et se fabriquent d'épaisses tuniques contre la rigueur de l'hiver, en arrachant le duvet des feuilles, qu'ils grattent avec les aspérités de leurs pieds ; ils le ramassent en un tas, le cardent avec leurs ongles, le traînent sur les branches, et l'effilent comme avec un peigne; ensuite ils saisissent les brins, et en forment une couverture qu'ils roulent autour d'eux. Alors on les emporte, on les dépose dans des vases de terre,

quibus vestitos ad alia pensa dimitti. Quæ vero cœpta
sint lanificia , humore lentescere : mox in fila tenuari
junceo fuso. Nec puduit has vestes usurpare etiam viros, levitatem propter æstivam. In tantum a lorica ge-
renda discessere mores, ut oneri sit etiam vestis. Assyria
tamen bombyce adhuc feminis cedimus.

De araneis : qui ex his texant : quæ materiæ natura ad texendum.

XXVIII. 24. Araneorum his non absurde jungatur
natura , digna vel præcipue admiratione. Plura autem
sunt genera, nec dictu necessaria in tanta notitia. Phalangia ex his appellantur, quorum noxii morsus, corpus
exiguum, varium, acuminatum, adsultim ingredientium.
Altera eorum species, nigri , prioribus cruribus longis-
simis. Omnibus internodia terna in cruribus. Luporum
minimi, non texunt. Majores interna et cavernis exigua
vestibula præpandunt. Tertium eorumdem genus eru-
dita operatione conspicuum. Orditur telas , tantique
operis materiæ uterus ipsius sufficit : sive ita corrupta
alvi natura stato tempore, ut Democrito placet : sive
est quædam intus lanigera fertilitas : tam moderato un-
gue , tam tereti filo, et tam æquali deducit stamina ,

où ils sont entretenus par une douce chaleur, et nourris avec du son. Il leur pousse des ailes d'une espèce particulière. Dans cet état, on leur rend la liberté pour qu'ils entreprennent d'autres travaux. Jetée dans l'eau, la toile qu'ils ont ourdie s'amollit, puis on la file avec un fuseau de jonc. Les hommes n'ont pas eu honte d'usurper ces étoffes, parce qu'elles sont légères pour l'été. Il est si loin de nos mœurs de porter la cuirasse, que nos vêtemens même sont une charge incommode. Toutefois, nous laissons encore aux femmes la bombyce assyrienne.

Des araignées : quelles espèces parmi elles font de la toile, et quelle est la matière du tissu.

XXVIII. 24. Ici se place convenablement l'histoire des araignées, sujet assurément digne d'admiration. Il y en a plusieurs espèces, trop connues pour qu'il soit nécessaire d'en parler avec détail. On nomme phalangium celles dont la morsure est venimeuse, le corps bigarré, court, effilé, et qui marchent en sautant. Dans cette espèce il en est de noires, dont les jambes antérieures sont très-allongées. Toutes ont trois articulations aux jambes. Les araignées-loups de la petite espèce ne filent point; les grandes étendent de petites toiles à l'entrée et au dedans de leurs trous. Une troisième espèce est remarquable par son savant travail : elle ourdit des toiles, et son ventre fournit seul la matière d'un si grand ouvrage, soit que les parties dont il est formé se décomposent à époque fixe, comme le prétend Démocrite, soit qu'elle possède intérieurement la faculté de produire cette espèce de laine.

ipso se pondere usus. Texere a medio incipit , circinato
orbe subtegmina adnectens maculasque paribus semper
intervallis , sed subinde crescentibus, ex angusto dila-
tans indissolubili nodo implicat. Quanta arte celat pe-
dicas , ac scutulato rete grassantes ! quam non ad hoc
videtur pertinere crebratæ pexitas telæ , et quadam po-
lituræ arte , ipsa per se tenax ratio tramæ ! quam laxus
ad flatus, ac non respuenda quæ veniant, sinus ! Dere-
licta lasso prætendi summa parte arbitrere licia : at illa
difficile cernuntur, atque ut in plagis lineæ offensæ, præ-
cipitant in sinum. Specus ipse qua concameratur archi-
tectura ! et contra frigora quanto villosior ! quam remo-
tus a medio, aliudque agentis similis ! inclusus vero sic ,
ut sit, nec ne , intus aliquis, cerni non possit! Age, fir-
mitas : quanto rumpentibus ventis ? qua pulverum mole
degravante ? Latitudo telæ sæpe inter duas arbores ,
quum exercet artem et discit texere : longitudo fili a cul-
mine, ac rursus a terra per illud ipsum velox recipro-
catio : subitque pariter ac fila deducit. Quum vero ca-
ptura incidit, quam vigilans et paratus ad cursum ? licet
extrema hæreat plaga, semper in medium currit : quia
sic maxime totum concutiendo implicat. Scissa protinus
reficit , ad polituram sarciens. Namque et lacertarum
catulos venantur : os primum tela involventes, et tunc
demum labra utraque morsu adprehendentes, amphi-

Quelle régularité, quelle égalité dans ces fils que son ongle arrondit et façonne en tissus ! et cependant son propre poids lui tient lieu de fuseau. Elle commence son tissu par le milieu, puis elle étend la trame en forme circulaire ; élargissant les mailles à intervalles égaux et progressivement croissans, elle les réunit par un nœud indissoluble. Avec quel art elle cache les lacets meurtriers que forment ses réseaux ! Qui soupçonnerait que cette toile moelleuse et garnie d'un long duvet, que cette trame ferme et solide, dont l'art semble avoir poli la surface, ne sont en réalité qu'un piège trompeur ? Au centre, quelle souplesse, pour se prêter au souffle du vent, et ne pas rejeter les objets qui se présentent ! On croirait que les fils tendus aux extrémités ont été abandonnés par l'ouvrière épuisée de fatigue ; mais ces fils sont difficilement aperçus, et, comme les cordons de nos toiles de chasse, précipitent dans le filet l'animal qui les rencontre ! La caverne elle-même, avec quelle savante architecture elle est voûtée ! et combien, plus que le reste, elle est rembourrée contre le froid ! Comme l'araignée se tient écartée du centre, paraissant occupée de tout autre chose, et tellement renfermée, qu'il est impossible de voir si le lieu est ou n'est pas habité! Observez la fermeté de l'ouvrage : quels vents peuvent le briser, quels amas de poussière le rompre? La largeur de la toile s'étend souvent d'un arbre à l'autre, lorsque l'araignée s'exerce et fait apprentissage de son art. En longueur, l'araignée étend son fil du sommet de l'arbre à la surface du sol, et, tout en remontant rapidement le long de ce même fil, elle en ramène un nouveau, puis elle redescend en continuant la même

theatrali spectaculo, quum contigit. Sunt ex eo et auguria. Quippe incremento amnium futuro telas suas
altius tollunt. Iidem sereno non texunt, nubilo texunt.
Ideoque multa aranea imbrium signa sunt. Feminam
putant esse quæ texat, marem qui venetur : ita paria
fieri merita conjugio.

Generatio araneorum.

XXIX. Aranei conveniunt clunibus : pariunt vermiculos ovis similes. Nam nec horum differri potest geni-
tura, quoniam insectorum vix ulla alia narratio est.
Pariunt autem ova ea in telas, sed sparsa, quia saliunt,
atque ita emittunt. Phalangia tantum in ipso specu incubant magnum numerum : qui ut emersit, matrem
consumit, sæpe et patrem : adjuvat enim incubare. Pariunt autem et trecenos, ceteræ pauciores. Et incubant
triduo. Consummantur aranei quater septenis diebus.

manœuvre. Si quelque animal s'est pris au filet, quelle vi-
gilance ! quelle promptitude à accourir ! La proie est-elle
arrêtée à l'une des extrémités, elle court toujours au centre ; car c'est en agitant la toile dans toutes ses parties
qu'elle enlace le plus l'animal. La toile est-elle déchirée,
elle la raccommode à l'instant, sans qu'il paraisse aucune
reprise. Les araignées prennent même de petits lézards :
elles commencent par leur museler la gueule avec leur fil,
puis elles leur saisissent et leur mordent les lèvres : spectacle comparable à ceux du Cirque, quand un heureux
hasard l'offre à nos yeux! On en tire aussi des présages.
Quand il doit survenir une crue d'eau, elles portent plus
haut leurs toiles. Elles ne filent pas dans les temps sereins,
elles filent dans les temps nébuleux; aussi le grand nombre
de toiles d'araignée est-il un signe de pluie. On pense que
c'est la femelle qui file, et le mâle qui chasse : ainsi, dans
le ménage, chacun contribue également au bien commun.

Génération des araignées.

XXIX. Les araignées s'accouplent par derrière, et produisent de petits vers semblables à des œufs. Je ne puis
en effet tarder plus long-temps à parler de leur génération, puisque nous n'aurons presque rien à dire de celle
des autres insectes. Elles répandent les œufs sur leurs
toiles; ils sont épars çà et là , parce qu'elles les jettent
en sautant. Les phalangium seulement en couvent dans
leur trou un grand nombre. Dès que les petits sont éclos,
ils dévorent la mère, et souvent même le père; car il partage avec elle les fonctions de l'incubation. Elles produisent jusqu'à trois cents petits, les autres espèces un plus

De scorpionibus.

XXX. 25. Similiter his et scorpiones terrestres, vermiculos ovorum specie pariunt, similiterque pereunt: pestis importuna, veneni serpentium, nisi quod graviore supplicio lenta per triduum morte conficiunt, virginibus letali semper ictu, et feminis fere in totum : viris autem matutino, exeuntes cavernis, priusquam aliquo fortuito ictu jejunum egerant venenum. Semper cauda in ictu est : nulloque momento meditari cessat, ne quando desit occasioni. Ferit et obliquo ictu, et inflexu. Venenum ab iis candidum fundi Apollodorus auctor est, in novem genera descriptis, per colores maxime : supervacuo, quoniam non est scire, quos minime exitiales praedixerit. Geminos quibusdam aculeos esse : maresque saevissimos. Nam coitum iis tribuit. Intelligi autem gracilitate et longitudine. Venenum omnibus medio die, quum incanduere solis ardoribus : itemque quum sitiunt, inexplebiles potu. Constat et septena caudae internodia saeviora esse : pluribus enim sena sunt. Hoc malum Africae volucre etiam austri faciunt, pandentibus brachia, ut remigia sublevantes. Apollodorus idem, plane quibusdam inesse pennas tradit. Saepe Psylli, qui reliquarum venena

petit nombre. L'incubation dure trois jours : au bout de
vingt-huit, les araignées ont pris leur accroissement.

Des scorpions.

XXX. 25. Ainsi que les araignées, les scorpions
terrestres produisent de petits vers qui ont l'apparence
d'œufs, et ils périssent de la même manière: peste mau-
dite, qui porte le poison des serpens, mais dont la piqûre, par un supplice plus cruel, fait endurer pendant
trois jours les angoisses d'une mort lente, est toujours
fatale aux jeunes filles, et presque toujours aux femmes :
elle est mortelle pour les hommes le matin, lorsque l'insecte, sortant à jeûn de son trou, n'a pas trouvé l'occasion de répandre son venin. Sa queue est toujours
prête à frapper, et l'animal est continuellement attentif
pour ne pas manquer l'occasion. Il frappe, et de biais
et en se repliant. Le venin de cet insecte est blanc, suivant Apollodore, qui décrit neuf espèces de scorpions,
en les distinguant principalement par leurs couleurs :
détail superflu, puisqu'on ne peut savoir lesquels il a
signalés comme les moins nuisibles. Il prétend que certaines espèces ont un double aiguillon, et que les mâles
sont les plus dangereux, car il leur attribue la faculté
de s'accoupler. On les reconnaît à ce qu'ils sont plus
minces et plus longs que les femelles. Tous sont également venimeux au milieu du jour, lorsqu'ils ont été
échauffés par l'ardeur du soleil. Quand ils ont soif, ils
ne peuvent se rassasier de boire. Il est certain que ceux
qui ont sept nœuds à la queue sont les plus redoutables;

terrarum invehentes quæstus sui causa peregrinis malis
implevere Italiam , hos quoque importare conati sunt :
sed vivere intra Siculi cæli regionem non potuere. Visuntur tamen aliquando in Italia , sed innocui, multisque aliis in locis , ut circa Pharum in Ægypto. In Scy-
thia interimunt etiam sues, alioqui vivaciores contra
venena talia : nigras quidem celerius, si in aquam se
immerserint. Homini icto putatur esse remedio ipsorum
cinis potus in vino. Magnam adversitatem oleo mersis,
et stellionibus putant esse, innocuis dumtaxat iis, qui
et ipsi carent sanguine , lacertarum figura. Atque scorpiones in totum nullis nocere , quibus non sit sanguis.
Quidam et ab ipsis fetum devorari arbitrantur. Unum
modo relinqui solertissimum , et qui se ipsius matris
clunibus imponendo , tutus et a cauda et a morsu loco
fiat. Hunc esse reliquorum ultorem , qui postremo ge-
nitores superne conficiat. Pariuntur autem undeni.

la plupart n'en ont que six. Ce fléau de l'Afrique emprunte des ailes au vent du midi, en étendant ses bras, qu'il agite comme des rames. Le même Apollodore rapporte qu'il y a des scorpions vraiment ailés. Souvent les Psylles, qui font métier de transporter les poisons de contrées en contrées, et qui ont rempli l'Italie de fléaux étrangers, ont essayé d'y importer les scorpions volans; mais ceux-ci n'ont pu vivre sous le climat de la Sicile: cependant on en voit quelquefois en Italie, mais qui ne font point de mal; et en beaucoup d'autres lieux, comme aux environs de Pharos en Égypte. Dans la Scythie, ils tuent même les porcs, qui, d'ailleurs, résistent le mieux à ces sortes de venins, et les noirs plus vite que les autres, s'ils se plongent dans l'eau après avoir été piqués. On pense que la cendre du scorpion, prise dans du vin, est un remède pour l'homme blessé. L'huile est, dit-on, un poison mortel pour les scorpions et pour les stellions; ceux-ci n'épargnent que les animaux, comme eux privés de sang; leur forme est celle du lézard. Les scorpions, en général, ne font point non plus de mal aux animaux qui n'ont pas de sang. Quelques-uns pensent qu'ils dévorent leurs petits; que le plus adroit échappe seul, en se plaçant sur la croupe de la mère, où il n'a rien à craindre de sa piqûre et de sa morsure; qu'il est le vengeur de tous les autres, car il finit par tuer le père et la mère. Les scorpions font ordinairement onze petits.

5.

De stellionibus.

XXXI. 26. Chamæleonum stelliones quodammodo naturam habent, rore tantum viventes, præterque araneis.

De cicadis : sine ore esse, exitu cibi.

XXXII. Similis cicadis vita : quarum duo genera : minores, quæ primæ proveniunt, et novissimæ pereunt : sunt autem mutæ. Sequens est volatu rara. Quæ canunt, vocantur achetæ : et quæ minores ex his sunt, tettigoniæ : sed illæ magis canoræ. Mares canunt in utroque genere : feminæ silent : gentes vescuntur iis ad Orientem, etiam Parthi opibus abundantibus. Ante coitum mares præferunt, a coitu feminas, ovis earum conceptis, quæ sunt candida. Coitus supinis. Asperitas præacuta in dorso, qua excavant feturæ locum in terra. Fit primo vermiculus, dein ex eo, quæ vocatur tettigometra, cujus cortice rupto circa solstitia evolant, noctu semper : primum nigræ atque duræ. Unum hoc ex iis quæ vivunt, et sine ore est. Pro eo quiddam aculeatarum linguis simile, et hoc in pectore, quo rorem lambunt. Pectus ipsum fistulosum : hoc canunt achetæ, ut diximus. De cetero in ventre nihil est. Excitatæ quum subvolant, humorem reddunt, quod solum argumen-

Des stellions.

XXXI. 26. Les stellions tiennent de la nature des caméléons, ne vivant que de rosée et d'araignées.

Des cigales : absence de la bouche et de l'anus chez ces animaux.

XXXII. Les cigales vivent de la même manière, et forment deux espèces : les petites, qui naissent les premières et meurent les dernières ; elles sont muettes : l'autre espèce vole rarement. Celles qui chantent sont nommées achètes, et les plus petites tettigonies; mais les autres ont plus de voix. Dans les deux espèces, les mâles chantent, les femelles sont muettes. Les peuples de l'Orient, même les Parthes, qui vivent au sein de l'abondance, mangent les cigales. Ils préfèrent les mâles avant l'accouplement, et les femelles après, et lorsqu'elles ont conçu leurs œufs, qui sont blancs. Elles s'accouplent renversées. Elles ont au dos une saillie aiguë, avec laquelle elles creusent la terre pour y déposer leurs œufs. Il se forme d'abord un vermisseau, qui devient ce qu'on nomme tettigomètre; vers le solstice, les petits rompent leur enveloppe et s'envolent, ce qui arrive toujours la nuit. Les cigales sont d'abord noires et dures. De tous les êtres vivans, c'est le seul qui n'ait point de bouche; mais elles ont à la poitrine quelque chose qui ressemble à la langue des insectes armés d'aiguillon, et qui leur sert à pomper la rosée. La poitrine elle-même n'est qu'une espèce de tuyau : c'est là que se forme la voix

tum est rore eas ali. Iisdem solis nullum ad excrementa corporis foramen. Oculi tam hebetes, ut si quis digitum contrahens ac remittens iis adpropinquet, transeant velut in folia. Quidam duo alia genera faciunt earum : surculariam, quæ sit grandior : frumentariam|, quam alii avenariam vocant. Apparet enim simul cum frumentis arescentibus.

27. Cicadæ non nascuntur in raritate arborum : idcirco non sunt Cyrenis circa oppidum : nec in campis, nec in frigidis aut umbrosis nemoribus. Est quædam et iis locorum differentia. In Milesia regione paucis sunt locis. Sed in Cephalenia amnis quidam penuriam earum et copiam dirimit. At in rhegino agro silent omnes : ultra flumen in Locrensi canunt. Pennarum illis natura quæ apibus, sed pro corpore amplior.

De pinnis insectorum.

XXXIII. 28. Insectorum autem quædam binas gerunt pinnas, ut muscæ : quædam quaternas, ut apes. Membranis et cicadæ volant. Quaternas habent, quæ aculeis in alvo armantur. Nullum, cui telum in ore, pluribus

des achètes, comme nous l'avons dit. Du reste, le ventre
ne contient rien. Lorsqu'on les contraint de voler, elles
rendent une humeur qui, seule, prouve qu'elles se
nourrissent de rosée. C'est aussi le seul animal qui n'ait
pas d'ouverture pour jeter ses excrémens. Leurs yeux
sont si mauvais, que si on leur présente le doigt, en l'a-
vançant et en le retirant, elles sautent dessus comme sur
une feuille. Quelques-uns en établissent deux autres
espèces, savoir la surculaire, qui est la plus grande;
la frumentaire, que d'autres appellent avenière, parce
qu'elle paraît au moment que les fromens jaunissent.

27. Les cigales ne naissent point dans les lieux dépourvus d'arbres; aussi n'y en a-t-il pas aux environs de
la ville de Cyrène, ni dans les plaines, ni dans les bois
épais ou froids; elles préfèrent même certains cantons.
Dans le pays de Milet, elles ne se trouvent qu'en peu
d'endroits. A Céphalénie, une rivière sépare des cantons
remplis de cigales, d'autres cantons où l'on n'en voit
aucune. Dans le territoire de Rhèges, elles sont toutes
muettes; au delà du fleuve, dans la campagne de
Locres, elles chantent. Leurs ailes sont de la même nature que celles des abeilles, mais plus grandes à proportion de leur corps.

Ailes des insectes.

XXXIII. 28. Quelques insectes ont deux ailes,
comme les mouches; d'autres en ont quatre, comme
les abeilles. Les ailes des cigales sont membraneuses.
Les insectes qui sont armés d'aiguillon au ventre ont

quam binis advolat pennis. Illis enim ultionis causa
datum est, his aviditatis. Nullis eorum pennæ revi-
viscunt avulsæ. Nullum, cui aculeus in alvo, bipenne
est.

De scarabæis. Lampyrides. Reliqua scarabæorum genera.

XXXIV. Quibusdam pennarum tutelæ crusta supervenit, ut scarabæis, quorum tenuior fragiliorque penna.
His negatus aculeus : sed in quodam genere eorum
grandi, cornua prælonga, bisulcis dentata forcipibus in
cacumine, quum libuit ad morsum coeuntibus, infantium etiam remediis ex cervice suspenduntur. Lucanos
vocat hos Nigidius. Aliud rursus eorum genus, qui e
fimo ingentes pilas aversi pedibus volutant, parvosque
in iis contra rigorem hiemis vermiculos fetus sui nidu-
lantur. Volitant alii magno cum murmure ac mugitu.
Alii focos et prata crebris foraminibus excavant, nocturno stridore vocales. Lucent ignium modo noctu, laterum et clunium colore lampyrides, nunc pennarum
hiatu refulgentes, nunc vero compressu obumbratæ,
non ante matura pabula, aut post desecta conspicuæ.
E contrario tenebrarum alumna blattis vita, lucemque
fugiunt, in balineis maxime humido vapore prognatæ.
Fodiunt ex eodem genere rutili atque prægrandes sca-

quatre ailes. Nul de ceux dont l'aiguillon est placé dans la bouche n'en a plus de deux ; car les premiers l'ont reçu pour se défendre , les seconds pour se nourrir. Les ailes , une fois arrachées, ne repoussent jamais Tous les insectes dont l'aiguillon est placé au ventre ont plus de deux ailes.

Des scarabées. Des lampyrides. Des autres espèces de scarabées.

XXXIV. Dans quelques-uns , les ailes sont garanties par une substance crustacée, comme dans les scarabées, dont l'aile est plus mince et plus fragile. Ils n'ont point d'aiguillon ; mais on connaît une grande espèce à cornes très-longues , dont les extrémités, fourchues et dentelées, se ferment à volonté pour saisir les objets, et qu'on suspend au cou des enfans comme remèdes contre certaines maladies. Nigidius l'appelle *lucanus*. Une autre espèce marche à reculons , roulant de grosses boules de fiente dans lesquelles elle dépose les petits vers qui doivent perpétuer sa race , et les garantit ainsi de la rigueur de l'hiver. D'autres volent avec un bourdonnement très-fort ; d'autres creusent une multitude de trous dans les foyers et dans les prés, et font entendre pendant la nuit un bruit aigre et perçant. Pendant la nuit les lampyrides brillent comme des feux, par la couleur éclatante de leurs flancs et de leur croupe ; étincelans lorsqu'ils déploient leurs ailes, cachés dans l'ombre lorsqu'ils les ferment. On ne les aperçoit , ni avant que les fourrages soient mûrs, ni après qu'on les ait fauchés. Au contraire , les blattes vivent dans les té-

rabæi tellurem aridam, favosque parvæ ac fistulosæ modo spongiæ, medicato melle fingunt. In Thracia juxta Olynthum locus est parvus, in quo unum hoc animal exanimatur, ob hoc Cantharolethrus appellatus.

Pennæ insectis omnibus sine scissura : nulli cauda nisi scorpioni. Hic eorum solus et brachia habet, et in cauda spiculum. Reliquorum quibusdam aculeus in ore, ut asilo, sive tabanum dici placet : item culici, et quibusdam muscis. Omnibus autem his in ore et pro lingua sunt hi aculei. Quibusdam hebetes, neque ad punctum, sed ad suctum, ut muscarum generi, in quo lingua evidens fistula est. Nec sunt talibus dentes. Aliis cornicula ante oculos prætenduntur ignava, ut papilionibus. Quædam insecta carent pennis, ut scolopendra.

De locustis.

XXXV. Insectorum pedes quibus sunt, in obliquum moventur. Quorumdam extremi longiores foris curvantur, ut locustis.

29. Hæ pariunt in terram demisso spinæ caule, ova condensa, autumni tempore. Ea durant hieme sub terra. Subsequente anno exitu veris emittunt parvas, nigran-

nèbres et fuient la lumière; nées de la vapeur humide, principalement dans les bains. Des scarabées du même genre, dorés et très-grands, creusent les terres arides et y construisent des rayons qui ont la forme d'une petite éponge poreuse; leur miel est drastique. En Thrace, près d'Olynthe, est un petit canton où nul de ces insectes ne peut vivre, ce qui l'a fait nommer Cantharolethrus.

Tous les insectes ont les ailes sans division; nul n'a de queue, si ce n'est le scorpion; c'est aussi le seul qui ait à la fois et des bras et un dard à la queue. Parmi les autres, quelques-uns, tels que l'asilus ou tabanum, le cousin et certaines mouches, ont un aiguillon placé dans la bouche, qui leur tient lieu de langue. A plusieurs l'aiguillon est mou et sans pointe, et ne sert qu'à sucer, comme chez les mouches, dont la langue est évidemment une trompe. Tous ceux de cette espèce n'ont point de dents; d'autres ont étendues au devant des yeux de petites cornes tendres; tels sont les papillons. Quelques insectes manquent d'aile, par exemple, la scolopendre.

Des sauterelles.

XXXV. Les insectes qui ont des pieds les meuvent obliquement. Quelques-uns ont les pieds de derrière plus longs et courbés en dehors, comme les sauterelles.

29. Celles-ci enfoncent dans la terre la pointe de leur queue, pour y déposer, en automne, des œufs ramassés en tas. Ils se conservent enfouis tout l'hiver. L'année sui-

tes et sine cruribus, pennisque reptantes. Itaque vernis aquis intereunt ova : siccoque vere major proventus. Alii duplicem earum fetum, geminum exitium tradunt: Vergiliarum exortu parere, deinde ad Canis ortum obire, et alias renasci. Quidam Arcturi occasu renasci. Mori matres quum pepererint, certum est, vermiculo statim circa fauces enascente, qui eas strangulat. Eodem tempore mares obeunt. Tam frivola ratione morientes, serpentem, quum libuit, necant singulæ, faucibus ejus apprehensis mordicus. Non nascuntur nisi rimosis locis. In India ternum pedum longitudinis esse traduntur, cruribus et feminibus serrarum usum præbere, quum inaruerint. Est et alius earum obitus. Gregatim sublatæ vento in maria aut stagna decidunt. Forte hoc casuque evenit, non (ut prisci existimavere) madefactis nocturno humore alis. Iidem quippe nec volare eas noctibus propter frigora tradiderunt : ignari etiam longinqua maria ab iis transiri, continuata plurium dierum (quod maxime miremur) fame quoque, quam propter externa pabula petere sciunt. Deorum iræ pestis ea intelligitur. Namque et grandiores cernuntur, et tanto volant pennarum stridore, ut aliæ alites credantur : solemque obumbrant, sollicitis suspectantibus populis, ne suas operiant terras. Sufficiunt quippe vires : et tamquam parum sit maria transisse, immensos tractus permeant, diraque messibus

vante, à la fin du printemps, il en éclôt de petites sauterelles noirâtres, sans jambes, et qui se traînent à l'aide de leurs ailes. Dans un printemps pluvieux, les œufs périssent; dans un printemps sec, le produit est plus abondant. Des auteurs prétendent que l'espèce se renouvelle et se détruit deux fois par an ; qu'elles produisent au lever des Pléiades ; qu'ensuite, au lever de la Canicule, elles meurent, et que d'autres renaissent. Selon quelques autres, elles renaissent au coucher de l'Arcture. Les femelles meurent après qu'elles ont jeté leurs œufs, c'est un fait certain : un petit ver qui leur vient à la gorge les étrangle. Les mâles meurent à la même époque. Quoiqu'elles périssent par une cause si frivole, une seule peut tuer un serpent en le saisissant et le mordant au cou. Elles ne naissent que dans les lieux crevassés. On raconte que dans l'Inde elles ont trois pieds de long, et que leurs jambes et leurs cuisses, séchées, servent de scies. Il est encore pour elles un autre genre de mort : enlevées en masse par le vent, elles tombent dans la mer ou dans les étangs, et leur destruction n'a lieu que par des circonstances fortuites, et non (comme les anciens l'ont pensé) parce qu'elles auraient eu les ailes mouillées par l'humidité de la nuit. Ils ont dit aussi qu'elles ne volent pas la nuit, à cause du froid ; ils ignoraient qu'elles traversent même une vaste étendue de mers, en supportant la faim pendant plusieurs jours, ce qui est plus merveilleux, dans le dessein de gagner des pâturages lointains. On les regarde comme un fléau de la colère divine. On en voit en effet d'une grandeur démesurée ; le bruit de leurs ailes est si grand, qu'on les

contegunt nube, multa contactu adurentes : omnia vero
morsu erodentes, et fores quoque tectorum. Italiam ex
Africa maxime coortæ infestant, sæpe populo ad Sibyl-
lina coacto remedia confugere, inopiæ metu. In Cyrenaica regione lex etiam est ter anno debellandi eas,
primo ova obterendo, deinde fetum, postremo adultas :
desertoris pœna in eum, qui cessaverit. Et in Lemno
insula certa mensura præfinita est, quam singuli ene-
catarum ad magistratus referant. Graculos quoque ob
id colunt, adverso volatu occurrentes earum exitio. Ne-
care et in Syria militari imperio coguntur. Tot orbis
partibus vagatur id malum. Parthis et hæ in cibo gratæ.
Vox earum proficisci ab occipitio videtur. Eo loco in
commissura scapularum habere quasi dentes existimantur, eosque inter se terendo stridorem edere, circa duo
æquinoctia maxime, sicut cicadæ circa solstitium. Coitus locustarum, qui et insectorum omnium quæ coeunt,
marem portante femina, in eum feminarum ultimo caudæ
reflexo, tardoque digressu. Minores autem in omni hoc
genere feminis mares.

prendrait pour une espèce d'oiseaux : elles obscurcissent
même le soleil, et les peuples inquiets les suivent de l'œil,
tremblant qu'elles ne couvrent en effet leur pays. Elles ont
assez de force dans le vol; et, comme si c'était peu d'avoir
franchi les mers, elles traversent des contrées immenses,
qu'elles couvrent d'une nuée funeste aux moissons, brûlant ce qu'elles touchent, rongeant tout, jusqu'aux portes
des maisons. Celles qui s'élèvent d'Afrique infestent surtout l'Italie, et plus d'une fois le peuple romain, menacé de la famine, fut obligé de recourir aux remèdes
sibyllins. Dans la Cyrénaïque, une loi ordonne de leur
faire la guerre trois fois l'année, d'abord en écrasant
leurs œufs, ensuite en tuant les petits, enfin en extermi-
nant les grandes : on punit comme déserteur quiconque
néglige ce devoir. Dans l'île de Lemnos, on a déterminé
une mesure que chaque habitant doit apporter au ma-
gistrat, remplie de sauterelles tuées. Par cette raison,
ces peuples révèrent le graculus (choucas), qui vole à la
rencontre des sauterelles pour les détruire. En Syrie on
est obligé, pour les tuer, d'employer le secours des
troupes; car ce fléau est répandu sur presque toutes les
parties du globe ! Les Parthes les regardent comme un
mets agréable. La voix des sauterelles semble sortir de
l'occiput. On pense qu'à la jointure des épaules elles ont
comme des dents, dont le frottement produit le son aigre
et perçant qu'elles rendent, surtout aux deux équinoxes,
comme les cigales aux solstices. L'accouplement des sauterelles se fait comme celui de tous les insectes chez qui
la copulation a lieu : la femelle porte le mâle, en repliant contre lui l'extrémité de la queue ; elles restent

De formicis.

XXXVI. 3o. Plurima insectorum vermiculum gignunt. Nam et formicæ similem ovis vere : et hæ communicantes laborem : sed apes utiles faciunt cibos, hæ condunt. Ac si quis comparet onera corporibus earum, fateatur nullis portione vires esse majores. Gerunt ea morsu. Majora aversæ postremis pedibus moliuntur, humeris obnixæ. Et iis reipublicæ ratio, memoria, cura. Semina arrosa condunt, ne rursus in fruges exeant e terra. Majora ad introitum dividunt. Madefacta imbre proferunt atque siccant. Operantur et noctu plena luna : eædem interlunio cessant. Jam in opere qui labor? quæ sedulitas? Et quoniam ex diverso convehunt altera alterius ignara, certi dies ad recognitionem mutuam nundinis dantur. Quæ tunc earum concursatio? quam diligens cum obviis quædam collocutio atque percunctatio? Silices itinere earum adtritos videmus, et in opere semitam factam, ne quis dubitet qualibet in re quid possit quantulacumque assiduitas. Sepeliunt inter se viventium solæ, præter hominem. Non sunt in Sicilia pennatæ.

long-temps accouplés. Dans toute cette espèce les mâles
sont plus petits que les femelles.

Des fourmis.

XXXVI. 3o. La plupart des insectes engendrent de
petits vers. Les fourmis, au printemps, produisent les
leurs sous forme d'œufs. Elles travaillent aussi en commun; mais les abeilles composent elles-mêmes leur nourriture, les fourmis ne font que ramasser la leur. Si l'on
compare leurs fardeaux avec le volume de leur corps,
on conviendra que, proportion gardée, nul animal n'a
plus de force. Elles les portent avec leur bouche. Quand
la charge est trop lourde, elles se retournent, la poussent avec les pieds de derrière, en faisant effort avec les
épaules contre un point d'appui. Chez elles aussi vous
trouvez une forme de république, de la mémoire, de la
prévoyance. Elles rongent les grains avant que de les
serrer, de peur qu'ils ne germent. Elles divisent ceux
qui sont trop grands pour entrer dans le magasin. S'ils
sont mouillés par la pluie, elles les portent dehors et les
font sécher. Pendant la pleine lune, elles travaillent
même la nuit, et se reposent à la nouvelle lune. Mais,
au moment du travail, quelle ardeur! quelle activité!
Et comme chacune charrie de son côté sans voir celles
qui sont occupées ailleurs, elles ont leurs jours de
marché pour se reconnaître mutuellement. Quel concours alors! avec quel empressement elles arrêtent et
interrogent celles qu'elles rencontrent! Nous voyons des
cailloux usés par leur passage, des sentiers battus dans
le terrain qu'elles traversent pour aller à l'ouvrage:

31. Indicæ formicæ cornua, Erythris in æde Herculis fixa, miraculo fuere. Aurum ex cavernis egerunt terræ, in regione septentrionalium Indorum, qui Dardæ vocantur. Ipsis color felium, magnitudo Ægypti luporum. Erutum hoc ab iis tempore hiberno, Indi furantur æstivo fervore, conditis propter vaporem in cuniculos formicis : quæ tamen odore sollicitatæ provolant, crebroque lacerant, quamvis prævelocibus camelis fugientes. Tanta pernicitas feritasque est cum amore auri.

Chrysallides.

XXXVII. 32. Multa autem insecta et aliter nascuntur, atque in primis ex rore. Insidet hic raphani folio primo vere, et spissatus sole in magnitudinem milii cogitur. Inde porrigitur vermiculus parvus, et triduo eruca : quæ adjectis diebus adcrescit, immobilis, duro cortice : ad tactum tantum movetur, araneo adcreta, quam chrysallidem appellant : rupto deinde cortice volat papilio.

grand exemple de ce que peut en toute chose la continuité du plus petit effort ! De tous les êtres vivans, elles
seules, avec l'homme, ensevelissent leurs morts. Il n'y a
point en Sicile de fourmis ailées.

31. Les cornes d'une fourmi de l'Inde, attachées dans
le temple d'Hercule à Érythres, ont été une merveille.
Les fourmis tirent l'or des mines dans le pays des Indiens
septentrionaux, qu'on appelle Dardes. Elles ont la couleur
du chat, et la grandeur du loup d'Égypte. Le métal
qu'elles ont extrait pendant l'hiver, les Indiens le leur
dérobent pendant les ardeurs de l'été, lorsqu'elles
sont retirées dans des souterrains, à cause de la chaleur : toutefois, averties par l'odorat, elles s'élancent
sur les ravisseurs, et souvent les mettent en pièces,
malgré la rapidité des chameaux qui servent leur fuite.
Telles sont la vitesse et la férocité qui se joignent en
elles à la passion de l'or.

Chrysalides

XXXVII. 32. Beaucoup d'insectes ont une origine
différente ; et, d'abord, la rosée en produit. Au commencement du printemps elle s'attache à la feuille du rapha-
nus, et, condensée par le soleil, elle se réduit à la grosseur d'un grain de millet ; de là sort un tout petit ver
qui, trois jours après, est une chenille. Celle-ci, pendant quelques jours, prend de l'accroissement, reste
immobile, revêtue d'une pellicule dure : elle ne remue
que lorsqu'on la touche ; elle est enveloppée d'un tissu
qui ressemble à une toile d'araignée, et on la nomme

De his animalibus, quæ ex ligno, aut in ligno nascuntur.

XXXVIII. 33. Sic quædam ex imbre generantur in terra : quædam et in ligno. Nec enim cossi tantum in eo, sed etiam tabani ex eo nascuntur : et alia, ubicumque humor est nimius : sicut intra hominem tæniæ tricenum pedum, aliquando et plurium longitudine.

Sordium hominis animalia. Quod animal minimum : etiam in cera animalia.

XXXIX. Jam in carne exanimi, et viventium quoque hominum capillo : qua fœditate et Sulla dictator, et Alcman ex clarissimis Græciæ poetis, obiere. Hoc quidem et aves infestat : phasianas vero interimit, nisi pulverantes sese. Pilos habentium asinum tantum im munem hoc malo credunt, et oves. Gignuntur autem et vestis genere, præcipue lanicio interemptarum a lupis ovium. Aquas quoque quasdam, quibus lavamur, fertiliores ejus generis, invenio apud autores. Quippe quum etiam ceræ id gignant, quod animalium minimum existimatur. Alia rursus generantur sordibus a radio solis, posteriorum lascivia crurum petauristæ. Alia pulvere humido in cavernis, volucria.

alors chrysalide : enfin, de la pellicule rompue s'envole un papillon.

Des animaux qui naissent du bois ou dans le bois.

XXXVIII. 33. Il y a de même des insectes que la pluie engendre dans la terre ; quelques autres sont engendrés dans le bois ; non-seulement le cossus y prend naissance, mais le tabanus provient du bois même ; d'autres naissent partout où l'humide est surabondant : ainsi le ténia, long de trente pieds, et quelquefois davantage, se forme dans l'intérieur de l'homme.

Animaux parasites de l'homme. Quel est le plus petit des animaux. Animaux habitans de la cire même.

XXXIX. On trouve des insectes même dans la chair morte, et jusque dans la chevelure de l'homme vivant : vermine dégoûtante, par laquelle moururent le dictateur Sylla et Alcman, l'un des plus illustres poètes de la Grèce. Elle tourmente aussi les oiseaux, et tue même les faisans, à moins qu'ils ne se roulent dans la poussière. On croit que, parmi les animaux à poil, l'âne seulement en est exempt, ainsi que les moutons. Cependant elle s'engendre dans quelques étoffes, surtout dans celles qui sont faites avec de la laine de moutons tués par le loup. Je trouve aussi chez les auteurs que certaines eaux où nous nous baignons produisent beaucoup de ces insectes. La cire même en produit un que l'on croit être le plus petit des animaux. Les rayons du soleil engendrent dans les ordures d'autres insectes qui, par la force de

Animal cui cibi exitus non est.

XL. 34. Est animal ejusdem temporis, infixo semper sanguini capite vivens, atque ita intumescens, unum animalium cui cibi non sit exitus : dehiscitque nimia satietate, alimento ipso moriens. Numquam hoc in jumentis gignitur, in bubus frequens, in canibus aliquando, in quibus omnia. In ovibus et in capris hoc solum. Æque mira sanguinis et hirudinum generi in palustri aqua sitis. Namque et hæ toto capite conduntur. Est et volucre canibus peculiare suum malum, aures maxime lancinans, quæ defendi morsu non queunt.

Tineæ, cantharides, culices. Nivis animal.

XLI. 35. Idem pulvis in lanis et veste tineas creat, præcipue si araneus una includatur. Sitit enim, et omnem humorem absorbens, ariditatem ampliat. Hoc et in chartis nascitur. Est earum genus tunicas suas trahentium, quo cochleæ modo. Sed harum pedes cernuntur. Spoliatæ exspirant. Si adcrevere, faciunt chrysalli-

leurs jambes postérieures, bondissent comme des sauteurs ; d'autres naissent dans la poussière humide des
cavernes, et sont ailés.

Animal sans conduit pour les excrémens.

XL. 34. Dans la même saison se voit un animal qui
vit la tête toujours plongée dans le sang, dont il se
gorge, et c'est le seul en qui les alimens n'aient point
d'issue : il crève de réplétion, et se donne la mort en se
nourrissant. On ne le trouve jamais sur les bêtes de
somme, mais souvent sur les bœufs, quelquefois sur
les chiens, sujets à toute espèce de vermine : c'est le
seul qui attaque les brebis et les chèvres. Les sang-
sues, qui vivent dans les marais, ont une soif du sang
aussi étonnante, car elles y plongent pareillement leur
tête tout entière. Il est encore une sorte de fléau ailé
qui s'attache spécialement aux chiens, leur déchire
surtout les oreilles, qu'ils ne peuvent défendre avec leur
gueule.

Teignes, cantharides, cousins. L'animal de la neige.

XLI. 35. De même la poussière produit les teignes
dans la laine et dans les étoffes, surtout lorsqu'une araignée s'y trouve en même temps renfermée : celle-ci, toujours altérée, et absorbant toute l'humidité, augmente la
sécheresse. Les teignes s'engendrent aussi dans les livres.
Il en est une espèce qui traîne sa tunique à la manière
des limaçons ; mais on aperçoit ses pieds. Dénudées, elles

dem. Ficarios culices caprificus generat. Cantharidas vermiculi ficorum et piri, et peuces, et cynacanthæ, et rosæ. Venenum hoc alæ medicantur : quibus demptis, letale est. Rursus alia genera culicum acescens natura gignit. Quippe quum et in nive candidi inveniantur, et vetustiore vermiculi : in media quidem altitudine rutili (nam et ipsa nix vetustate rubescit), hirti pilis, grandiores, torpentesque.

Ignium animal : pyralis, sive pyraustes.

XLII. 36. Gignit aliqua et contrarium naturæ elementum. Siquidem in Cypri ærariis fornacibus, et medio igni, majoris muscæ magnitudinis volat pennatum quadrupes: appellatur pyralis, a quibusdam pyrausta. Quamdiu est in igne, vivit: quum evasit longiore paulo volatu, emoritur.

Hemerobion.

XLIII. Hypanis fluvius in Ponto, circa solstitium defert acinorum effigie tenues membranas : quibus erumpit volucre quadrupes supradicti modo, nec ultra unum diem vivit, unde hemerobion vocatur. Reliquis talium ab initio ad finem septenarii sunt numeri: culici et ver-

meurent ; parvenues à leur entier accroissement, elles deviennent chrysalides. Le caprifiguier produit le cousin appelé ficarien. Les cantharides proviennent des petits vers des figuiers, du poirier, du peuce, de la cynacanthe et de la rose. Les ailes de ces insectes venimeux sont leur contre-poison : si on les enlève, le poison est mortel. D'un autre côté, la fermentation acide produit d'autres espèces de moucherons. On en trouve de blancs jusque dans la neige ; et lorsque la neige est vieille, elle présente aussi de petits vers : ceux-ci sont rouges à une profondeur moyenne (la neige elle-même rougit en vieillissant), hérissés de poils, d'une grande taille, et presque immobiles.

L'animal qui se trouve dans les flammes : pyralis ou pyrauste.

XLII. 36. L'élément destructeur de la nature produit aussi quelques animaux. Dans les fourneaux pour le bronze, en Chypre, on voit voler au milieu des flammes un quadrupède ailé qui a la taille d'une grosse mouche : on l'appelle pyralis ; d'autres le nomment pyrauste. Il vit tant qu'il est dans le feu ; s'il s'envole à quelque distance, il meurt.

Hémérobion.

XLIII. Vers le solstice d'été, l'Hypanis, fleuve du Pont, entraîne dans ses eaux des membranes légères qui ont la forme de grains de raisin, et dont il sort une mouche à quatre pieds, semblable au pyrauste, et qui ne vit qu'un jour, ce qui l'a fait nommer hémérobion. Dans les autres espèces de cette classe, la durée est marquée

miculo ter septeni : corpus parientibus, quater septeni. Mutationes, et in alias figuras transitus, trinis aut quadrinis diebus. Cetera ex his pennata, autumno fere moriuntur : tabani quidem etiam cæcitate. Muscis humore exanimatis, si cinere condantur, redit vita.

Animalium omnium per singula membra, naturæ, et historiæ. Quæ apices habent, quæ cristas.

XLIV. 37. Nunc per singulas corporis partes, præter jam dicta, membratim tractetur historia.

Caput habent cuncta, quæ sanguinem. In capite paucis animalium, nec nisi volucribus, apices, diversi quidem generis : Phœnici plumarum serie, e medio eo exeunte alio : pavonibus, crinitis arbusculis : stymphalidi, cirro : phasianæ, corniculis. Præterea parvæ avi, quæ ab illo galerita appellata quondam, postea gallico vocabulo etiam legioni nomen dederat alaudæ. Diximus et cui plicatilem cristam dedisset natura : per medium caput a rostro residentem et fulicarum generi dedit : cirros pico quoque Martio, et grui Balearicæ. Sed spectatissimum insigne gallinaceis, corporeum, serratum : nec carnem id esse, nec cartilaginem, nec callum jure dixerimus, verum peculiare. Draconum enim cristas qui viderit, non reperitur.

par les nombres septenaires : pour le cousin et le vermisseau, trois fois sept jours; pour les vivipares, quatre fois sept ; les transformations et métamorphoses se font en trois ou quatre jours. Ceux qui sont ailés périssent presque tous en automne : les tabanus meurent quelquefois aveugles. On rappelle à la vie les mouches qui sont noyées, si on les couvre de cendres.

Caractères et histoire des animaux comparés membres à membres.
Chez qui se trouvent les aigrettes, les crêtes.

XLIV. 37. A tout ce qui a été dit, joignons l'histoire détaillée de chacune des parties du corps.

Tous les animaux qui ont du sang ont une tête ; un petit nombre d'entre eux, et seulement parmi les oiseaux, ont la tête surmontée de panaches de différentes sortes. Le phénix porte un rang de plumes, du milieu duquel il s'en élève un autre; les paons, une aigrette à filets ramifiés ; le stymphalide, une huppe; les faisans, de petites cornes. Citons, de plus, le petit oiseau que ce genre d'ornement a fait appeler autrefois galérita, et qui, depuis, a donné à une légion son nom gaulois alauda. Nous avons indiqué celui qui a reçu de la nature une crête qui se replie à volonté; elle a donné aux foulques une bande qui s'étend depuis le bec jusqu'au milieu de la tête ; au pic de Mars et à la grue balcarique, une huppe. Mais rien de plus remarquable que la crête charnue et festonnée des coqs : on ne saurait dire que ce soit une chair, ni un cartilage, ni une callosité; c'est une substance particulière. Quant

Cornuum genera. Quibus mobilia.

XLV. Cornua multis quidem et aquatilium, et marinorum, et serpentum, variis data sunt modis : sed quæ jure cornua intelligantur, quadrupedum generi tantum. Actæonem enim, et Cipum etiam in latina historia, fabulosos reor. Nec alibi major naturæ lascivia. Lusit animalium armis. Sparsit hæc in ramos, ut cervorum. Aliis simplicia tribuit, ut in eodem genere subulonibus ex argumento dictis. Aliorum finxit in palmas, digitosque emisit ex iis : unde platycerotas vocant. Dedit ramosa capreis, sed parva : nec fecit decidua. Convoluta in anfractum arietum generi, ceu cæstus daret : infesta, tauris. In hoc quidem genere, et feminis tribuit : in multis, tantum maribus. Rupicapris in dorsum adunca, damis in adversum. Erecta autem, rugarumque ambitu contorta, et in leve fastigium exacuta, ut lyras diceres, strepsiceroti, quem addacem Africa appellat. Mobilia eadem, ut aures, Phrygiæ armentis : troglodytarum, in terram directa : qua de causa obliqua cervice pascuntur. Aliis singula, et hæc medio capite, aut naribus, ut diximus. Jam quidem aliis ad incursum robusta, aliis ad ictum : aliis adunca, aliis redunca : aliis ad jactum,

aux crêtes des dragons, on ne trouve personne qui les
ait vues.

Des diverses espèces de cornes : chez quels animaux elles sont
mobiles.

XLV. Des cornes de différentes sortes ont été données à beaucoup d'animaux , tant fluviatiles que marins
et rampans ; mais les cornes proprement dites sont réservées aux quadrupèdes ; car l'aventure d'Actéon , et
même celle de Cipus, dont parlent les historiens latins,
ne me paraissent que des fables. Nulle part la nature ne
s'est montrée plus folâtre. Les armes des animaux sont
un de ses jeux : tantôt elle les a divisées en rameaux ,
comme celles des cerfs ; tantôt elle les a faites simples,
comme les porte cette espèce de cerfs qu'on a, par cette
raison, nommés subulons ; d'autres fois elle leur a donné
la forme de mains : elle en a fait sortir des doigts ; de là
le nom du platycéros. Elle a donné au chevreuil des
cornes rameuses, mais petites, et qui ne tombent pas ; au
bélier des cornes torses, comme si elle eût voulu l'armer
de cestes ; au taureau, des cornes dirigées en avant. Dans
cette dernière espèce, les femelles en sont pourvues ; dans
le plus grand nombre, la nature n'en a donné qu'aux
mâles. Les cornes du chamois sont courbées en arrière,
celles du daim le sont en avant. Le strepsicéros, que
l'Afrique appelle addax, a les siennes dressées, contournées, terminées en pointe, et semblables à la forme d'une
lyre. Les bœufs de la Phrygie ont les cornes mobiles
comme les oreilles ; ceux des troglodytes les ont dirigées vers la terre , c'est pourquoi ils paissent oblique-

pluribus modis : supina, convexa, conversa, omnia
in mucronem migrantia. In quodam genere pro manibus ad scabendum corpus. Cochleis ad prætentandum
iter : corporea hæc, sicut cerastis : aliquando et singula.
Cochleis semper bina : et ut protendantur, ac resiliant.
Urorum cornibus barbari septentrionales potant : ur-
naque bina capitis unius cornua implent. Alii præfixa
hastilia cuspidant. Apud nos in laminas secta trans-
lucent, atque etiam lumen inclusum latius fundunt :
multasque alias ad delicias conferuntur, nunc tincta,
nunc sublita, nunc quæ cestrota picturæ genere dicuntur. Omnibus autem cava, et in mucrone demum
concreta sunt. Cervis autem tota solida, et omnibus
annis decidua. Boum attritis ungulis, cornua unguendo
arvina, medentur agricolæ. Adeoque sequax natura est,
ut in ipsis viventium corporibus ferventi cera flectan-
tur, atque incisa nascentium in diversas partes tor-
queantur, ut singulis capitibus quaterna fiant. Tenuiora
feminis plerumque sunt, ut in pecore multis ovium
nulla, nec cervarum, nec quibus multifidi pedes, nec
solidipedum ulli, excepto asino Indico, qui uno armatus
est cornu. Bisulcis bina tribuit natura : nulla superne
primores habenti dentes. Qui putant eos in cornua absumi, facile coarguuntur cervarum natura, quæ neque
dentes habent, ut neque mares, nec tamen cornua.

ment. D'autres animaux n'en ont qu'une seule, placée au milieu de la tête ou sur le nez, comme nous l'avons dit. Chez les uns, leur force est dans l'élan de l'animal; chez d'autres, dans le coup qu'il porte. Tantôt la pointe est courbée en avant, tantôt elle se dirige en arrière. Chez quelques-uns, les cornes sont disposées pour lancer les corps, et présentent diverses formes : elles sont couchées, courbées, renversées, mais toujours terminées en pointe. Certaine espèce s'en sert comme de mains pour se gratter. Celles du limaçon lui servent à sonder son chemin : elles sont charnues comme celles des cérastes; quelquefois aussi elles sont simples ; mais le limaçon en a toujours deux, qu'il étend ou retire à volonté. Les barbares du Nord boivent dans des cornes d'urus, dont chaque paire contient une urne : d'autres en forment la pointe de leurs traits. Chez nous, divisées par lames, elles sont transparentes, et même alors elles répandent plus au loin la lumière qu'elles renferment. Elles sont encore employées à différens usages du luxe, colorées, vernies ou ornées du genre de peinture qu'on appelle cestrote. Chez tous les animaux elles sont creuses par le bas, et massives seulement à la pointe. Le bois du cerf est entièrement solide, et tombe chaque année. Quand l'ongle du bœuf est usé, les cultivateurs y remédient en lui graissant les cornes. Leur ductilité est telle, que, même sur l'animal vivant, on les rend flexibles avec de la cire bouillante, et qu'au moyen d'une incision faite dans le jeune âge, on les partage et les tourne de manière que chaque tête en porte quatre. Celles des femelles sont, pour l'ordinaire, plus minces et plus courtes. Dans le menu bétail, beaucoup de brebis

Ceterorum ossibus adhærent, cervorum tantum cutibus enascuntur.

De capitibus, et quibus nulla.

XLVI. Capita piscibus portione corporum maxima , fortassis ut mergantur. Ostrearum generi nulla , nec spongiis, nec aliis fere, quibus solus ex sensibus tactus est. Quibusdam indiscretum caput est, ut cancris.

De capillo.

XLVII. In capite cunctorum animalium homini plurimus pilus, jam quidem promiscue maribus ac feminis, apud intonsas utique gentes. Atque etiam nomina ex eo Capillatis Alpium incolis, Galliæ Comatæ : ut tamen sit aliqua in hoc terrarum differentia : quippe Myconii carentes eo gignuntur, sicut in Cauno lienosi. Et quæ-

en sont dépourvues , ainsi que les biches, les digités et les solipèdes, excepté l'âne indien , qui est armé d'une corne. La nature en a donné deux aux bisulces ; elle n'en a point donné aux animaux qui ont des dents incisives à la mâchoire supérieure. Ceux qui pensent que la matière de ces dents est employée à la formation des cornes sont facilement réfutés par l'organisation des biches, qui manquent de dents supérieures, ainsi que leurs mâles , et pourtant n'ont point de cornes. Celles des autres animaux adhèrent aux os; le bois des cerfs tient seulement à la peau.

Des têtes : animaux acéphales.

XLVI. Les poissons ont une très-grosse tête à proportion de leur corps , peut-être afin qu'ils puissent plonger. Cette partie manque aux huîtres, aux éponges, et presque à tous les animaux qui n'ont que le sens du toucher. Chez quelques-uns , tels que les cancres , elle n'est pas distincte du reste du corps.

Chevelure.

XLVII. De tous les animaux, l'homme, et sous ce titre je comprends aussi la femme, est celui dont la tête est le plus garnie de poil, comme on le voit chez les nations qui laissent croître leurs cheveux : de là même le nom de chevelus donné aux habitans des Alpes , et celui de Gaule Chevelue. Il y a néanmoins sous ce rapport des différences locales : les Myconiens naissent sans cheveux,

VIII.   7

dam animalium naturaliter calvent, sicut struthiocameli,
et corvi aquatici, quibus apud Græcos nomen est inde.
Defluvium eorum in muliere rarum, in spadonibus non
visum, nec in ullo ante Veneris usum. Nec infra cerebrum, aut infra verticem, aut circa tempora, atque
aures. Calvitium uni tantum animalium homini, præterquam innatum. Canities homini tantum et equis: sed
homini semper a priori parte capitis : tum deinde ab
aversa.

De ossibus capitis.

XLVIII. Vertices bini hominum tantum aliquibus.
Capitis ossa plana, tenuia, sine medullis, serratis pectinatim structa compagibus. Perfracta non queunt soli-
dari : sed exempta modice non sunt letalia, in vicem
eorum succedente corporea cicatrice. Infirmissima esse
ursis, durissima psittacis, suo diximus loco.

De cerebro.

XLIX. Cerebrum omnia habent animalia quæ sanguinem : etiam in mari, quæ mollia appellavimus, quamvis

comme les Cauniens naissent affectés de la rate. Certains animaux aussi sont naturellement chauves ; tels sont les autruches et le corbeau aquatique, qui en a tiré son nom chez les Grecs. La femme perd rarement sès cheveux, l'eunuque jamais, et aucun homme avant l'usage des plaisirs de l'amour. Les cheveux qui garnissent les parties inférieures de la tête, et la région des tempes et des oreilles, ne tombent pas. L'homme est le seul des animaux qui devienne chauve, à l'exception de ceux qui le sont naturellement. L'homme est aussi le seul, avec le cheval, à qui le poil blanchisse ; mais, dans l'homme, les cheveux de la partie antérieure de la tête blanchissent toujours les premiers, ensuite ceux de la partie postérieure.

Des os de la tête.

XLVIII. Chez un très-petit nombre d'hommes le crâne se partage en deux sur le sommet de la tête. Les os du crâne sont plats, minces, dépourvus de moelle, et joints ensemble par des sutures dentelées. Une fois brisés, ils ne peuvent plus se réunir ; mais on peut en enlever une partie sans causer la mort : une cicatrice la remplace. Nous avons dit que le crâne est très-faible dans l'ours, très-dur dans le perroquet, lorsque nous avons traité de ces animaux.

Du cerveau.

XLIX. Tous les animaux qui ont du sang ont un cerveau ; ceux même de la mer que nous avons appelés

careant sanguine , ut polypi. Sed homo portione maximum et humidissimum, omniumque viscerum frigidis-
simum, duabus supra subterque membranis velatum,
quarum alterutram rumpi mortiferum est. Cetero viri,
quam feminæ, majus. Hominibus hoc sine sanguine,
sine venis, et reliquis sine pingui. Aliud esse quam medullam eruditi docent, quoniam coquendo durescat.
Omnium cerebro medio insunt ossicula parva. Uni homini in infantia palpitat, nec corroboratur ante primum
sermonis exordium. Hoc est viscerum excelsissimum,
proximumque cælo capitis, sine carne, sine cruore,
sine sordibus. Hanc habent sensus arcem : huc venarum
omnis a corde vis tendit, hic desinit : hic culmen al-
tissimum, hic mentis est regimen. Omnium autem animalium in priora pronum, quia et sensus ante nos tendunt. Ab eo proficiscitur somnus : hinc capitis nutatio.
Quæ cerebrum non habent, non dormiunt. Cervis in
capite inesse vermiculi sub linguæ inanitate, et circa
articulum, qua caput jungitur, numero viginti pro-
duntur.

mollusques, tels que les polypes, en ont un, quoiqu'ils n'aient pas de sang. Celui de l'homme est proportion-nellement le plus grand et le plus humide; c'est le plus froid des viscères, et les deux membranes qui l'enve-loppent par dessus et par dessous ne peuvent être rom-pues ni l'une ni l'autre sans causer la mort. Du reste, l'homme a le cerveau plus grand que la femme. Dans l'homme et dans les autres animaux, le cerveau n'a point de sang, ni de veines, ni de graisse. Des auteurs in-struits enseignent qu'il diffère de la moelle, parce qu'il se durcit par la cuisson. On trouve de très-petits os au milieu de la cervelle de tous les animaux. L'homme est le seul à qui le cerveau palpite dans l'enfance; il ne prend de consistance qu'après les premiers essais de la parole. C'est de tous les viscères le plus élevé, le plus voisin de la voûte de la tête, et le seul qui n'ait ni chair, ni sang, ni souillures. C'est le poste élevé où siègent les sens; c'est là que se rendent et se terminent toutes les veines qui partent du cœur; c'est le point culminant, l'organe régulateur de l'entendement. Dans tous les animaux, il est placé à la partie antérieure, parce que les sens se dirigent en avant. Il est la cause du sommeil, et par suite de l'affaissement de la tête. Les animaux dépour-vus de cerveau ne dorment point. On dit que les cerfs ont dans la tête, tant sous la concavité de la langue qu'auprès de la vertèbre qui joint la tête au cou, de petits vers qui sont au nombre de vingt.

De auribus : quæ sine auribus, et sine foraminibus audiant.

L. Aures homini tantum immobiles. Ab iis Flacco-
rum cognomina. Nec in alia parte feminis majus im-
pendium, margaritis dependentibus. In Oriente quidem
et viris, aurum gestare eo loci, decus existimatur. Animalium aliis majores, aliis minores. Cervis tantum
scissæ, ac velut divisæ : sorici pilosæ. Sed auriculæ
omnibus animal dumtaxat generantibus, excepto vitulo
marino, atque delphino, et quæ cartilaginea appellavimus, et viperis. Hæc cavernas tantum habent aurium
loco, præter cartilaginea, et delphinum, quem tamen
audire manifestum est. Nam et cantu mulcentur, et
capiuntur attoniti sono. Quanam audiant, mirum. Iidem
nec olfactus vestigia habent, quum olfaciant sagacissime.
Pennatorum animalium buboni tantum et oto plumæ,
velut aures : ceteris cavernæ ad auditum. Simili modo
squamigeris, atque serpentibus. In equis et omnium jumentorum genere indicia animi præferunt : fessis mar-
cidæ, micantes pavidis, subrectæ furentibus, resolutæ
ægris.

Des oreilles : animaux qui entendent sans oreilles et sans trous auditifs.

L. L'homme seul a les oreilles immobiles. Le surnom de Flaccus vient de cette partie du corps. Il n'en est aucune autre pour laquelle les femmes prodiguent plus de dépenses, par les perles qu'elles y suspendent. Dans l'Orient, les hommes eux-mêmes se font gloire de porter de l'or à leurs oreilles. Suivant les différentes espèces d'animaux, elles sont plus ou moins grandes : fendues et comme partagées chez les cerfs seuls, et bordées de poil chez les souris. Tous les vivipares ont l'organe extérieur de l'ouïe, excepté le veau marin, le dauphin, ceux que nous avons appelés cartilagineux, et les vipères. Ces derniers, à l'exception des cartilagineux et du dauphin, ont des trous auditifs au lieu d'oreilles : cependant il est manifeste que le dauphin entend, car la musique le charme, et il se laisse prendre, étonné par le bruit. Comment entend-il? c'est ce qu'on a peine à concevoir. Il n'a pas non plus l'organe de l'odorat, et cependant ce sens est chez lui très-fin. Parmi les animaux ailés, le bubo et l'otus seuls ont des plumes en façon d'oreilles ; les autres ont des trous auditifs. Il en est de même des animaux à écailles et des serpens. Dans les chevaux et toutes les bêtes de somme, les oreilles indiquent les affections intérieures : flasques, tressaillantes, dressées ou pendantes, selon que l'animal est fatigué, effrayé, furieux ou malade.

De facie, de fronte, et superciliis.

LI. Facies homini tantum, ceteris os, aut rostra. Frons et aliis, sed homini tantum tristitiæ, hilaritatis, clementiæ, severitatis index. In animo sensus ejus. Supercilia homini, et pariter et alterne mobilia, et in iis pars animi. Negamus, an annuimus? Hæc maxime indicant factum. Superbia aliubi conceptaculum, sed hic sedem habet. In corde nascitur, huc subit, hic pendet. Nihil altius simul abruptiusque invenit in corpore, ubi solitaria esset.

De oculis: quæ sine oculis animalia : quæ singulos oculos tantum habeant.

LII. Subjacent oculi, pars corporis pretiosissima, et qui lucis usu vitam distinguant a morte. Non omnibus animalium hi : ostreis nulli : quibusdam concharum dubii. Pectines enim, si quis digitos adversum hiantes eos moveat, contrahuntur, ut videntes. Et solenes fugiunt admota ferramenta. Quadrupedum talpis visus non est : oculorum effigies inest, si quis prætentam detrahat membranam. Et inter aves ardeolarum genere, quos leucos vocant, altero oculo carere tradunt. Optimi augurii, quum ad austrum volant, septentrionemve :

De la face , du front et des sourcils.

LI. L'homme seul a une face ; les autres animaux ont
un museau ou un bec. Quelques-uns ont un front ; mais
dans l'homme seul il indique la tristesse, la joie, la clémence, la sévérité. Il est le miroir de l'âme. L'homme
a deux sourcils qui se meuvent ensemble ou alternativement : une partie de l'âme y réside aussi. Voulons-
nous refuser ou consentir, c'est par eux surtout que
s'exprime notre intention. Le germe de l'orgueil est
ailleurs, mais son siège est là. Il naît dans le cœur ; mais
il monte, il s'attache aux sourcils. Dans tout le corps il
n'a pas trouvé de place plus élevée et plus escarpée où il
pût s'établir sans partage.

Des yeux : animaux sans yeux ou qui n'ont qu'un œil.

LII. Les yeux sont au dessous ; c'est la partie la plus
précieuse du corps, et qui, par l'usage de la lumière,
distingue la vie de la mort. Ils n'ont pas été donnés à
tous les animaux : les huîtres n'en ont pas ; pour certains
coquillages, la chose est douteuse. Les pétoncles, si l'on
remue les doigts devant leur coquille ouverte, se re-
ferment, comme s'ils voyaient. Les solènes fuient à l'approche d'un instrument de fer. Parmi les quadrupèdes,
les taupes n'ont point le sens de la vue ; mais on trouve
l'apparence des yeux, si l'on enlève une membrane tendue au devant de cet organe. Parmi les oiseaux, on dit
que dans l'espèce des hérons, ceux qu'on appelle leucos

solvi enim pericula et metus narrant. Nigidius nec locustis nec cicadis esse dicit. Cochleis oculorum vicem cornicula bina praetentatu implent. Nec lumbricis ulli sunt, vermiumve generi.

De diversitate oculorum.

LIII. Oculi homini tantum diverso colore : ceteris in suo cuique genere similes. Et equorum quibusdam glauci. Sed in homine numerosissimae varietatis atque differentiae : grandiores, modici, parvi, prominentes, quos hebetiores putant : conditi, quos clarissime cernere : sicut in colore caprinos.

Quae ratio visus. Noctu videntes.

LIV. Praeterea alii contuentur longinqua; alii nisi prope admota, non cernunt. Multorum visus fulgore solis constat, nubilo die non cernentium, nec post occasus. Alii interdiu hebetiores, noctu praeter ceteros cernunt. De geminis pupillis, aut quibus noxii visus essent, satis diximus. Caesii in tenebris clariores.

ne voient que d'un œil : ils sont d'un très-bon augure lorsqu'ils volent vers le midi ou vers le nord, car ils annoncent que les dangers et les alarmes se dissipent. Nigidius dit que les sauterelles et les cigales n'ont point d'yeux. Chez les limaçons, cet organe est remplacé par deux petites cornes qui sondent le chemin. Les lombrics, et tous les vers généralement, n'ont point d'yeux.

De la diversité des yeux.

LIII. Dans l'espèce humaine seulement, la couleur des yeux varie : dans les autres espèces d'animaux elle est la même pour tous les individus. Quelques chevaux les ont verdâtres. Mais dans l'homme les variétés et les différences sont très-nombreuses : grands, moyens, petits, saillans; on croit ceux-ci plus faibles; enfoncés, ceux-là passent pour les meilleurs, comme les yeux qui, par la couleur, ressemblent à ceux de la chèvre.

Théorie de la vue. De ceux qui voient la nuit.

LIV. En outre, il est des hommes qui voient les objets de loin, d'autres ne les distinguent que de très-près. La vue de beaucoup d'hommes a besoin de la lumière éclatante du soleil, et ne distingue rien dans un temps nébuleux, ni après le soleil couché. Quelques-uns ont la vue mauvaise pendant le jour, et voient mieux que les autres pendant la nuit. Quant aux pupilles doubles et aux regards nuisibles, nous en avons parlé suffisamment. Les yeux bleus voient mieux dans l'obscurité.

Ferunt Tiberio Cæsari, nec alii genitorum mortalium, fuisse naturam, ut expergefactus noctu paulisper, haud alio modo, quam luce clara, contueretur omnia, paulatim tenebris sese obducentibus. Divo Augusto equorum modo glauci fuere, superque hominem albicantis magnitudinis. Quam ob causam diligentius spectari eos, iracunde ferebat. Claudio Cæsari ab angulis candore carnoso sanguineis venis subinde suffusi : Caio principi rigentes. Neroni, nisi quum conniveret, ad prope admota hebetes. Viginti gladiatorum paria in Caii principis ludo fuere : in iis duo omnino, qui contra comminationem aliquam non conniverent, et ob id invicti. Tantæ hoc difficultatis est homini. Plerisque vero naturale, ut nictari non cessent, quos pavidiores accepimus.

Oculus unicolor nulli : cum candore omnibus medius color differens. Neque ulla ex parte majora animi indicia cunctis animalibus : sed homini maxime, id est, moderationis, clementiæ, misericordiæ, odii, amoris, tristitiæ, lætitiæ. Contuitu quoque multiformes, truces, torvi, flagrantes, graves, transversi, limi, summissi, blandi. Profecto in oculis animus habitat. Ardent, intenduntur, humectant, connivent. Hinc illa misericordiæ lacrima. Hos quum osculamur, animum ipsum vi-

On rapporte, et l'exemple est unique parmi les mortels, que l'empereur Tibère avait la faculté, lorsqu'il s'éveillait la nuit, de voir les objets aussi clairement qu'en plein jour; peu à peu les ténèbres enveloppaient tout. Le divin Auguste avait les yeux verdâtres comme ceux des chevaux, et le blanc des yeux d'une grandeur extraordinaire; aussi se fâchait-il lorsqu'on les regardait avec trop d'attention. L'empereur Claude avait à l'angle de l'œil une blancheur charnue, qui se couvrait quelquefois de veines couleur de sang. Les yeux de l'empereur Caligula étaient fixes. Néron, à moins qu'il ne clignât les yeux, ne distinguait pas les objets les plus proches. Sur vingt couples de gladiateurs entretenus par Caligula deux seulement parmi eux bravaient toutes les menaces sans cligner l'œil; aussi furent-ils invincibles : tant cette fermeté est difficile à l'homme ! Le clignotement, au contraire, est si naturel à la plupart des hommes, qu'ils ne peuvent le discontinuer : on prétend que c'est un signe de timidité.

Nul n'a l'œil d'une seule couleur : celle de la prunelle tranche toujours avec le blanc qui l'environne. Aucune autre partie du corps ne décèle mieux les sentimens chez tous les animaux ; mais, dans l'homme surtout, les yeux expriment la modération, la clémence, la compassion, la haine, l'amour, la tristesse, la joie. Le regard aussi en varie l'expression et les rend farouches, menaçans, étincelans, sévères, hagards, dédaigneux, soumis, caressans. Sans doute l'âme habite dans les yeux. Ils s'enflamment, se fixent, s'humectent, se voilent. De là coulent les larmes de la pitié. Le baiser que nous leur donnons

demur attingere. Hinc fletus et rigantes ora rivi. Quis ille humor est, in dolore tam fecundus et paratus? aut ubi reliquo tempore? Animo autem videmus : animo cernimus : oculi, ceu vasa quædam, visibilem ejus partem accipiunt, atque transmittunt. Sic magna cogitatio obcæcat, abducto intus visu. Sic in morbo comitiali aperti nihil cernunt, animo caligante. Quin et patentibus dormiunt lepores, multique hominum, quos κορυ-ϐαντιᾷν Græci dicunt. Tenuibus multisque membranis eos natura composuit, callosis contra frigora caloresque in extimo tunicis, quas subinde purificant lacrimationum salivis, lubricos propter incursantia, et mobiles.

De natura pupillæ. Quæ non conniveant.

LV. Media eorum cornua fenestravit pupilla, cujus angustiæ non sinunt vagari incertam aciem, et velut canali dirigunt, obiterque incidentia facile declinant : aliis nigri, aliis ravi, aliis glauci coloris orbibus circumdatis : ut habili mixtura et accipiatur circumjecto candore lux, et temperato repercussu non obstrepat. Adeoque iis absoluta vis speculi, ut tam parva illa pupilla totam imaginem reddat hominis. Ea causa est, ut ple-

nous paraît pénétrer jusqu'à l'âme. De là coulent les pleurs et les ruisseaux qui baignent notre visage. Quel est donc ce liquide si abondant et toujours prêt dans la douleur? où se tient-il en réserve le reste du temps? C'est par l'âme que nous voyons, par l'âme que nous discernons. Les yeux, comme des canaux, reçoivent et transmettent sa partie visuelle. Voilà pourquoi une méditation profonde nous empêche de voir : la vue tout entière se concentre à l'intérieur. De même, dans le mal caduc, les yeux, quoique ouverts, n'aperçoivent rien, l'âme étant enveloppée d'un nuage épais. Bien plus, les lièvres et beaucoup d'hommes dorment les yeux ouverts, ce que les Grecs appellent κορυβαντιᾷν. La nature a composé les yeux de plusieurs membranes déliées, de tuniques calleuses à l'extérieur contre le froid et le chaud, et de temps en temps purifiées par l'effusion de l'humeur lacrymale : pour les garantir de ce qui pourrait les blesser, elle les a rendus glissans et mobiles.

De la nature de la pupille. Yeux qui ne se ferment point.

LV. La pupille, comme une fenêtre, répond au centre de la cornée; ses limites étroites ne permettent pas que les rayons s'écartent : elle sert de canal pour les diriger; et, par un léger mouvement, elle évite le choc des corps étrangers; elle est entourée de cercles de diverses couleurs, les uns noirs, les autres jaunes ou verts, afin qu'à l'aide d'une heureuse combinaison, la lumière reçue au milieu du blanc ne fatigue pas l'œil par un reflet trop brusque. Les yeux sont un miroir tellement parfait, que la

ræque alitum e manibus hominum oculos potissimum
appetant, quod effigiem suam in iis cernentes, velut ad
cognata desideria sua tendunt.

Veterina tantum quædam, ad crementa lunæ morbos
sentiunt. Sed homo solus emisso humore cæcitate libe-
ratur. Post vicesimum annum multis restitutus est visus.
Quibusdam statim nascentibus negatus, nullo oculorum
vitio : multis repente ablatus simili modo , nulla præ-
cedente injuria. Venas ab iis pertinere ad cerebrum, pe-
ritissimi auctores tradunt : ego et ad stomachum credi-
derim. Certe nulli sine redundatione ejus eruitur oculus.
Morientibus operire , rursusque in rogo patefacere ,
Quiritium ritu sacrum est : ita more condito, ut neque
ab homine supremum eos spectari fas sit , et cælo non
ostendi , nefas. Uni animalium homini depravantur :
unde cognomina Strabonum et Pætorum. Ab iisdem qui
altero lumine orbi nascerentur , Coclites vocabantur :
qui parvis utrisque, Ocellæ : Luscini injuriæ cognomen
habuerunt.

Nocturnorum animalium, veluti felium, in tenebris
fulgent, radiantque oculi, ut contueri non sit : et capræ,
lupoque splendent, lucemque jaculantur. Vituli marini,
et hyænæ, in mille colores transeunt subinde. Quin et
in tenebris multorum piscium refulgent aridi, sicut ro-

pupille, toute petite qu'elle est, rend l'image de l'homme tout entière. Voilà pourquoi les oiseaux que nous tenons dans nos mains cherchent surtout à nous becqueter les yeux, parce qu'y voyant leur image, ils s'y portent comme vers les objets de leurs affections naturelles.

Quelques bêtes de somme, en petit nombre, ont mal aux yeux vers les accroissemens de la lune; mais l'homme seul est délivré de la cécité par l'évacuation de l'humeur. Plusieurs ont recouvré la vue au bout de vingt ans. Quelques enfans naissent aveugles, sans que l'œil ait aucun vice; d'autres le sont devenus tout à coup, sans aucun accident antérieur. Des auteurs très-habiles disent que des veines se rendent des yeux au cerveau; quant à moi, je croirais qu'elles se rendent aussi à l'estomac : du moins, l'œil n'est jamais arraché sans vomissement. Fermer les yeux aux mourans, et les rouvrir sur le bûcher, est un usage sacré des Romains, qui en interdit le dernier aspect à l'homme, et le réserve religieusement pour le ciel. L'homme est le seul des animaux dont les yeux subissent des difformités. De là les surnoms de Strabons et de Pétus. On nommait Coclès ceux qui naissaient privés d'un œil; Ocella, celui qui avait les yeux petits; Luscinus, l'homme borgne par accident.

Les yeux des animaux nocturnes, tels que les chats, brillent et rayonnent dans l'obscurité, au point qu'on ne peut les regarder fixément; chez la chèvre et le loup, ils resplendissent et étincellent; dans le veau marin et l'hyène, ils présentent successivement mille couleurs; bien plus, les yeux de beaucoup de poissons, étant des-

busti caudices vetustate putres. Non connivere diximus,
quæ non obliquis oculis, sed circumacto capite cerne-
rent. Chamæleonis oculos ipsos circumagi totos tradunt.
Cancri in obliquum aspiciunt. Crusta fragili inclusis,
rigentes. Locustis squillisque magna ex parte sub eodem
munimento præduri eminent. Quorum duri sunt, minus
cernunt, quam quorum humidi. Serpentium catulis, et
hirundinum pullis, si quis eruat, renasci tradunt. Insectorum omnium, et testacei operimenti, oculi moventur, sicut quadrupedum aures. Quibus fragilia operi-
menta, iis oculi duri. Omnia talia, et pisces, et insecta,
non habent genas, nec integunt oculos. Omnibus membrana vitri modo translucida obtenditur.

De palpebris, et quibus non sint : quibus ab altera tantum parte.

LVI. Palpebræ in genis homini utrimque. Mulieribus vero etiam infectæ quotidiano. Tanta est decoris
adfectatio, ut tingantur oculi quoque. Alia de causa
hoc natura dederat, ceu vallum quoddam visus, et pro-
minens munimentum contra occursantia animalia, aut
alia fortuitu incidentia. Defluere eas haud immerito Venere abundantibus tradunt. Ex ceteris nulli sunt, nisi

séchés, brillent dans les ténèbres, comme le chêne pourri
de vétusté. Nous avons dit que les animaux qui ne voient
de côté qu'en tournant la tête, ne clignent point les
yeux. On prétend que le caméléon tourne les siens tout
entiers. Les cancres regardent obliquement. Les yeux
des animaux renfermés dans un test fragile sont durs.
Les langoustes et les squilles, recouvertes presque entièrement d'une enveloppe semblable, les ont saillans et
très-durs. Les animaux dont les yeux sont durs voient
moins bien que ceux qui les ont humides. On prétend
que si on arrache les yeux aux petits des serpens et des
hirondelles, il en renaît d'autres. Les yeux de tous les
insectes et des testacés sont mobiles, comme les oreilles
des quadrupèdes. Ceux dont l'enveloppe est fragile ont
les yeux durs. Tous ces animaux, ainsi que les poissons
et les insectes, n'ont point de paupières et ne ferment
point leurs yeux ; ils les ont couverts d'une membrane
transparente comme le verre.

Des paupières : chez quels animaux il n'y en a pas ; chez lesquels
on n'en voit que d'un côté.

LVI. L'homme a des cils aux deux paupières ; les
femmes même ne passent pas de jour sans les peindre.
Quelle recherche de la parure ! peindre même les yeux !
La nature, dans une autre intention, avait placé les cils
comme une palissade pour les yeux, comme un ouvrage
avancé, contre les insectes et les corps étrangers qui
pourraient se rencontrer. On prétend, non sans raison,
qu'ils tombent à ceux qui abusent des plaisirs de l'a-

quibus et in reliquo corpore pili. Sed quadrupedibus in superiore tantum gena, volueribus in inferiore : et quibus molle tergus, ut serpentibus : et quadrupedum quæ ova pariunt, ut lacertæ. Struthiocamelus alitum sola, ut homo , utrimque palpebras habet.

Quibus genæ non sint.

LVII. Nec genæ quidem omnibus : ideo neque nictationes iis, quæ animal generant. Graviores alitum inferiore gena connivent. Eædem nictantur, ab angulis membrana obeunte. Columbæ et similia utraque connivent. At quadrupedes quæ ova pariunt, ut testudines, crocodili, inferiore tantum, sine ulla nictatione, propter præduros oculos. Extremum ambitum genæ superioris, antiqui cilium vocavere : unde et supercilia. Hoc vulnere aliquo diductum non coalescit, ut in paucis humani corporis membris.

De malis.

LVIII. Infra oculos malæ homini tantum, quas prisci genas vocabant , XII Tabularum interdicto radi a femi-

mour. Parmi les autres animaux, ceux-là seuls ont des cils, qui ont tout le corps garni de poil. Mais les quadrupèdes n'en ont qu'à la paupière supérieure, et les oiseaux à la paupière inférieure, ainsi que les animaux qui ont la peau molle, comme les serpens et les quadrupèdes ovipares, tels que les lézards. L'autruche seule, parmi les oiseaux, a, de même que l'homme, des cils en haut et en bas.

Animaux sans paupières.

LVII. Tous les animaux n'ont pas des paupières; c'est pourquoi ceux qui sont vivipares ne clignent jamais l'œil. Les gros oiseaux ferment les yeux en élevant la paupière inférieure; ils clignotent au moyen d'une membrane qui part du coin de l'œil. Dans les pigeons, et autres espèces semblables, les deux paupières sont mobiles; mais dans les quadrupèdes ovipares, tels que les tortues et les crocodiles, il n'y a que la paupière inférieure qui le soit, et sans clignotement, à cause de la dureté de l'œil. Les anciens nommaient *cilium* (cil) le bord de la paupière supérieure, d'où est venu le mot *supercilia* (sourcils). Une blessure à la paupière ne se referme point, non plus que dans quelques autres parties du corps humain.

Des joues.

LVIII. Au dessous des yeux sont les joues, qui n'appartiennent qu'à l'homme, et que les anciens nommaient

uis eas vetantes. Pudoris hæc sedes. Ibi maxime ostenditur rubor.

De naribus.

LIX. Intra eas hilaritatem risumque indicantes buccæ. Et altior homini tantum, quem novi mores subdolæ irrisioni dicavere, nasus. Non alii animalium nares eminent : avibus, serpentibus, piscibus foramina tantum ad olfactus, sine naribus. Et hinc cognomina Simorum, Silonum. Septimo mense genitis sæpenumero foramina aurium et narium defuere.

De buccis, labris, mentis, maxillis.

LX. Labra, a quibus Brocchi, Labeones dicti. Et os probum duriusve, animal generantibus : pro iis cornea et acuta volucribus rostra. Eadem rapto viventibus adunca : collecto, recta : herbas eruentibus limumque, lata, ut suum generi. Jumentis vice manus ad colligenda pabula ora : apertiora laniatu viventibus. Mentum nulli præter hominem, nec malæ. Maxillas crocodilus tantum superiores movet : terrestres quadrupedes, eodem, quo cetera, more, præterque in obliquum.

gence, comme on le voit dans la loi des Douze-Tables qui défendait aux femmes de se les raser. Elles sont le siège de la pudeur. C'est là principalement que la rougeur se montre.

Des narines.

LIX. Vers le milieu des joues se forme cette fossette qui indique le ris et la gaîté. L'homme seul a un nez proéminent, et qui, dans nos mœurs, a été consacré au persiflage. Chez nul autre animal cette partie n'est saillante. Les oiseaux, les serpens, les poissons ont des conduits pour l'odorat, mais point de narines. De là les surnoms de *Simus* (camus) et de *Silo* (nez retroussé). On a vu souvent des enfans naître à sept mois, avec les ouvertures des oreilles et des narines fermées.

Des bouches, lèvres, mentons, mâchoires.

LX. Les lèvres ont fait donner aux Brocchus le surnom de Labéon. Les animaux vivipares ont une bouche ferme, ou même très-dure. Au lieu de bouche, les oiseaux ont un bec corné et aigu, recourbé dans les oiseaux de proie, droit dans ceux qui prennent la nourriture en becquetant, large chez ceux qui fouillent dans les herbes et dans la vase, comme font les pourceaux. Les bêtes de somme se servent de leur bouche comme d'une main pour ramasser leur pâture; les animaux carnassiers ont la bouche plus fendue. Il n'y a que l'homme qui ait un menton et des joues. Le crocodile n'a que la mâchoire supérieure mobile : les quadru

De dentibus : quæ genera eorum : quibus non utraque parte sint :
quibus cavi.

LXI. Dentium tria genera : serrati, aut continui, aut
exserti. Serrati pectinatim coeuntes, ne contrario occursu atterantur : ut serpentibus, piscibus, canibus.
Continui, ut homini, equo. Exserti, ut apro, hippopotamo, elephanto. Continuorum, qui digerunt cibum,
lati et acuti : qui conficiunt, duplices : qui discriminant
eos, canini appellantur. Hi sunt serratis longissimi. Continui, aut utraque parte oris sunt, ut equo : aut superiore primores non sunt, ut bubus, ovibus, omnibusque, quæ ruminant. Capræ superiores non sunt, præter
primores geminos. Nulli exserti, quibus serrati. Raro
feminæ, et tamen sine usu. Itaque quum apri percutiant,
feminæ sues mordent. Nulli, cui cornua, exserti : sed
omnibus concavi, ceteris dentes solidi. Piscium omnibus serrati, præter scarum : huic uni aquatilium plani.
Cetero multis eorum in lingua et toto ore : ut turba
vulnerum molliant, quæ attritu subigere non queunt.
Multis et in palato, atque etiam in cauda. Præterea in
os vergentes, ne excidant cibi, nullum habentibus reti-
nendi adminiculum.

pèdes terrestres remuent, comme les autres animaux,
la mâchoire inférieure, qui, de plus, a un mouvement
oblique.

Des dents : leurs espèces; chez quels animaux il n'y en a point des deux côtés ; chez qui elles sont creuses.

LXI. Les dents sont de trois sortes, en forme de scie,
continues, ou saillantes : séparées, passant les unes entre
les autres, pour ne point s'user par leur frottement mu-
tuel, comme dans les serpens, les poissons, les chiens ;
continues, comme dans l'homme, le cheval ; saillantes,
comme dans le sanglier, l'hippopotame, l'éléphant. Celles
des dents continues qui divisent les alimens sont larges
et tranchantes; celles qui les broient sont doubles; celles
qui séparent ces deux sortes de dents se nomment canines : ces dernières sont très-longues dans les animaux
qui ont les dents disposées en forme de scie. Quant aux
dents continues, ou elles sont en bas et en haut, comme
dans le cheval ; ou les incisives supérieures manquent,
comme dans le bœuf, la brebis et tous les ruminans. La
chèvre n'a de dents supérieures que les deux premières.
Nul animal qui a les dents comme une scie n'en a de
saillantes : les femelles en ont rarement, et encore n'en
font-elles point usage : ainsi le sanglier frappe, sa femelle mord. Nul animal à cornes n'a les dents saillantes;
mais dans tous elles sont creuses, et solides dans les autres. Tous les poissons ont les dents disposées en forme
de scie, excepté le scare : lui seul de tous les aquatiques
les a planes. Au reste, beaucoup de ces animaux ont des
dents à la langue et dans toute la bouche, afin de ré-

De serpentium dentibus : de veneno eorum. Cui volucri dentes.

LXII. Similes aspidi, et serpentibus : sed duo in su-
pera parte, dextera lævaque longissimi, tenui fistula
perforati, ut scorpionum aculei, venenum infundentes.
Non aliud hoc esse quam fel serpentium, et inde venis
sub spina ad hos pervenire, diligentissimi auctores scri-
bunt. Quidam unum esse eum : et quia sit aduncus,
resupinari, quum momorderit. Aliqui, tunc decidere
eum, rursusque recrescere, facilem decussu : et sine eo
esse, quas tractari cernamus. Scorpionis caudæ inesse
eum, et plerisque ternos. Viperæ dentes gingivis conduntur. Hæc eodem prægnans veneno, impresso dentium
repulsu virus fundit in morsus. Volucrum nulli dentes,
præter vespertilionem. Camelus una ex iis, quæ non
sunt cornigera, in superiori maxilla primores non habet.
Cornua habentium nulli serrati. Et cochleæ dentes habent : indicio est etiam a minimis earum derosa vitis.
At in marinis crustata et cartilaginea primores habere,
item echinis quinos esse, unde intelligi potuerit, miror.

duire, par la multitude des blessures, ce qu'ils ne peuvent briser en broyant ; plusieurs même en ont au palais, et même à la queue : en outre, ces dents sont recourbées vers l'intérieur de la bouche, pour empêcher les alimens de s'échapper ; ils n'ont d'autre moyen de les retenir.

Des dents de serpens : de leur venin. Oiseau qui a des dents.

LXII. L'aspic et les serpens ont des dents semblables, mais ils en ont encore à la partie supérieure, tant à droite qu'à gauche, deux très-longues, percées d'un petit trou, et qui répandent le venin comme l'aiguillon des scorpions. Des auteurs très-exacts écrivent que ce venin n'est autre chose que le fiel des serpens, et qu'il est conduit à la bouche par des veines placées au dessous de l'épine. Quelques-uns disent qu'il n'y a qu'une dent venimeuse, et qui, étant crochue, se renverse après avoir mordu. D'autres prétendent que cette dent, facile à arracher, tombe au moment de la morsure, et repousse ensuite ; qu'elle manque aux serpens que nous voyons manier impunément. Ils ajoutent qu'elle se trouve à la queue du scorpion, et que la plupart en ont trois. Les dents de la vipère sont enfoncées dans ses gencives. Toujours pleine de poison, elle verse son venin dans les morsures par la pression de ses alvéoles. La chauve-souris est le seul oiseau qui ait des dents. Le chameau est le seul des animaux sans cornes qui n'ait point de dents incisives à la mâchoire supérieure. Aucun cornigère n'a les dents en scie. Les limaçons

Dentium vice aculeus insectis. Simiæ dentes, ut homini.
Elephanto intus ad mandendum quatuor : præterque
eos, qui prominent, masculis reflexi, feminis recti atque
proni. Musculus marinus, qui balænam antecedit, nullos habet : sed pro iis, setis intus os hirtum, et linguam
etiam, ac palatum. Terrestrium minutis quadrupedibus,
primores bini utrimque longissimi.

Mirabilia dentium.

LXIII. Ceteris cum ipsis nascuntur : homini, postquam natus est, septimo mense. Reliquis perpetuo ma-
nent. Mutantur homini, leoni, jumento, cani, et ruminantibus. Sed leoni et cani, non nisi canini appellati.
Lupi dexter caninus, in magnis habetur operibus. Maxillares, qui sunt a caninis, nullum animal mutat. Homini
novissimi, qui genuini vocantur, circiter vicesimum annum gignuntur : multis et octogesimo, feminis quoque :
sed quibus in juventa non fuere nati. Decidere in senecta, et mox renasci certum est. Zoelen Samothrace-

ont aussi des dents; la vigne, que l'on voit ronger par
les plus petits d'entre eux, en est la preuve. Je ne
sais d'où vient l'opinion que, parmi les animaux marins, les crustacés et les cartilagineux ont les dents incisives, et que l'oursin en a cinq. Au lieu de dents, les
insectes ont un aiguillon. Le singe a les dents comme
l'homme. L'éléphant a dans l'intérieur quatre dents qui
lui servent pour manger, et en outre les deux saillantes,
qui sont recourbées chez le mâle, droites et inclinées en
avant chez la femelle. Le muscule marin, qui précède la
baleine, n'en a point; mais, au lieu de dents, il a l'intérieur de la bouche, la langue même et le palais, hérissés de soies. Parmi les animaux terrestres, les petits
quadrupèdes ont, en bas et en haut, les deux premières
dents très-longues.

Circonstances merveilleuses de la dentition.

LXIII. Les autres animaux naissent avec leurs dents;
celles de l'homme commencent à paraître le septième
mois après sa naissance. Les dents des autres animaux
ne tombent point : toutefois le lion, les bêtes de somme,
le chien et les ruminans changent leurs dents aussi bien
que l'homme; mais le lion et le chien ne changent que
les dents appelées canines. La canine droite du loup
s'emploie à des ouvrages importans. Les molaires, qui
sont après les canines, ne tombent à aucun animal. Les
dernières dents qui poussent à l'homme, et qu'on nomme
génuines (de sagesse), sortent ordinairement vers vingt,
et quelquefois à quatre-vingts ans, même chez les femmes,

num, cui renati essent post centum et quatuor annos,
Mucianus visum a se prodidit. Cetero maribus plures,
quam feminis, in homine, pecude, capris, sue. Timar-
chus Nicoclis filius Paphii duos ordines habuit maxilla-
rum. Frater ejus non mutavit primores, ideoque præ-
trivit. Est exemplum dentis, homini et in palato geniti.
At canini amissi casu aliquo, numquam renascuntur.
Ceteris senecta rubescunt, equo tantum candidiores
fiunt.

Ætas animantium ab his.

LXIV. Ætas veterinorum dentibus indicatur. Equo
sunt numero XL. Amittit tricesimo mense primores utrimque binos : sequenti anno totidem proximos, quum sub-
eunt dicti columellares. Quinto anno incipiente binos
amittit, qui sexto anno renascuntur. Septimo omnes
habet et renatos, et immutabiles. Equo castrato prius,
non decidunt dentes. Asinorum genus tricesimo mense
similiter amittit, deinde senis mensibus. Quod si non
prius peperere, quam decidant postremi, sterilitas certa.
Boves bimi mutant. Suibus decidunt numquam. Ab-

mais seulement dans les individus chez qui elles n'avaient
point paru pendant la jeunesse. Il est certain que les dents
tombent dans la vieillesse, et sont quelquefois bientôt remplacées par d'autres. Mucien rapporte qu'il a vu Zoclès
de Samothrace, à qui elles étaient revenues à plus de
cent quatre ans. Au reste, les mâles ont plus de dents
que les femelles chez l'homme, le mouton, la chèvre et
le porc. Timarque, fils de Nicoclès de Paphos, eut deux
rangs de dents à chaque mâchoire. Son frère ne perdit
pas les incisives; en conséquence il fut obligé de les
limer. On a l'exemple d'un homme à qui il poussa
une dent au palais. Si les canines tombent par quelque
accident, elles ne reviennent jamais. Dans les autres
animaux les dents rougissent en vieillissant; dans le
cheval seul elles blanchissent.

On estime l'âge des animaux d'après les dents.

LXIV. L'âge des bêtes de somme est indiqué par leurs
dents. Le cheval en a quarante : il perd au trentième
mois les deux premières incisives de chaque mâchoire;
l'année suivante, quatre autres à la suite des premières,
lorsque poussent celles qu'on nomme columellaires (crochets); au commencement de la cinquième année il en
perd deux en haut et en bas, qui repoussent la sixième
année; à la septième il a toutes ses dents, tant celles
qui ont été remplacées que celles qui ne tombent pas.
Les dents d'un cheval qui a été coupé avant ces époques
ne tombent pas. L'âne perd de même ses premières dents
au trentième mois, et les autres de six mois en six mois :

sumpta hac observatione, senectus in equis, et ceteris veterinis, intelligitur dentium brochitate, superciliorum canitie, et circa ea lacunis, quum fere sedecim annorum existimantur. Hominum dentibus quoddam inest virus. Namque et speculi nitorem ex adverso nudati hebetant, et columbarum fetus implumes necant. Reliqua de iis in generatione hominum dicta sunt. Erumpentibus, morbi corpora infantium accipiunt. Reliqua animalia, quæ serratos habent, sævissima dentibus.

De lingua, et quæ sine ea : de ranarum sono. De palato.

LXV. Linguæ non omnibus eodem modo. Tenuissima serpentibus et trisulca, vibrans, atri coloris, et, si extrahas, prælonga : lacertis bifida et pilosa : vitulis quoque marinis duplex : sed supra dictis capillamenti tenuitate : ceteris ad circumlambenda ora. Piscibus paulo minus tota adhærens, crocodilis tota. Sed in gustatu, linguæ vice carnosum aquatilibus palatum. Leonibus, pardis, omnibusque generis ejus, etiam felibus, imbricatæ asperitatis, ac limæ similis, attenuansque lambendo cutem

s'il n'a point produit avant la chute des dernières dents, il demeure stérile. Les bœufs en changent à deux ans. Chez les porcs, elles ne tombent jamais. Lorsque ce moyen manque, on reconnaît la vieillesse, dans les chevaux et dans les autres bêtes de somme, au déchaussement des dents, à la blancheur des sourcils et à l'enfoncement des salières : l'animal est réputé alors avoir seize ans. Les dents de l'homme portent avec elles un poison : présentées à un miroir nu, elles en ternissent l'éclat. Elles font périr les pigeons qui n'ont pas encore de plumes. Ce qu'on peut ajouter à ce sujet a été dit dans la génération de l'homme. Quand elles commencent à pousser, elles causent des maladies aux enfans. Les animaux qui ont les dents en scie font les morsures les plus cruelles.

De la langue : animaux sans langue. Bruit que font les grenouilles. Du palais.

LXV. La forme de la langue n'est pas toujours la même. Chez les serpens elle est très-mince et à trois pointes, vibrante, noire, et très-longue quand elle est arrachée ; chez les lézards elle est partagée en deux, et velue ; chez les veaux marins elle est fendue de même : mais dans les premiers elle est fine comme un cheveu ; les autres s'en servent pour se lécher le museau. Celle des poissons est presque entièrement adhérente ; celle des crocodiles l'est tout-à-fait. Pour le sens du goût, les animaux aquatiques ont un palais charnu qui supplée la langue. Les lions, les pards et tous les animaux de ce genre, même

hominis. Quæ causa etiam mansuefacta, ubi ad vicinum sanguinem pervenit saliva, invitat ad rabiem. De purpurarum linguis diximus. Ranis prima cohæret, intima absoluta a gutture, qua vocem mittunt mares, quum vocantur ololygones. Stato id tempore evenit, cientibus ad coitum feminas. Tum siquidem inferiore labro demisso, ad libramentum modicæ aquæ receptæ in fauces, palpitante ibi lingua ululatus elicitur. Tunc extenti buccarum sinus perlucent, oculi flagrant labore propulsi. Quibus in posteriori parte aculei, et iis dentes et lingua. Apibus etiam prælonga, eminens et cicadis. Quibus aculeus in ore fistulosus, iis nec lingua, nec dentes. Quibusdam insectis intus lingua, ut formicis. Ceterum lata elephanto præcipue. Reliquis in suo genere semper absoluta : homini tantum ita sæpe constricta venis, ut intercidi eas necesse sit. Metellum pontificem adeo inexplanatæ fuisse accepimus, ut multis mensibus tortus credatur, dum meditatur in dedicanda æde Opis vere dicere. Ceteris septimo ferme anno sermonem exprimit. Multis vero talis ejus ars contingit, ut avium et animalium vocis indiscrete edatur imitatio. Intellectus saporum est ceteris in prima lingua, homini et in palato.

les chats, ont la langue âpre, semblable à une lime, et capable, en léchant, d'atténuer la peau de l'homme. Il résulte de là que si la salive de ces animaux, même apprivoisés, pénètre jusqu'au sang, elle excite à la fureur. Nous avons parlé de la langue des pourpres. Dans les grenouilles, elle adhère par la partie antérieure, et se trouve libre du côté du gosier. Là se forment les sons que font entendre les mâles lorsqu'on les nomme ololygous (hurleurs), ce qui arrive à des époques régulières, quand ils appellent leurs femelles ; alors, abaissant la lèvre inférieure pour frapper de la langue une petite quantité d'eau qu'ils ont fait entrer dans leur gosier, ils rendent une sorte de hurlement. Pendant ce temps, les plis de leur bouche sont gonflés et luisans ; leurs yeux étincellent, poussés au dehors par l'effort qu'ils font. Les animaux qui ont un aiguillon à la partie postérieure ont aussi des dents et une langue. Les abeilles en ont une très-longue ; celle des cigales est même saillante. Ceux qui ont à la bouche un aiguillon creux n'ont ni dents ni langue. Quelques insectes ont une langue dans l'intérieur de la bouche : telles sont les fourmis. Celle de l'éléphant est principalement en largeur. Les autres animaux ont tous, chacun dans son genre, la langue libre; celle de l'homme seul est souvent liée par des filets, au point qu'il est nécessaire de les couper. Le pontife Metellus avait la langue si embarrassée, suivant ce qu'on rapporte, que pendant plusieurs mois il se mit à la torture, s'étudiant à prononcer nettement pour la dédicace du temple d'Ops. En général, l'homme parle distinctement à sept ans. Plusieurs

De tonsillis. Uva, epiglossis, arteriæ, gula.

LXVI. Tonsillæ in homine, in sue glandulæ. Quod inter eas, uvæ nomine, ultimo dependet palato, homini tantum est. Sub ea minor lingua, epiglossis appellata, nulli ova generantium. Opera ejus gemina, duabus interpositæ fistulis. Interior earum appellatur arteria, ad pulmonem atque cor pertinens. Hanc operit in epulando, ne spiritu ac voce illac meante, si potus cibusve in alienum deerraverit tramitem, torqueat. Altera exterior appelletur sane gula, qua cibus atque potus devoratur. Tendit hæc ad stomachum, is ad ventrem. Hanc per vices operit, quum spiritus tantum aut vox commeat, ne restagnatio intempestiva alvi obstrepat. Ex cartilagine et carne arteria, gula nervo et carne constat.

Cervix, collum, spina.

LXVII. Cervix nulli, nisi quibus utraque hæc. Ceteris

ont une telle flexibilité de langue, qu'ils imitent parfaitement la voix des oiseaux et des animaux. Le sens du goût, dans les autres animaux, est à l'extrémité de la langue; chez l'homme, il est aussi dans le palais.

Des amygdales. Luette, épiglotte, trachée-artère, œsophage.

LXVI. L'homme a des amygdales, le porc de petites glandes. La luette, suspendue entre les amygdales à l'extrémité du palais, ne se trouve que dans l'homme. Au dessous d'elle est une languette, nommée épiglotte, qui manque à tous les ovipares : destinée à une double fonction, elle est placée entre deux canaux. Le canal intérieur s'appelle trachée-artère, aboutit au poumon et au cœur. L'épiglotte le couvre quand nous mangeons, de peur que, le passage de la respiration et de la voix restant ouvert, la boisson et la nourriture, détournées de leur route naturelle, ne nous causent les plus vives douleurs. L'autre, extérieur, s'appelle proprement œsophage, par où sont absorbés les alimens liquides et solides. Il aboutit à l'estomac, celui-ci au ventre. L'épiglotte le couvre à son tour, lorsque la respiration seulement ou la voix se font passage, pour empêcher que les alimens, remontant dans la bouche, ne troublent ces fonctions. La trachée-artère est composée de cartilage et de chair, l'œsophage de nerf et de chair.

Nuque, cou, épine dorsale.

LXVII. La nuque existe seulement dans les animaux

collum, quibus tantum gula. Sed quibus cervix, e multis
vertebratisque orbiculatim ossibus flexilis, ad circum-
spectum, articulorum nodis jungitur. Leoni tantum, et
lupo, et hyænæ, ex singulis rectisque ossibus rigens.
Cetero spinæ adnectitur, spina lumbis, ossea : sed tereti structura, per media foramina a cerebro medulla
descendente. Eamdem esse ei naturam, quam cerebro,
colligunt : quoniam prætenui ejus membrana modo incisa statim exspiretur. Quibus longa crura, iis longa et
colla. Item aquaticis, quamvis brevia crura habentibus :
simili modo uncos ungues.

Guttur, fauces, stomachus.

LXVIII. Guttur homini tantum, et suibus intumescit,
aquarum quæ potantur plerumque vitio. Summum gulæ
fauces vocantur, extremum stomachus. Hoc nomine est
sub arteria jam carnosa inanitas adnexa spinæ, et latitudine ac longitudine lacunæ modo fusa. Quibus fauces
non sunt, ne stomachus quidem est, nec colla, nec guttur, ut piscibus, et ora ventribus junguntur. Testudini
marinæ lingua nulla, nec dentes : rostri acie comminuit
omnia. Postea arteria et stomachus denticulatus callo,

qui ont ces deux conduits ; ceux qui n'ont que l'œsophage ont un cou. Chez ceux qui ont la nuque, elle
est composée de plusieurs vertèbres arrondies, se fléchit aisément, et le jeu des articulations donne à ces
animaux le moyen de regarder autour d'eux. Il n'y a
que le lion, le loup et l'hyène qui aient le cou formé
d'un seul os rigide et inflexible. Au surplus, le cou est
attaché à l'épine, et l'épine aux lombes. Celle-ci est
osseuse, arrondie dans sa structure, et percée dans son
milieu, pour donner passage à la moelle qui descend
du cerveau. On conclut que la moelle épinière est de la
même nature que le cerveau, parce que la membrane
très-mince qui l'enveloppe étant une fois entamée, on
expire aussitôt. Les animaux qui ont les jambes longues
ont aussi un long cou. Les oiseaux aquatiques, encore
qu'ils aient les jambes courtes, ont aussi le cou long,
de même que ceux dont les ongles sont crochus.

Gosier, gorge, estomac.

LXVIII. L'homme et le porc seuls sont sujets au
goître, causé le plus souvent par la mauvaise qualité
des eaux qu'ils boivent. La partie supérieure de l'œsophage se nomme le gosier, la partie inférieure est
l'estomac. Il faut entendre par ce mot une cavité charnue placée sous la trachée-artère, attachée à l'épine, qui
s'étend en largeur et en longueur en forme de sac.
Ceux qui sont dépourvus de gosier n'ont point d'estomac ; ils n'ont point de cou, point de gorge : tels sont
les poissons, chez qui la bouche se joint à l'estomac.

in modum rubi , ad conficiendos cibos , decrescentibus
crenis : quidquid adpropinquat ventri , novissima asperitas , ut scobina fabris.

De corde , sanguine , animo.

LXIX. Cor animalibus ceteris in medio pectore est:
homini tantum infra lævam papillam, turbinato mucrone
in priora eminens. Piscibus solis ad os spectat. Hoc primum nascentibus formari in utero tradunt: deinde cerebrum, sicut tardissime oculos. Sed hos primum emori,
cor novissime. Huic præcipuus calor. Palpitat certe, et
quasi alterum movetur intra animal, præmolli firmoque
opertum membranæ involucro, munitum costarum et
pectoris muro, ut pariat præcipuam vitæ causam et ori-
ginem. Prima domicilia intra se animo et sanguini præ-
bet, sinuoso specu, et in magnis animalibus triplici, in
nullo non gemino : ibi mens habitat. Ex hoc fonte duæ
grandes venæ in priora et terga discurrunt, sparsaque
ramorum serie , per alias minores omnibus membris
vitalem sanguinem rigant. Solum hoc viscerum vitiis
non maceratur, nec supplicia vitæ trahit : læsumque
mortem illico adfert. Ceteris corruptis, vitalitas in corde
durat.

La tortue marine n'a ni langue ni dents; elle brise tout avec la pointe de son museau. Elle a une trachée-artère, et un œsophage qui, pour achever de broyer les alimens, est dentelé de callosités semblables aux épines d'une ronce, et qui vont toujours en décroissant. La partie qui s'approche de l'estomac est rude comme une lime.

Du cœur, du sang, de l'âme.

LXIX. Dans les autres animaux, le cœur est placé au milieu de la poitrine : dans l'homme seulement il est au dessous du mamelon gauche, terminé en pointe et dirigé en avant. Dans les poissons seuls il est tourné vers la bouche. On prétend que cette partie se forme la première dans le sein de la mère, ensuite le cerveau, et en dernier lieu les yeux, mais que ceux-ci meurent les premiers, et le cœur le dernier. C'est au cœur que se trouve la chaleur principale. Il a une palpitation prononcée; c'est comme un autre animal renfermé dans l'animal même. Il est enveloppé d'une membrane très-molle, mais forte. Les côtes et la poitrine forment un rempart autour de lui, comme étant la cause et la source de la vie. C'est une cavité sinueuse, triple dans les grands animaux, double dans tous les autres. En lui se trouve le premier foyer de la chaleur et du sang : l'âme y réside. De cette source deux grandes veines se portent en avant et en arrière, et, formant une multitude de ramifications, répandent, par d'autres vaisseaux plus petits, le sang vital dans tous les membres. Seul des viscères, le cœur n'éprouve point de maladies, et ne

Quibus maxima corda : quibus minima : quibus bina.

LXX. Bruta existimantur animalium, quibus durum
riget : audacia, quibus parvum est : pavida, quibus
prægrande. Maximum autem est portione muribus, le-
pori, asino, cervo, pantheræ, mustelis, hyænis, et omnibus timidis, aut propter metum maleficis. In Paphla-
gonia bina perdicibus corda. In equorum corde et boum
ossa reperiuntur interdum. Augeri id per singulos annos
in homine, ac binas drachmas ponderis ad quinquage-
simum accedere : ab eo detrahi tantumdem, et ideo non
vivere hominem ultra centesimum annum defectu cor-
dis, Ægyptii existimant, quibus mos est cadavera ad-
servare medicata. Hirto corde gigni quosdam homines
proditur, neque alios fortiores esse industria, sicut Aristo-
menem Messenium, qui ccc occidit Lacedæmonios. Ipse
convulneratus et captus, semel per cavernam lautumia-
rum evasit, angustos vulpium aditus secutus. Iterum
captus, sopitis custodibus somno, ad ignem advolutus
lora cum corpore exussit. Tertio capto Lacedæmonii
pectus dissecuere viventi, hirsutumque cor repertum
est.

prolonge point les supplices de la vie. Pour lui, toute blessure porte la mort avec elle. Toutes les autres parties étant mortes, la force vitale subsiste encore dans le cœur.

Chez quels animaux on trouve un cœur très-gros ou très-petit ; chez lesquels on en a vu deux.

LXX. On répute stupides les animaux qui ont le cœur dur ; courageux, ceux qui l'ont petit ; craintifs, ceux qui l'ont fort grand. Il est très-grand, en proportion de leur corps, dans les rats, le lièvre, l'âne, le cerf, la panthère, la belette, l'hyène, et tous les animaux timides ou malfaisans par crainte. Dans la Paphlagonie, les perdrix ont deux cœurs. On trouve quelquefois des os dans celui des chevaux et des bœufs. Dans l'homme, il augmente chaque année de deux drachmes, jusqu'à l'âge de cinquante ans ; à partir de cette époque, il décroît de la même manière ; et l'homme ne vit pas au delà de cent ans, parce qu'il ne lui reste rien du cœur, suivant l'opinion des Égyptiens, qui sont dans l'usage d'embaumer les cadavres. On dit que quelques hommes naissent avec un cœur velu, et qu'on n'en voit pas de plus braves et de plus ingénieux : tel fut Aristomène le Messénien, qui tua trois cents Lacédémoniens. Blessé et fait prisonnier, il s'échappa une première fois par un trou de carrière, en suivant les passages pratiqués par les renards. Pris une seconde fois, il se traîna vers le feu pendant le sommeil de ses gardes, brûla ses liens, en se brûlant lui-même une partie du corps. Pris une troisième fois, les Lacédémoniens l'ouvrirent tout vivant, et lui trouvèrent le cœur velu.

Quando in extis aspici cœpta.

LXXI. In corde summo pinguitudo est quædam,
lætis extis. Non semper autem in parte extorum habi-
tum est. L. Postumio Albino, rege sacrorum, post cen-
tesimam vicesimam sextam olympiadem, quum rex
Pyrrhus ex Italia discessisset, cor in extis aruspices in-
spicere cœperunt. Cæsari dictatori, quo die primum veste
purpurea processit, atque in sella aurea sedit, sacrificanti bis in extis defuit. Unde quæstio magna de divi-
natione argumentantibus, potueritne sine illo viscere
hostia vivere, an ad tempus amiserit. Negatur cremari
posse in iis, qui cardiaco morbo obierint; negatur et
veneno interemptis. Certe exstat oratio Vitellii, qua
reum Pisonem ejus sceleris coarguit, hoc usus argumento : palamque testatus, non potuisse ob venenum
cor Germanici ˌCæsaris cremari. Contra genere morbi
defensus est Piso.

De pulmone : et quibus maximus, quibus minimus : quibus nihil
aliud quam pulmo intus : quæ causa velocitatis animalium.

LXXII. Sub eo pulmo est, spirandique officina, at-
trahens ac reddens animam, idcirco spongiosus, ac fistulis inanibus cavus. Pauca cum (ut dictum est) habent

Depuis quand on examine le cœur dans l'inspection des entrailles.

LXXI. Certaine graisse se trouve à la sommité du cœur dans les victimes d'heureux présage. Cependant le cœur n'a pas toujours été regardé comme partie des entrailles. C'est lorsque L. Postumius Albinus était roi des sacrifices, après la cent vingt-sixième olympiade, et lorsque Pyrrhus se fut retiré de l'Italie, que les aruspices commencèrent à observer le cœur avec les entrailles. Le premier jour où le dictateur César parut en robe de pourpre, et sur un siège d'or, deux fois il ne se trouva point de cœur dans les victimes ; de là une grande question entre les aruspices : l'animal avait-il pu vivre sans ce viscère, ou l'avait-il perdu momentanément? On prétend que le cœur des hommes morts du mal cardiaque ne peut être brûlé ; on dit la même chose de ceux qui ont péri par le poison. Nous avons encore le discours dans lequel Vitellius accuse Pison de ce crime, en lui opposant cette preuve. Il attesta publiquement que le cœur de Germanicus César n'avait pu être brûlé à cause du poison ; au contraire, la nature de la maladie fut alléguée pour la défense de Pison.

Du poumon : chez qui ses dimensions atteignent l'extrême petitesse ou l'extrême grandeur ; chez qui les poumons occupent tout l'intérieur du corps : cause de l'agilité de quelques animaux.

LXXII. Au dessous est le poumon, organe de la respiration, qui attire et renvoie l'air, et à cause de cela est spongieux et criblé de tuyaux vides. Peu d'animaux

aquatilia. At cetera ova parientia exiguum, spumosum, nec sanguineum : ideo non sitiunt. Eadem est causa, quare sub aqua diu ranæ et phocæ urinentur. Testudo quoque, quamvis prægrandem et sub toto tegumento habeat, sine sanguine tamen habet. Quanto minor hic corporibus, tanto velocitas major. Chamæleoni portione maximus, et nihil aliud intus.

De jecinore, et quibus animalibus, et in quibus locis bina jecora.

LXXIII. Jecur in dextra parte est : in eo quod caput extorum vocant, magnæ varietatis. M. Marcello circa mortem, quum periit ab Annibale, defuit in extis. Sequenti deinde die geminum repertum est. Defuit et C. Mario, quum immolaret Uticæ : item Caio principi kalend. januariis, quum iniret consulatum, quo anno interfectus est : Claudio successori ejus, quo mense interemptus est veneno. Divo Augusto Spoleti sacrificanti primo potestatis suæ die, sex victimarum jecora replicata intrinsecus ab ima fibra reperta sunt : responsumque « duplicaturum intra annum imperium. » Caput extorum tristis ostenti cæsum quoque est, præterquam in sollicitudine ac metu : tunc enim perimit curas. Bina

aquatiques , comme il a été dit, ont ce viscère. Les autres ovipares ont un poumon petit, fongueux et non sanguin ; c'est pourquoi ils ne sont pas sujets à la soif. C'est aussi par cette raison que les grenouilles et les phoques restent long-temps plongés sous l'eau. Le poumon de la tortue, quoiqu'il soit très - grand et qu'il s'étende tout le long de son écaille, ne contient point de sang. Plus il est petit, relativement au corps, plus l'animal est léger. Le caméléon est celui qui a le poumon proportionnellement plus grand : il n'a point d'autre viscère.

Du foie : en quels lieux et chez quels animaux il s'en est trouvé deux.

LXXIII. Le foie est au côté droit : ce qu'on appelle en lui la tête des entrailles est sujet à beaucoup de variétés. M. Marcellus, non loin de la mort, lorsqu'il fut tué par Annibal, ne trouva pas ce viscère parmi les entrailles ; le lendemain on le trouva double. Il manqua aussi à C. Marius, offrant un sacrifice dans Utique ; de même qu'à l'empereur Caïus, aux calendes de janvier, quand il prit possession du consulat, l'année où il fut tué ; et à Claude son successeur, le mois où il périt par le poison. Le divin Auguste, sacrifiant à Spolette le premier jour de sa puissance, les foies de six victimes se trouvèrent repliés vers le bord inférieur : il fut répondu que, dans l'année, son autorité croîtrait de moitié. L'incision de la tête des entrailles est encore d'un sinistre augure, excepté dans l'inquiétude et la crainte, car alors

jecora leporibus circa Briletum et Tharnen , et in Chersoneso ad Propontidem. Mirumque translatis alio interit alterum.

De felle : ubi , et in quibus geminum. Quibus animalium non sit : et quibus alibi quam in jecore.

LXXIV. In eodem est fel , non omnibus datum animalibus. In Euboeae Chalcide nullum pecori. In Naxo praegrande geminumque, ut prodigii loco utrumque advenae. Equi, muli, asini, cervi, capreae, apri, cameli, delphini non habent. Murium aliqui habent. Hominum paucis non est, quorum valetudo firmior, et vita longior. Sunt qui equo non quidem in jecore esse, sed in alvo putent : et cervo in cauda, aut intestinis. Ideo tantam habent amaritudinem, ut a canibus non attingantur. Est autem nihil aliud, quam purgamentum pessimumque sanguinis, et ideo amarum est. Certe jecur nulli est, nisi sanguinem habentibus. Accipit hoc a corde, cui jungitur : funditque in venas.

Quae vis ejus.

LXXV. Sed in felle nigro insaniae causa homini , morsque toto reddito. Hinc et in mores crimen, bilis

elle dissipe les soucis. Les lièvres ont deux foies aux environs de Briletum et de Tharne, et dans la Chersonnèse voisine de la Propontide : chose merveilleuse! transportés ailleurs, ils en perdent un.

Du fiel : où et chez qui il est double. Animaux sans fiel ; animaux dont le fiel n'est point logé dans le foie.

LXXIV. Dans le foie est le fiel, qui n'a pas été donné à tous les animaux. A Chalcis d'Eubée, le menu bétail n'en a pas. A Naxos, il a un fiel très-grand et double ; en sorte que, sous ces deux rapports, il est un prodige pour les étrangers. Les chevaux, les mulets, les ânes, les cerfs, les chevreuils, les sangliers, les chameaux, les dauphins n'ont pas de fiel. Quelques rats en ont. Des hommes, en petit nombre, en sont dépourvus, et ceux-là jouissent d'une santé plus robuste et vivent plus long-temps. Il y en a qui pensent que le fiel du cheval est, non dans le foie, mais dans le ventre, et celui du cerf dans la queue ou dans les intestins ; aussi sont-ils tellement amers, que les chiens n'y touchent pas. Le fiel n'est autre chose qu'une excrétion, et la partie la plus vicieuse du sang, et c'est pour cela qu'il est amer. Au moins le foie n'existe-t-il que dans les animaux qui ont du sang. Il le reçoit du cœur, auquel il est attaché, et le répand dans les veines.

Vertu du fiel.

LXXV. La bile noire cause la folie à l'homme, et la mort si elle est rejetée totalement : aussi est-ce établir

nomine. Adeo magnum est in hac parte virus, quum se fundit in animum. Quin et toto corpore vagum, colorem quoque oculis aufert : illud quidem redditum, etiam ahenis : nigrescuntque contacta eo : ne quis miretur id venenum esse serpentium. Carent eo, qui absinthium vescuntur in Ponto. Sed renibus et parte tantum altera intestino jungitur, in corvis, coturnicibus, phasianis : quibusdam intestino tantum, ut columbis, accipitri, muraenis. Paucis avium in jecore. Serpentibus portione maxime copiosum, et piscibus. Est autem plerisque toto intestino, sicut accipitri, milvo. Praeterea in jecore est et cetis omnibus : vitulis quidem marinis ad multa quoque nobile. Taurorum felle aureus ducitur color. Aruspices id Neptuno ut humoris potentiae dicavere : geminumque fuit divo Augusto, quo die apud Actium vicit.

Quibus crescat cum luna et decrescat jecur. Aruspicum circa ea observationes, et prodigia mira.

LXXVI. Murium jecusculis fibrae ad numerum lunae in mense congruere dicuntur, totidemque inveniri, quotum lumen ejus sit : praeterea bruma increscere. Cuniculorum in Baetica saepe geminae reperiuntur. Rana-

une prévention fâcheuse contre le caractère d'un homme, que de dire, il a de la bile ; tant le poison de cette vésicule est funeste lorsqu'il exerce son action sur l'âme ! Épanché par tout le corps, il change même la couleur des yeux; rejeté au dehors, il ternit l'airain : tout se noircit par son contact. Qu'on ne s'étonne donc pas que ce soit là le venin des serpens : dans le Pont, ceux qui se nourrissent d'absinthe, n'en ont pas. Il est attaché aux reins, et tient seulement par un côté à l'intestin dans les corbeaux, les cailles, les faisans ; à l'intestin seulement dans quelques animaux, comme les pigeons, l'épervier, les murènes. Peu d'oiseaux ont le fiel dans le foie. Celui des serpens et des poissons est proportionnellement plus grand ; dans la plupart des oiseaux il s'étend tout le long de l'intestin, comme dans l'épervier et le milan. De plus, tous les cétacés ont le fiel dans le foie : celui des veaux marins est vanté pour plusieurs usages. De celui des taureaux on tire une couleur d'or. Les aruspices ont consacré le fiel à Neptune, comme au souverain de l'humide élément. Il se trouva double dans la victime offerte par le divin Auguste, le jour où il vainquit à Actium.

Animaux dont le foie croît et décroît avec la lune. Observations des aruspices, et prodiges qui s'y rapportent.

LXXVI. On dit que dans le foie des rats, le nombre des lobes correspond au mois de la lune, qu'on en trouve autant que la lune a de jours; qu'en outre ils grossissent au solstice d'hiver. Dans la Bétique, on trouve souvent

rum rubetarum altera fibra a formicis non attingitur, propter venenum, ut arbitrantur. Jecur maxime vetustatis patiens, septenis durare annis, obsidionum exempla prodidere.

Præcordia. Risus natura.

LXXVII. Exta serpentibus et lacertis longa. Cæcinæ Volaterrano dracones emicuisse de extis læto prodigio traditur : et profecto nihil incredibile sit, existimantibus, Pyrrho regi, quo die periit, præcisa hostiarum capita repsisse, sanguinem suum lambentia. Exta homini ab inferiore viscerum parte separantur membrana, quæ præcordia appellant, quia cordi pretenditur, quod Græci appellaverunt φρένας. Omnia quidem principalia viscera, membranis propriis, ac velut vaginis inclusit providens natura : in hac fuit et peculiaris causa vicinitas alvi, ne cibo supprimeretur animus. Huic certe refertur accepta subtilitas mentis : ideo nulla est ei caro, sed nervosa exilitas. In eadem præcipua hilaritatis sedes, quod titillatu maxime intelligitur alarum, ad quas subit, non alibi tenuiore cute humana, ideo scabendi dulcedine ibi promixa. Ob hoc in prœliis gladiatorumque spectaculis mortem cum risu trajecta præcordia adtulerunt.

deux lobes au foie des lapins. Les fourmis ne touchent jamais au second lobe des grenouilles rubètes, à cause du poison qu'il contient, à ce que l'on croit. Le foie se garde très-long-temps, et des sièges nous ont fourni des exemples de foies conservés sept ans.

Diaphragme. Nature du rire.

LXXVII. Les viscères des serpens et des lézards sont allongés. On rapporte que Cécina de Volaterre vit, par un prodige heureux, des serpens sortir des entrailles d'une victime ; et, certes, le fait n'aura rien d'incroyable pour ceux qui admettent que le jour où périt le roi Pyrrhus, les têtes des victimes, séparées du corps, se traînèrent en léchant leur propre sang. Les entrailles de l'homme sont séparées de la partie inférieure des viscères par une membrane que nous nommons *præcordia* (diaphragme), parce qu'elle s'étend au devant du cœur, et que les Grecs ont appelée φρένες. Tous les viscères principaux ont été renfermés dans des membranes qui leur sont propres, comme dans des étuis, par la prévoyante nature ; mais, pour celui-ci, le voisinage du ventre était une raison particulière, afin que la respiration ne fût pas interceptée par les alimens. On attribue au diaphragme la subtilité de l'entendement : voilà pourquoi il est sans chair, mais nerveux et mince. Il est aussi le siège principal de la gaîté, comme on le voit surtout par l'effet que produit le chatouillement des aisselles, au dessous desquelles il s'avance ; et la peau de l'homme n'ayant, nulle part ailleurs, plus de finesse, c'est aussi là que le chatouille-

De ventre, et quibus nullus. Quæ sola vomant.

LXXVIII. Subest venter stomachum habentibus, ceteris simplex, ruminantibus geminus, sanguine carentibus nullus. Intestinus enim ab ore incipit, et quibusdam eodem reflectitur, ut sepiæ, polypo. In homine adnexus infimo stomacho, similis canino. Iis solis animalium inferiori parte angustior: itaque et sola vomunt, quia repleto propter angustias supprimitur cibus: quod accidere non potest iis, quorum spatiosa laxitas eum in inferiora transmittit.

Lactes, hillæ, alvus, colon. Quare quædam insatiabilia animalia.

LXXIX. Ab hoc ventriculo lactes in homine et ove, per quas labitur cibus, in ceteris hillæ: a quibus capaciora intestina ad alvum, hominique flexuosissimis orbibus. Idcirco magis avidi ciborum, quibus ab alvo longius spatium. Iidem minus solertes, quibus obe-

ment se fait sentir de plus près ; aussi, dans les batailles et dans les spectacles de gladiateurs, a-t-on vu mourir, en riant, des hommes dont le diaphragme avait été traversé.

Du ventre : animaux qui n'en ont point. A quels animaux seuls appartient la faculté de vomir.

LXXVIII. Au dessous du diaphragme, dans les animaux qui ont l'estomac, est le ventre, simple dans un grand nombre, double dans les ruminans, nul dans ceux qui n'ont point de sang ; car le canal intestinal, chez eux, commence à la bouche, et chez quelques-uns, comme la sèche et le polype, il revient y aboutir. Dans l'homme, il est attaché au bas de l'estomac, et ressemble à celui du chien. Des animaux, ce sont les seuls qui l'aient plus étroit à la partie inférieure, et qui, par cette raison, soient sujets au vomissement, parce que, l'estomac étant rempli, cette extrémité plus étroite arrête les alimens ; ce qui ne peut arriver à ceux chez qui ce viscère donne un passage plus libre à la nourriture.

Intestins grêles (fraise), hilles, derniers intestins, colon. Causes de l'insatiable voracité de quelques animaux.

LXXIX. Après le ventricule se trouvent, dans l'homme et la brebis, les intestins grêles, appelés, dans les autres animaux, *hillæ*, par où passent les alimens. Viennent ensuite les gros intestins, qui aboutissent à l'anus, et qui, dans l'homme, forment une infinité de contours. Ceux en qui ils sont plus longs, sont aussi plus grands

sissimus venter. Aves quoque geminos sinus habent
quædam : unum, quo merguntur recentia, ut guttur: alterum , in quem ex eo demittunt concoctione maturata :
ut gallinæ , palumbes, columbæ , perdices. Ceteræ fere
carent eo ; sed gula patentiore utuntur : ut graculi,
corvi , cornices. Quædam neutro modo, sed ventrem
proximum habent, quibus prælonga colla et angusta ,
ut porphyrioni. Venter solidipedum asper et durus. Terrestrium aliis denticulatæ asperitatis , aliis cancellatim
mordacis. Quibus neque dentes utrimque , nec rumina-
tio , hic conficiuntur cibi , hinc in alvum delabuntur.
Media hæc umbilico adnexa in omnibus, in homine
suillæ infima parte similis, a Græcis appellatur colon,
ubi dolorum magna causa est. Angustissima canibus ,
qua de causa vehementi nisu , nec sine cruciatu, levant
eam. Insatiabilia animalium, quibus a ventre protinus
recto intestino transeunt cibi, ut lupis cervariis , et
inter aves mergis. Ventres elephanto quatuor, cetera
suibus similia : pulmo quadruplo major bubulo. Avibus
venter carnosus callosusque. In ventre hirundinum pullis lapilli candido aut rubenti colore , qui chelidonii vocantur, magicis narrati artibus, reperiuntur. Et in juvencarum secundo ventre pilæ rotunditate nigricans
tofus, nullo pondere : singulare, ut putant, remedium
ægre parientibus , si tellurem non attigerit.

mangeurs ; et les hommes qui ont le ventre chargé
d'embonpoint ont l'esprit moins subtil. Quelques oiseaux
aussi ont deux poches : l'une est le jabot, où descendent
d'abord les alimens ; l'autre, où passent ces alimens,
lorsque la digestion est déjà avancée : tels sont les poules,
les ramiers, les pigeons, les perdrix. La plupart des
autres, comme les graculus (choucas), les corbeaux,
les corneilles, n'ont presque pas de jabot, mais l'œsophage est seulement plus élargi. Quelques-uns n'ont ni
l'une ni l'autre; mais ils ont le ventre très-près de l'œsophage, le cou très-long et étroit, comme le porphyrion.
Le ventre des solipèdes est raboteux et dur. Dans plusieurs animaux terrestres, les parois en sont hérissées
de pointes ; chez d'autres, c'est un réseau rude comme
une lime. Chez les animaux qui n'ont pas de dents aux
deux mâchoires, et qui ne ruminent pas, la nourriture
est digérée dans l'estomac, d'où elle passe dans le ventre.
Sa partie moyenne, toujours attachée à l'ombilic, inférieurement conformée dans l'homme comme chez le
porc, est appelée par les Grecs *colon*; cet intestin est
le siège de grandes douleurs. Il est très-étroit dans les
chiens, ce qui fait qu'ils ne peuvent le vider qu'avec
beaucoup d'effort et de douleur. Les animaux sont in-
satiables quand les alimens passent immédiatement de
l'estomac dans des intestins non repliés : tels sont les
loups cerviers, et, parmi les oiseaux, les mergus (plon-
geons). L'éléphant a quatre estomacs, le reste des intestins comme le porc. Son poumon est quatre fois plus
grand que celui du bœuf. Le ventre (gésier) des oiseaux est charnu et calleux. Dans celui des jeunes hi-

De omento, et de splene, et quibus animalium non sit.

LXXX. Ventriculus atque intestina pingui ac tenui omento integuntur, præterquam ova gignentibus. Huic adnectitur lien in sinistra parte adversus jecori, cum quo locum aliquando permutat, sed prodigiose. Quidam cum putant inesse ova parientibus, item serpentibus admodum exiguum : ita certe apparet in testudine, et crocodilo, et lacertis, et ranis. Ægocephalo avi non esse constat, neque iis quæ careant sanguine. Peculiare cursus impedimentum aliquando in eo : quamobrem inuritur cursorum laborantibus. Et per vulnus etiam exempto, vivere animalia tradunt. Sunt qui putent adimi simul risum homini; intemperantiamque ejus constare lienis magnitudine. Asiæ regio Scepsis appellatur, in qua minimos esse pecori tradunt, et inde ad lienem inventa remedia.

rondelles on trouve de petites pierres blanches ou rouges, qu'on nomme chélidoines, vantées dans l'art magique. Quelquefois le second estomac des génisses renferme un tuf noirâtre, en forme de pelotte ronde, d'une extrême légèreté : remède souverain, dit-on, dans les accouchemens difficiles, pourvu qu'il n'ait pas touché la terre.

De l'épiploon. De la rate, et des animaux qui n'en ont point.

LXXX. Le ventricule et les intestins sont recouverts d'un épiploon gras et mince, excepté dans les ovipares. La rate y est attachée à la partie gauche, à l'opposite du foie. Quelquefois cette situation est changée en sens contraire, mais c'est un prodige. Quelques-uns pensent que les ovipares et les serpens ont la rate extrêmement petite : du moins on la trouve telle dans la tortue, le crocodile, le lézard et la grenouille. Il est certain qu'elle manque à l'oiseau ægocéphale et à tous les animaux privés de sang. Elle est quelquefois un empêchement particulier à la course : c'est pourquoi on la brûle aux coureurs qui en sont incommodés. On prétend que les animaux vivent après même qu'elle a été enlevée par incision. Il en est qui pensent que l'homme perd en même temps la faculté de rire, et que l'intempérance du ris a pour cause la grandeur de la rate. On nomme Scepsis une région de l'Asie, où, dit-on, le menu bétail a la rate très-petite, et d'où viennent les remèdes pour ce viscère.

De renibus, et ubi quaterni animalibus : quibus nulli.

LXXXI. At in Brileto et Tharne quaterni renes cervis : contra pennatis, squamosisque nulli. Cetero summis adhærent lumbis. Dexter omnibus elatior, et minus pinguis sicciorque. Utrique autem pinguitudo e medio exit, præterquam in vitulo marino. Animalia in renibus pinguissima : oves quidem letaliter circum eos concreto pingui. Aliquando in eis inveniuntur lapilli. Renes habent omnia quadrupedum, quæ animal generant : ova parientium testudo sola, quæ et alia omnia viscera : sed ut homo. bubulis similes, velut e multis renibus compositos.

Pectus : costæ.

LXXXII. Pectus, hoc est, ossa, præcordiis et vitalibus natura circumdedit : at ventri, quem necesse erat increscere, ademit. Nulli animalium circa ventrem ossa. Pectus homini tantum latum, reliquis carinatum, volucribus magis, et inter eas aquaticis maxime. Costæ homini tantum octonæ, suibus denæ, cornigeris tredecim, serpentibus triginta.

Des reins, et où l'on voit des animaux en avoir quatre. Animaux
sans reins.

LXXXI. A Briletum et à Tharne, les cerfs ont quatre
reins ; au contraire, les oiseaux et les animaux à écailles
n'en ont pas. Du reste, ils sont attachés à la partie supérieure des lombes ; le droit est plus élevé, moins gras et plus
sec. Du milieu de chaque rein sort un peloton de graisse,
excepté dans le veau marin. C'est aux reins que les animaux ont le plus de graisse : celle qui s'amasse autour
de cette partie fait même périr les moutons. On y trouve
quelquefois de petites pierres. Tous les quadrupèdes vivipares ont des reins ; parmi les ovipares, la tortue seule
en est pourvue : elle a aussi tous les autres viscères ;
mais, ainsi que l'homme, elle a les reins semblables à
ceux du bœuf, et comme formés de plusieurs reins ag-
glomérés.

Poitrine : côtes.

LXXXII. La nature a placé la poitrine, c'est-à-dire
une charpente osseuse autour du diaphragme et des
parties vitales : elle ne l'a point fait pour le ventre,
qui avait besoin de se dilater. Nul animal n'a d'os autour du ventre. L'homme seul a la poitrine large et plate :
elle est en forme de carène dans les autres animaux,
surtout dans les oiseaux, encore plus dans les oiseaux
aquatiques. L'homme n'a que huit côtes, le porc dix, les
bêtes à corne treize, les serpens trente.

LXXXIII. Infra alvum est a priore parte vesica, quæ
nulli ova gignentium, præter testudinem : nulli nisi sanguineum pulmonem habenti : nulli pedibus carentium.
Inter eam et alvum arteriæ, ad pubem tendentes, quæ
ilia appellantur. In vesica lupi lapillus, qui Syrites vocatur. Sed in hominum quibusdam diro cruciatu subinde
nascentes calculi, et setarum capillamenta. Vesica membrana constat, quæ vulnerata cicatrice non solidescit :
neque qua cerebrum, aut cor involvitur : plura enim
membranarum genera.

De vulvis: de suum vulva : de sumine.

LXXXIV. Feminis eadem omnia : præterque vesicæ
junctus utriculus, unde dictus uterus : quod alio nomine locos appellant : hoc in reliquis animalibus vulvam. Hæc viperæ et intra se parientibus, duplex : ova
generantium adnexa præcordiis : et in muliere geminos
sinus ab utraque parte laterum habet: funebris, quoties
versa spiritum inclusit. Boves gravidas negant præterquam dextero vulvæ sinu ferre, etiam quum geminos
ferant. Vulva ejecto partu melior, quam edito. Ejectitia

Vessie ; animaux qui en sont privés.

LXXXIII. Au dessous du ventre, à la partie antérieure, est la vessie qui manque à tous les ovipares,
excepté la tortue ; elle manque à tous les animaux qui
n'ont pas le poumon sanguin, à tous ceux qui n'ont
pas de pieds. Entre la vessie et le ventre sont des artères qui aboutissent au pubis : on les nomme iliaques.
Dans la vessie du loup se trouve la pierre Syrite.
Quelquefois il se forme dans celle de l'homme des
pierres et des filamens qui causent d'horribles douleurs.
La vessie est formée d'une membrane qui, une fois déchirée, ne se cicatrise jamais, non plus que celles qui
enveloppent le cerveau ou le cœur ; car il y en a de plusieurs sortes.

Vulve : vulve de la truie ; des tétines.

LXXXIV. Les mêmes viscères existent dans les
femmes, excepté qu'à la vessie est joint un utricule appelé utérus, qu'on appelle autrement *loci* (lieux), et qui
prend le nom de vulve dans les autres animaux. Cette
partie est double dans la vipère et dans les animaux qui
enfantent au dedans d'eux-mêmes : celle des ovipares est
attachée au diaphragme. Dans la femme, elle a deux
sinus, l'un à droite, l'autre à gauche. Elle cause la mort
toutes les fois que, s'étant renversée, elle absorbe de l'air.
On dit que les vaches ne portent que du côté droit de la
vulve, lors même qu'elles portent deux veaux. La vulve

vocatur illa, hæc porcaria, primiparæ suis optima
contra effetis. A partu, præterquam eodem die suis occisæ, livida ac macra. Nec novellarum suum, præter
primiparas probatur : potiusque veterum, dum ne effe-
tarum, nec biduo ante partum, aut post partum, aut
quo ejecerint die. Proxima ejectitiæ est, occisæ uno die
post partum. Hujus et sumen optimum, si modo fetus
non hauserit : ejectitiæ deterrimum. Antiqui abdomen
vocabant : priusquam calleret, incientes occidere non
adsueti.

Quæ sevum habeant, quæ non pinguescant.

LXXXV. Cornigera una parte dentata, et quæ in pedibus talos habent, sevo pinguescunt. Bisulca, scissisve
in digitos pedibus, et non cornigera, adipe. Concretus
hic, et quum refrixit, fragilis : semperque in fine carnis.
Contra pingue inter carnem cutemque, succo liquidum.
Quædam non pinguescunt, ut lepus, perdix. Steriliora
cuncta pinguia, et in maribus, et in feminis; senescunt-

est plus délicate après l'avortement qu'après le part naturel. Dans le premier cas on l'appelle *ejectitia*, dans le second *porcaria* : celle d'une truie à sa première portée est très-bonne; c'est tout le contraire dans une truie épuisée. Après le part, la vulve est maigre et livide, à moins que la truie n'ait été tuée le même jour. On n'estime celle des jeunes qu'après qu'elles ont mis bas une fois : on préfère celle des vieilles, pourvu qu'elles ne soient pas épuisées, et qu'on ne les tue pas deux jours avant qu'elles mettent bas, ni deux jours après, ni le jour même de l'avortement. Après l'éjectice, la meilleure est celle d'une truie tuée le lendemain du jour où elle a fait ses petits. Les tetines de cette dernière sont excellentes, pourvu que les petits n'en aient point sucé le lait : celles d'une truie qui a avorté (*ejecticia*) sont détestables. Les anciens les désignaient sous le nom d'abdomen. Ils attendaient que les tétines fussent desséchées, et n'étaient pas dans l'usage de tuer des truies prêtes à mettre bas.

Animaux pourvus de graisse; animaux qui n'en ont pas.

LXXXV. Les animaux à corne, qui ont des dents à une seule mâchoire et des osselets aux pieds, ont du suif. Les bisulces, les fissipèdes et ceux qui n'ont point de cornes ont de la graisse. Elle est compacte, cassante quand elle est refroidie, et toujours ramassée aux extrémités charnues. Au contraire, le gras qui se trouve entre la chair et la peau est liquide. Quelques animaux, comme le lièvre et la perdrix, n'engraissent jamais.

que celerius præpinguia. Omnibus animalibus est quoddam in oculis pingue. Adeps cunctis sine sensu : quia
nec arterias habet, nec venas. Plerisque animalium est
pinguitudo sine sensu : quam ob causam sues spirantes
a muribus tradunt adrosos. Quin et L. Apronii consularis viri filio detractos adipes, levatumque corpus im-
mobili onere.

De medullis, et quibus non sint.

LXXXVI. Et medulla ex eodem videtur esse, in juventa rubens , et senecta albescens. Non nisi cavis
hæc ossibus : nec cruribus jumentorum, aut canum :
quare fracta non ferruminantur, quod defluente evenit
medulla. Est autem pinguis iis, quibus adeps : sevosa,
cornigeris : nervosa, et in spina tantum dorsi, ossa non
habentibus, ut piscium generi : ursis nulla : leoni in
feminum et brachiorum ossibus paucis exigua admodum : cetera tanta duritia, ut ignis elidatur, velut e
silice.

Tous les animaux gras, mâles ou femelles, sont moins féconds ; ils vieillissent plus vite lorsqu'ils sont très-chargés de graisse. Tous les animaux ont une matière grasse dans les yeux. Dans tous la graisse est insensible, parce qu'elle n'a ni artères ni veines. Chez la plupart des animaux, l'embonpoint excessif produit l'insensibi-lité : aussi a-t-on vu des porcs vivans se laisser ronger par les rats ; on prétend même que le fils de L. Apro-nius, personnage consulaire, fit dégraisser et alléger, par cette opération, la masse inerte de son corps.

De la moelle : animaux sans moelle.

LXXXVI. La moelle semble formée de la même ma-tière : rouge dans la jeunesse, elle blanchit avec l'âge. On ne la trouve que dans les os creux, jamais dans les jambes des bêtes de somme ou des chiens ; c'est pour-quoi ces parties, une fois fracturées, ne peuvent se consolider, parce que la soudure s'effectue par l'épan-chement de la moelle. Elle est grasse dans les animaux adipeux, de la nature du suif dans les animaux à cornes, de celle du nerf, et seulement dans l'épine dorsale, chez les animaux qui n'ont point d'os, comme dans la classe des poissons. Elle n'existe pas dans l'ours : le lion n'en a qu'une très-petite quantité dans les os des cuisses et des bras : les autres sont d'une telle dureté, que le choc en fait jaillir le feu comme d'un caillou.

De ossibus et spinis. Quibus nec ossa, nec spina. Cartilagines.

LXXXVII. His dura, quæ non pinguescunt : asinorum ad tibias canora. Delphinis ossa, non spinæ : animal enim pariunt : serpentibus spinæ. Aquatilium mol-
libus, nulla : sed corpus circulis carnis vinctum, ut
sepiæ, atque loligini. Et insectis negatur æque esse ulla.
Cartilaginea aquatilium habent medullam in spina. Vituli marini cartilaginem, non ossa. Item omnium auriculæ, ac nares, quæ modo eminent, flexili mollitia,
naturæ providentia, ne frangerentur. Cartilago rupta
non solidescit. Nec præcisa ossa recrescunt, præterquam
veterinis ab ungula ad suffraginem. Homo crescit in
longitudinem ad annos usque ter septenos : tum deinde
ad plenitudinem. Maxime autem pubescens nodum quemdam solvere, et præcipue ægritudine, sentitur.

De nervis. Quæ sine nervis.

LXXXVIII. Nervi orsi a corde, bubuloque etiam
circumvoluti, similem naturam et causam habent, in
omnibus lubricis applicati ossibus : nodosque corporum,
qui vocantur articuli, aliubi interventu, aliubi ambitu,
aliubi transitu ligantes, hic teretes, illic lati, ut in uno-

Des os et des arêtes. Chez qui manquent celles-ci et ceux-là. Cartilages.

LXXXVII. Les os sont durs dans les animaux qui ne prennent point de graisse : ceux des ânes sont assez sonores pour faire des flûtes. Les dauphins ont des os et point d'arêtes, car ils sont vivipares : les serpens ont des arêtes. Les mollusques n'en ont pas ; mais leur corps est lié par des cercles de chair, comme dans la sèche et le calmar. On nie également leur existence chez les insectes. Les poissons cartilagineux ont de la moelle dans les arêtes. Les veaux marins ont un cartilage et point d'os. De même, chez tous les animaux, les oreilles et les narines, quand elles sont saillantes, sont molles et flexibles, par une prévoyance de la nature, afin qu'elles ne fussent pas brisées. Un cartilage rompu ne se consolide pas. Les os coupés ne repoussent jamais, excepté dans les bêtes de somme, depuis l'ongle jusqu'au jarret. L'homme croît en hauteur jusqu'à vingt-un ans, ensuite en grosseur. C'est particulièrement à l'époque de la puberté qu'il semble se dénouer, surtout à la suite d'une maladie.

Nerfs. Animaux sans nerfs.

LXXXVIII. Les nerfs (tendons) qui partent du cœur et même qui l'entourent, dans le bœuf, ont une nature et un principe semblable à celui de la moelle ; ils s'attachent, dans tous les animaux, à des os lisses et glissans, et lient les jointures qu'on nomme articulations ; ils sont, tantôt intermédiaires, tantôt orbiculaires ou transversaux, ar-

quoque poscit figuratio. Neque ii solidantur incisi : mirumque, vulneratis summus dolor : præsectis, nullus.
Sine nervis sunt quædam animalia, ut pisces : arteriis
enim constant. Sed neque his molles piscium generis.
Ubi sunt nervi, interiores conducunt membra, superiores revocant. Inter hos latent arteriæ, id est, spiritus
semitæ. His innatant venæ, id est, sanguinis rivi. Ar-
teriarum pulsus, in cacumine maxime membrorum evidens, index fere morborum, in modulos certos, leges-
que metricas, per ætates, stabilis, aut citatus, aut tardus,
descriptus ab Herophilo medicinæ vate, miranda arte,
nimiam propter subtilitatem desertus, observatione tamen crebri aut languidi ictus, gubernacula vitæ tem-
perat.

Arteriæ, venæ : quæ nec venas, nec arterias habent. De sanguine
et sudore.

LXXXIX. Arteriæ carent sensu : nam et sanguine.
Nec omnes vitalem continent spiritum : præcisisque tor-
pescit tantum pars ea corporis. Aves nec venas nec arterias habent : item serpentes, testudines, lacertæ, mi-
nimumque sanguinis. Venæ in prætenues postremo fibras

rondis ou plats, selon que l'exige la configuration de
chaque os. Les nerf coupés ne se rejoignent plus ; et,
chose étonnante, quand ils sont en partie coupés, ils causent une douleur excessive ; et tout-à-fait, ils n'en causent
aucune. Les nerfs manquent dans certaines classes d'a-
nimaux, tels que les poissons : des artères en tiennent
lieu. Les mollusques sont même dépourvus d'artères.
Partout où sont des nerfs, les intérieurs étendent les
membres, les extérieurs les retirent. Entre les nerfs sont
cachées les artères, c'est-à-dire, les conduits de l'air.
Parmi elles circulent les veines, c'est-à-dire, les canaux
du sang. Le battement des artères, sensible surtout aux
extrémités des membres, indique ordinairement l'état de
maladie. Des mesures fixes, des lois numériques, déterminées pour tous les âges, suivant qu'il est régulier,
lent ou précipité, lui ont été assignées par Hérophile,
un des oracles de la médecine, avec un art merveilleux,
mais abandonné comme trop subtil, quoique l'observation de la fréquence ou de la lenteur du pouls soit un
moyen sûr de gouverner la santé.

Artères, veines : animaux sans artères et sans veines. Du sang et
de la sueur.

LXXXIX. Les artères sont dépourvues de sensibilité, car elles n'ont pas de sang. Toutes ne contiennent
pas l'esprit vital ; et quand elles sont coupées, la partie
du corps où elles se trouvent reste seule engourdie. Les
oiseaux n'ont ni veines, ni artères : il en est de même
des serpens, des tortues et des lézards, qui n'ont que

subter totam cutem dispersæ, adeo in angustam subtilitatem tenuantur, ut penetrare sanguis non possit,
aliudve quam exilis humor ab illo, qui cacuminibus in-
numeris sudor appellatur. Venarum in umbilico nodus
ac coitus.

Quorum celerrime sanguis spissetur, quorum non coeat : quibus
crassissimus, quibus tenuissimus, quibus nullus.

XC. 38. Sanguis quibus multus et pinguis, iracunda :
maribus, quam feminis, nigrior : et juventæ magis quam
senio : et inferiore parte pinguior. Magna et in eo vitalitatis portio. Emissus spiritum secum trahit : tactum
tamen non sentit. Animalium fortiora, quibus sanguis
crassior : sapientiora, quibus tenuior : timidiora, quibus minimus, aut nullus. Taurorum celerrime coit atque
durescit, ideo pestifer potu maxime. Aprorum, ac cervorum, caprearumque, et bubalorum omnium non
spissatur. Pinguissimus asinis, homini tenuissimus. His
quibus plus quaterni pedes, nullus. Obesis minus co-
piosus, quoniam absumitur pingui. Profluvium ejus uni
fit in naribus homini, aliis nare alterutra, quibusdam
per inferna, multis per ora stato tempore, ut nuper
Macrino Visco viro prætorio : sed omnibus annis Volu-
sio Saturnino urbis præfecto, qui nonagesimum etiam

très-peu de sang. Les veines, divisées en ramifications
déliées, dispersées partout sous la peau, parviennent à
un tel degré de finesse et de ténuité, que le sang n'y
peut pénétrer, mais seulement une humeur subtile qui
suinte par une infinité de pores, et forme ce qu'on appelle la sueur. L'ombilic est le point de réunion et le
centre des veines.

**Animaux dont le sang se coagule avec une extrême rapidité; autres
dont le sang ne se caille pas. Animaux à sang épais, à sang
fluide ; animaux qui n'en ont pas du tout.**

XC. 38. Les animaux en qui le sang est abondant et
gras sont colériques : il est plus noir chez les mâles que
chez les femelles, et plus dans la jeunesse que dans la
vieillesse : il est aussi plus gras dans les parties inférieures. La vie réside en grande partie dans le sang; en
s'écoulant il entraîne avec lui l'esprit vital : cependant
il est insensible. Les animaux qui ont le sang plus épais
sont plus courageux : ceux qui l'ont plus fluide sont
plus intelligens : ceux qui en ont très-peu ou point du
tout sont plus timides. Le sang des taureaux se coagule et se durcit très-vite; aussi est-il mortel pris en
breuvage. Celui des sangliers, des cerfs, des chevreuils et des bubales ne s'épaissit point. L'âne a le
sang le plus gras, l'homme le sang le plus fluide. Les
animaux qui ont plus de quatre pieds en sont privés. Il
est moins abondant dans les animaux chargés d'embonpoint, parce qu'il est absorbé par la graisse. L'homme
seul rend le sang par le nez ; quelques-uns par une
seule narine, d'autres par les voies inférieures; plusieurs

excessit annum. Solum hoc in corpore temporarium sentit incrementum : siquidem hostiæ abundantiorem fundunt, si prius bibere.

Quibus certis temporibus anni nullus.

XCI. Quæ animalium latere certis temporibus diximus, non habent tunc sanguinem, præter exiguas admodum circa corda guttas, miro opere naturæ : sicut in homine, vim ejus ad minima momenta mutari, non modo tantum in ore suffusa materia, verum ad singulos animi habitus, pudore, ira, metu : palloris pluribus modis, item ruboris. Alius enim iræ, et alius verecundiæ. Nam et in metu refugere, et nusquam esse certum est multisque non transfluere transfossis : quod homini tantum evenit. Nam quæ mutari diximus, colorem alienum accipiunt quodam repercussu : homo solus in se mutat. Morbi omnes morsque sanguinem absumunt.

par la bouche, à des époques déterminées, comme, de
nos jours, Macrinus Viscus, qui fut préteur ; mais Vo-
lusius Saturninus, préfet de Rome, qui a vécu plus de
quatre-vingt-dix ans, vomissait le sang une fois l'année.
C'est la seule substance qui, dans le corps, reçoive un
accroissement momentané ; car les victimes en répandent une plus grande quantité, lorsqu'elles ont bu avant
d'être immolées.

Animaux chez qui le sang manque à certaines époques de l'année.

XCI. Ceux des animaux qui se tiennent cachés à des
époques déterminées, comme nous l'avons dit, n'ont
point alors de sang, si ce n'est quelques gouttes autour
du cœur : admirable procédé de la nature ! Telles sont
encore, dans l'homme, les altérations qu'éprouve le sang
pour les causes les plus légères ; lorsqu'il se répand sur
le visage même, suivant chaque affection de l'âme, la
honte, la colère, la crainte : l'homme pâlit ou rougit
de diverses manières. Ces effets ne sont pas les mêmes
dans la colère que dans la pudeur. Il est certain que
dans la crainte le sang se retire et disparaît, et que
plusieurs ont été percés de part en part sans rendre
de sang, ce qui est particulier à l'homme. Les animaux
que j'ai dit changer de couleur ne font que réfléchir
une teinte étrangère : l'homme seul porte en lui-même
la cause de ce changement. Toutes les maladies et la
mort consument le sang.

An in sanguine principatus.

XCII. 39. Sunt qui subtilitatem animi constare non tenuitate sanguinis putent, sed cute operimentisque corporum magis aut minus bruta esse, ut ostreas et testudines : boum terga, setas suum obstare tenuitati immeantis spiritus, nec purum liquidumque transmitti : sic et in homine, quum crassior callosiorve excludat cutis : ceu vero non crocodilis et duritia tergoris tribuatur, et solertia.

De tergore.

XCIII. Hippopotami corii crassitudo talis, ut inde tornentur hastæ, et tamen quædam ingenio medica diligentia. Elephantorum quoque tergora impenetrabiles cetras habent, quum tamen omnium quadrupedum subtilitas animi præcipua perhibeatur illis. Ergo cutis ipsa sensu caret, maxime in capite : ubicumque per se ac sine carne est, vulnerata non coit, ut in bucca cilioque.

De pilis et vestitu tergoris.

XCIV. Quæ animal pariunt, pilos habent : quæ ova, pennas, aut squamas, aut corticem, ut testudines : aut cutem puram, ut serpentes. Pennarum caules omnium

Le sang est-il le principe de la vie.

XCII. 39. Quelques auteurs pensent que la subtilité de l'esprit ne dépend pas de la fluidité du sang ; mais que les animaux sont plus ou moins stupides, comme les huîtres et les tortues, en proportion de l'épaisseur de la peau ou des tégumens : que le cuir des bœufs, les soies du porc interceptent le passage à l'air, qui ne peut pénétrer pur et subtil, et que la même chose arrive aux hommes quand ils ont la peau trop épaisse et calleuse ; comme si, dans les crocodiles, la dureté de la peau ne se trouvait pas jointe à l'adresse !

Du cuir.

XCIII. Le cuir de l'hippopotame est d'une telle épaisseur, qu'on en forme des piques ; et cependant il trouve dans son instinct le talent de se guérir lui-même. La peau des éléphans fournit des boucliers impénétrables ; c'est cependant celui de tous les quadrupèdes auquel on reconnaît le plus d'intelligence. La peau est donc insensible par elle-même, surtout à la tête : partout où elle est seule et sans chair, elle ne se réunit point après qu'elle a été entamée, comme aux joues et aux paupières.

Des poils, et de ce qui recouvre la peau.

XCIV. Les vivipares ont des poils ; les ovipares, des plumes, ou des écailles, ou une carapace comme les tortues, ou une simple peau comme les serpens. Les

cavi: præcisæ non crescunt, evulsæ renascuntur. Membranis volant fragilibus insecta, humentibus hirundines
in mari, siccis inter tecta vespertilio. Horum alæ quoque articulos habent. Pili a cute exeunt crassa hirti,
feminis tenuiores, equis in juba largi, in armis leoni:
dasypodi et in buccis intus, et in pedibus, quæ utraque
Trogus et in lepore tradidit: hoc exemplo libidinosiores
hominum quoque hirtos colligens. Villosissimus animalium lepus. Pubescit homo solus, quod nisi contigit,
sterilis in gignendo est, seu masculus, seu femina. Pili
in homine partim simul, partim postea gignuntur. Congeniti autem non desinunt, sicut nec feminis magnopere.
Inventæ tamen quædam defluvio capitis invalidæ: ut et
lanugines oris, quum menstrui cursus stetere. Quibusdam postgeniti viris sponte non gignuntur. Quadrupedibus pilum cadere atque subnasci, annuum est. Viris
crescunt maxime in capillo, mox in barba. Recisi, non,
ut herbæ, ab ipsa incisura augentur, sed ab radice
exeunt. Crescunt et in quibusdam morbis, maxime
phthisi, et in senecta: defunctorum quoque corporibus.
Libidinosis congeniti, maturius defluunt: agnati, celerius crescunt. Quadrupedibus senectute crassescunt, la-
næque rarescunt. Quadrupedum dorsa pilosa, ventres
glabri. Boum coriis glutinum excoquitur, taurorumque
præcipuum.

tuyaux des plumes sont toujours creux ; coupées, elles ne croissent plus ; arrachées, elles renaissent. Les insectes volent au moyen de membranes fragiles ; elles sont humides dans l'hirondelle de mer, sèches dans la chauve-souris de nos habitations. Leurs ailes ont aussi des articulations. Le poil qui sort d'une peau épaisse est rude : celui des femelles est plus fin. Les chevaux en ont une grande abondance au cou, les lions aux épaules ; le dysapode en a même dans l'intérieur de la bouche et aux pieds, particularités que Trogus attribue aussi au lièvre ; et il en conclut que les hommes qui ont beaucop de poil sont plus enclins aux plaisirs. Le plus velu des animaux, c'est le lièvre. L'homme seul devient pubère ; et les individus, mâles ou femelles, chez qui la puberté ne se manifeste point, sont incapables d'engendrer. Il y a des poils que l'homme apporte en naissant ; d'autres lui viennent avec l'âge. Les premiers ne tombent pas, et les femmes perdent rarement les leurs ; cependant on a vu des femmes devenir chauves, comme on en voit dont le menton se couvre de duvet, après que le flux menstruel s'est arrêté. Il y a des hommes qui n'ont jamais les poils qui viennent avec l'âge. Ceux des quadrupèdes tombent et renaissent tous les ans. Les poils qui croissent le plus dans l'homme sont d'abord les cheveux, et ensuite la barbe. Lorsqu'ils ont été coupés, ils ne repoussent pas, comme l'herbe, par la partie entamée, mais par la racine. Ils croissent dans certaines maladies, surtout dans la phthisie ; et c'est ce qu'on voit encore dans la vieillesse, même après la mort. Les hommes livrés aux plaisirs perdent de meil-

De mammis, et quæ volucrum mammas habeant. Notabilia animalium in uberibus.

XCV. Mammas homo solus e maribus habet : cetera
animalia mammarum notas tantum. Sed ne feminæ quidem in pectore, nisi quæ possunt partus suos attollere.
Ova gignentium, nulli : nec lac, nisi animal parienti :
volucrum, vespertilioni tantum. Fabulosum enim arbitror de strigibus ubera eas infantium labris immulgere.
Esse in maledictis jam antiquis strigem convenit : sed
quæ sit avium, constare non arbitror.

40. Asinis a fetu dolent : ideo sexto mense arcent
partus, quum equæ anno prope toto præbeant. Quibus
solida ungula, nec supra geminos fetus, hæc omnia binas habent mammas, nec aliubi, quam in feminibus.
Eodem loco bisulca et cornigera : boves quaternas, oves
capræque binas. Quæ numeroso fecunda partu, et quibus digiti in pedibus, hæc plures habent, toto ventre
duplici ordine, ut sues, generosæ duodenas, vulgares

leure heure les poils qu'ils apportent en naissant ; les
autres croissent plus vite. Dans les quadrupèdes, le poil
devient plus épais, et la laine s'éclaircit avec l'âge. Ils ont
le dos garni de poil, et le ventre nu. Le cuir du bœuf
donne, par la cuisson, la colle-forte ; la meilleure est
celle du taureau.

Des mamelles. Oiseaux mammifères. Circonstances remarquables
des pis.

XCV. Seul des animaux mâles, l'homme a des
mamelles, les autres en ont seulement des indices ; mais
les femelles mêmes n'ont de mamelles à la poitrine
qu'autant qu'elles peuvent porter leurs petits entre leurs
bras. Elles manquent à tous les ovipares ; il n'y a que
les vivipares qui aient du lait, et, parmi les volatiles, la
chauve-souris seulement : car je regarde comme fabuleux que les striges versent le lait de leurs pis sur les
lèvres des enfans. Je sais que depuis long-temps le mot
strige est devenu une injure ; mais je ne crois pas qu'on
sache quel est cet oiseau.

40. Les ânesses souffrent des mamelles après avoir
mis bas ; c'est pour cette raison qu'elles écartent leurs
ânons au bout de six mois, tandis que les cavales allaitent presque une année entière. Les solipèdes, et ceux
qui ne donnent pas plus de deux petits, ont deux mamelles, toujours situées entre les cuisses. Les bisulces
et les cornigères les ont placées au même endroit. Les
vaches en ont quatre, les brebis et les chèvres deux.
Les animaux qui donnent des portées nombreuses, et

binis minus : similiter canes. Alia ventre medio quaternas, ut pantheræ : alia binas, ut leænæ. Elephas tantum sub armis duas : nec in pectore, sed citra in alis occultas. Nulli in feminibus digitos habentium. Primogeniti in quoque partu suis primas premunt : eæ sunt faucibus proximæ : suam quisque novit in fetu quo genitus est ordine, eaque alitur, nec alia. Detracto illa alumno suo sterilescit illico, ac resilit. Uno vero ex omni turba relicto, sola munifex, quæ genito fuerat adtributa descendit. Ursæ mammas quaternas gerunt. Delphini binas in ima alvo papillas tantum, nec evidentes, et paulum in obliquum porrectas. Neque aliud animal in cursu lambitur. Et balænæ autem vitulique mammis nutriunt fetus.

De lacte, de colostris, de caseis; ex quibus non fiat : de coagulo.
Genera alimenti ex lacte.

XCVI. 41. Mulieri ante septimum mensem profusum lac, inutile. Ab eo mense, quod vitales partus, salubre. Plerisque autem totis mammis, atque etiam alarum sinu

dont les pieds sont digités , en ont un grand nombre , distribuées sur deux rangs le long du ventre : telles sont les truies ; celles de la meilleure espèce ont douze mamelles, les communes deux de moins. Il en est de même des chiennes. D'autres animaux ont quatre mamelles au milieu du ventre, comme les panthères : d'autres deux, comme les lionnes. L'éléphant en a deux seulement au dessous des épaules, non pas à la poitrine, mais en deçà, et cachées sous les aisselles. Nul animal digité n'a les mamelles entre les cuisses. Les premiers nés de chaque portée s'attachent aux premières mamelles de la truie, c'est-à-dire à celles qui sont le plus près de la gorge. Chacun connaît la sienne selon l'ordre de sa naissance, y prend sa nourriture, et jamais à une autre. Si l'on enlève à celle-ci son nourrisson , elle devient stérile aussitôt, et se retire ; s'il n'en reste qu'un de toute la bande, la mamelle qui lui fut destinée à sa naissance conserve seule sa fécondité. Les ourses ont quatre mamelles. Les dauphins ont seulement au bas du ventre deux mamelons à peine visibles, et qui se dirigent un peu obliquement. Nul autre animal n'allaite en courant. Les baleines et les veaux marins allaitent aussi leurs petits.

Lait, colostrum, fromages. Chez quels animaux le lait ne fournit point ces substances. Présure. Alimens dont le lait est la base.

XCVI. 41. Avant le septième mois le lait de la femme est inutile ; depuis ce mois il est bon, parce qu'alors l'enfant naît viable. Chez beaucoup de femmes il sort

fluit. Cameli lac habent, donec iterum gravescant. Sua-
vissimum hoc existimatur ad unam mensuram tribus
aquæ additis. Bos ante partum non habet. Ex primo
semper a partu colostra fiunt : quæ, ni admisceatur
aqua, in pumicis modum coeunt duritia. Asinæ præ-
gnantes continuo lactescunt. Pullis earum, ubi pingue
pabulum, biduo a partu maternum lac gustasse, letale
est. Genus mali vocatur colostratio. Caseus non fit ex
utrimque dentatis, quoniam eorum lac non coit. Te-
nuissimum camelis, mox equis : crassissimum asinæ, ut
quo coaguli vice utantur. Conferre aliquid et candori
in mulierum cute existimatur. Poppæa certe Domitii
Neronis conjux, quingentas secum per omnia trahens
fetas, balnearum etiam solio totum corpus illo lacte
macerabat, extendi quoque cutem credens. Omne autem
igne spissatur, frigore serescit. Bubulum caseo fertilius,
quam caprinum, ex eadem mensura pæne altero tanto.
Quæ plures quaternis mammas habent, caseo inutilia,
et meliora quæ binas. Coagulum hinnulei, leporis, hœdi
laudatum. Præcipuum tamen dasypodis, quod et pro-
fluvio alvi medetur, unius utrimque dentatorum. Mirum
barbaras gentes, quæ lacte vivant, ignorare aut sper-
nere tot sæculis casei dotem, densantes id alioqui in
acorem jucundum, et pingue butyrum : spuma id est
lactis, concretiorque, quam quod serum vocatur. Non

par toutes les parties des mamelles, et même par les
aisselles. La femelle du chameau donne du lait jusqu'à
ce qu'elle soit pleine de nouveau. Mêlé à trois parties
d'eau, il passe pour très-agréable. La vache n'en a point
avant le part. Le premier qu'elle donne après avoir vêlé
est le colostrum, qui se durcit comme une pierre ponce
si l'on n'y mêle de l'eau. Les ânesses pleines ont aussitôt
du lait. Dans les pâturages gras, il est mortel pour l'ânon
s'il en goûte les deux premiers jours qui suivent sa
naissance. L'espèce de maladie qu'il donne s'appelle co-
lostration. Le lait des animaux qui ont des dents aux
deux mâchoires ne fait point de fromage, parce qu'il ne
se coagule pas. Le plus clair est celui des chameaux,
ensuite celui des jumens : celui de l'ânesse est très-épais,
au point qu'on s'en sert au lieu de présure. On croit qu'il
ajoute à la blancheur de la peau des femmes. Poppée,
femme de Domitius Néron, traînait partout à sa suite
cinq cents ânesses nourrices, et baignait son corps entier
dans leur lait, croyant ainsi donner plus de souplesse à
sa peau. Toute espèce de lait s'épaissit par le feu, et s'é-
claircit par le froid. Le lait de vache donne plus de fromage que celui de chèvre, et même, à mesure égale,
presque le double. Le lait des animaux qui ont plus de
quatre mamelles ne vaut rien pour le fromage; le meilleur est celui des animaux qui n'en ont que deux. On
vante la présure du faon, du lièvre, du chevreau, mais
surtout celle du dasypode, qui, de plus, est un remède
pour le flux de ventre : il est le seul, entre les animaux
qui ont des dents aux deux mâchoires, dont la présure
ait cette propriété. Il est étonnant que les nations bar-

omittendum in eo olei vim esse, et barbaros omnes infantesque nostros ita ungi.

Genera caseorum.

XCVII. 42. Laus caseo Romæ, ubi omnium gentium bona cominus judicantur, e provinciis, Nemausensi præcipua, Lesuræ Gabalicique pagi : sed brevis, ac musteo tantum commendatio. Duobus Alpes generibus pabula sua adprobant : Dalmaticæ Docleatam mittunt, Centronicæ Vatusicum. Numerosior Apennino. Cebanum hic e Liguria mittit, ovium maxime lactis : Æsinatem ex Umbria : mistoque Etruriæ atque Liguriæ confinio, Lunensem magnitudine conspicuum : quippe et ad singula millia pondo premitur : proximum autem Urbi Vestinum, eumque e Ceditio campo laudatissimum. Et caprarum gregibus sua laus est, Agrigenti maxime, eam augente gratiam fumo : qualis in ipsa Urbe conficitur, cunctis præferendus. Nam Galliarum sapor medicamenti vim obtinet. Trans maria vero Bithynus fere in gloria est. Inesse pabulis salem, etiam ubi non detur, ita

bares, qui vivent de lait, ignorent ou méprisent, depuis tant de siècles, le mérite du fromage, quoique, d'ailleurs, elles sachent faire prendre le lait pour en former une liqueur agréablement acide, et un beurre gras. Le beurre est l'écume du lait, plus épaisse que ce qu'on appelle sérum (petit-lait). N'oublions pas qu'il a les propriétés de l'huile, et que tous les barbares s'en frottent le corps comme nous le faisons pour nos enfans.

Diverses espèces de fromages.

XCVII. 42. A Rome, où l'on juge les productions de tous les pays, on préfère, entre les fromages qui viennent des provinces, celui de Nîmes, de Lesure et du pays de Gabali (Gévaudan); mais leur qualité est de courte durée, et ils ne sont bons qu'étant frais. Deux sortes de fromages donnent du renom aux pâturages des Alpes : les Alpes Dalmatiques nous envoient le docléate; les Centroniennes, le vatusique. L'Apennin fournit des variétés plus nombreuses. En Ligurie, celui de Céva, qui est fait principalement de lait de brebis; en Ombrie, celui d'Esina, et sur les confins de l'Étrurie et de la Ligurie, celui de Luna, remarquable par sa grandeur, car il pèse mille livres; près de Rome, le vestin : le meilleur de ce canton se fait dans la campagne Céditienne. Les fromages de lait de chèvre ont aussi leur mérite, surtout celui d'Agrigente, auquel la fumée donne un nouveau prix. Tels qu'on les confectionne à Rome, ils sont préférables à tous les autres : car la saveur de celui des Gaules reçoit sa force des ingré-

maxime intelligitur, omni in salem caseo senescente, quales redire in musteum saporem, aceto et thymo maceratos, certum est. Tradunt Zoroastrem in desertis caseo vixisse annis viginti, ita temperato, ut vetustatem non sentiret.

Differentiæ membrorum hominum a reliquis animalibus.

XCVIII. 43. Terrestrium solus homo bipes. Uni juguli, humeri, ceteris armi : uni ulnæ. Quibus animalium manus sunt, intus tantum carnosæ : extra nervis et cute constant.

De digitis ; de brachiis.

XCIX. Digiti quibusdam in manibus seni. C. Horatii ex patricia gente filias duas ob id Sedigitas appellatas accepimus, et Volcatium Sedigitum, illustrem in poetica. Hominis digiti articulos habent ternos, pollex binos, et digitis adversus universis flectitur : per se vero in obliquum porrigitur, crassior ceteris. Huic minimus mensura par est : duo reliqui sibi, inter quos medius longissime protenditur. Quibus ex rapina victus quadrupedum, quini digiti in prioribus pedibus, reliquis

diens. Au delà des mers, celui de Bithynie a le plus de renommée. La meilleure preuve qu'il existe un sel dans les pâturages, c'est que, sans avoir été salé, tout fromage prend un goût de sel en vieillissant. Macéré dans le vinaigre et le thym, il reprend sa saveur première. On prétend que Zoroastre vécut vingt ans dans les déserts, se nourrissant de fromage composé de telle sorte, qu'il paraissait toujours nouveau.

Différence des membres de l'homme et des parties analogues chez les animaux.

XCVIII. 43. De tous les animaux terrestres, l'homme seul est bipède : lui seul a une gorge, des épaules, qui portent chez les autres le nom d'*armi*. Lui seul a des bras ; ceux qui ont des mains les ont charnues seulement en dedans ; au dehors, elles ne sont composées que de nerfs et de peau.

Des doigts ; des bras.

XCIX. Quelques personnes ont six doigts aux mains. Nous lisons que deux filles de C. Horatius, de famille patricienne, ont reçu, pour cette raison, le surnom de *Sedigitæ* ; et Volcatius, poète célèbre, celui de *Sedigitus*. Les doigts de l'homme ont trois articulations ; le pouce en a deux, et il se fléchit dans un sens opposé à tous les doigts : par lui-même il s'étend obliquement : il est plus gros que les autres. Le petit doigt lui est égal en longueur. Deux autres sont égaux entre eux ; celui du milieu est le plus long de tous. Les quadrupèdes qui

quaterni. Leones, lupi, canes, et pauca in posterioribus quoque quinos ungues habent, uno juxta cruris
articulum dependente: reliqua quæ sunt minora, et digitos quinos. Brachia non omnibus paria secum. Stu-
dioso Thraci in C. Cæsaris ludo notum est dextram
fuisse proceriorem. Animalium quædam, ut manibus,
utuntur priorum ministerio pedum : sedentque ad os
illis admoventia cibos, ut sciuri.

De simiarum similitudine.

C. 44. Nam simiarum genera perfectam hominis imi-
tationem continent, facie, naribus, auribus, palpebris,
quas solæ quadrupedum et in inferiore habent gena. Jam
mammas in pectore, et brachia, et crura in contrarium
similiter flexa : in manibus ungues, digitos, longiorem-
que medium. Pedibus paulum differunt. Sunt enim ut
manus, prælongi, sed vestigium palmæ simile faciunt.
Pollex quoque his, et articuli, ut homini, ac præter
genitale, et hoc in maribus tantum, viscera etiam interiora omnia ad exemplar.

vivent de proie ont cinq doigts aux pieds de devant, et quatre aux autres. Les lions, les loups, les chiens, et quelques autres en petit nombre, ont aussi cinq ongles aux pieds postérieurs : l'un de ces ongles est placé à l'articulation de la jambe. Les autres animaux qui sont plus petits ont pareillement cinq doigts. Les deux bras dans tous les hommes ne sont pas égaux entre eux. On sait que, dans la troupe de gladiateurs de C. César (Caligula), le Thrace Studiosus avait le bras droit plus long. Certains animaux se servent des pieds de devant comme de mains : ils s'asseyent, portant par ce moyen les alimens à leur bouche; tels sont les écureuils.

Ressemblance des hommes et des singes.

C. 44. Les diverses espèces de singes offrent l'imitation parfaite de l'homme, par la face, par les narines, par les oreilles, par les cils, que, seuls des quadrupèdes, ils ont à la paupière inférieure. Ils ont aussi les mamelles à la poitrine, les bras et les jambes fléchis en sens contraire, des ongles aux mains, des doigts, et celui du milieu plus long que les autres. Ils diffèrent un peu par les pieds, car ils les ont allongés comme les mains, et la trace qu'ils impriment en marchant figure celle de la paume de la main. Ils ont encore, ainsi que nous, le pouce et des articulations; et si, dans les mâles seulement, on excepte les parties sexuelles, ils seront en tout, même pour les viscères intérieurs, semblables à l'homme.

De unguibus.

CI. 45. Ungues clausulæ nervorum summæ existimantur. Omnibus hi, quibus et digiti. Sed simiæ imbricati, hominibus lati, et defuncto crescunt, rapacibus unci : ceteris recti, ut canibus, præter cum qui a crure plerisque dependet. Omnia digitos habent, quæ pedes, excepto elephanto. Huic enim informes, numero quidem quinque, sed indivisi, ac leviter discreti : ungulisque, haud unguibus similes : et pedes majores priores. In posterioribus articuli breves. Idem poplites intus flectit hominis modo. Cetera animalia, in diversum posterioribus articuli pedibus, quam prioribus. Nam quæ animal generant, genua ante se flectunt, et suffraginum artus in aversum.

De genibus, et poplitibus.

CII. Homini genua et cubita contraria : item ursis, et simiarum generi, ob id minime pernicibus. Ova parientibus quadrupedum, crocodilo, lacertis, priora genua post curvantur, posteriora in priorem partem. Sunt autem crura his obliqua, humani pollicis modo. Sic et multipedibus, præterquam novissima salientibus. Aves, ut quadrupedes, alas in priora curvant, suffragines in posteriora.

Des ongles.

CI. 45. On pense que les ongles sont la terminaison des nerfs. Tous les animaux qui ont des doigts ont des ongles. Mais chez le singe ils sont arqués ; chez l'homme ils sont plats : ils croissent même après la mort. Les animaux de proie les ont crochus ; les autres, comme les chiens, les ont droits, si ce n'est celui qui, chez la plupart, est attaché à la jambe. Tous ceux qui ont des pieds ont des doigts, excepté l'éléphant. Il est bien vrai qu'il a cinq doigts, mais informes, soudés ensemble et légèrement distincts, plus semblables à la corne qu'aux ongles. Ses pieds de devant sont aussi plus grands. A la jambe de derrière, les articulations sont courtes. Il fléchit les jarrets en dedans, à la manière de l'homme. Les autres animaux plient les jambes de derrière et celles de devant en sens contraire. Les vivipares fléchissent le genou en avant, et le jarret en arrière.

Des genoux et des jarrets.

CII. Chez l'homme, les genoux et les coudes se fléchissent en sens opposé. Il en est de même chez les ours et les singes, ce qui les rend moins prompts à la course. Parmi les quadrupèdes ovipares, le crocodile, les lézards plient les genoux en arrière et les jarrets en avant. Leurs jambes se fléchissent obliquement, comme le pouce de l'homme. Il en est ainsi des insectes multipèdes, à l'exception des sauteurs, pour les jambes de derrière. Les oiseaux, comme les quadrupèdes, fléchissent les ailes en avant et les jambes en arrière.

In quibus membris corporis humani sacra religio.

CIII. Hominis genibus quædam et religio inest, observatione gentium. Hæc supplices adtingunt : ad hæc
manus tendunt : hæc, ut aras, adorant : fortassis quia
inest iis vitalitas. Namque in ipsa genu utriusque commissura, dextra lævaque, a priore parte gemina quædam buccarum inanitas inest : qua perfossa, ceu jugulo,
spiritus fugit. Inest et aliis partibus quædam religio :
sicut dextra osculis aversa appetitur, in fide porrigitur.
Antiquis Græciæ in supplicando mentum adtingere mos
erat. Est in aure ima memoriæ locus, quem tangentes
attestamur. Est post aurem æque dextram Nemesios
(quæ dea latinum nomen ne in Capitolio quidem invenit) quo referimus tactum ore proximum a minimo di-
gitum, veniam sermonis a diis ibi recondentes.

Varices.

CIV. Varices in cruribus viro tantum : mulieri raro.
C. Marium, qui septies consul fuit, stantem sibi extrahi
passum unum hominum, Oppius auctor est.

Parties du corps humain auxquelles s'attachent des idées religieuses.

CIII. L'usage des nations a, de tout temps, attaché une sorte de superstition aux genoux de l'homme. Ce sont les genoux que touchent les supplians : c'est vers les genoux qu'ils tendent les mains : ils se prosternent devant eux comme devant les autels, peut-être parce qu'ils contiennent le principe de la vie. En effet, à l'articulation même de chaque genou, tant à droite qu'à gauche, il se trouve à la partie antérieure une double cavité, par où la vie s'échappe comme par une blessure faite à la gorge. On a encore attaché des idées religieuses à d'autres parties : par exemple, on présente à baiser le dessus de la main droite ; on étend cette main dans les promesses. Chez les anciens Grecs, la coutume était de toucher le menton de ceux qu'on suppliait. Le siège de la mémoire est dans le bas de l'oreille ; et nous le touchons quand nous invoquons le témoignage de quelqu'un. Derrière l'oreille droite réside pareillement Némésis (déesse qui n'a point trouvé de nom latin, même dans le Capitole); nous y portons le doigt annulaire, après l'avoir touché de la bouche, pour demander aux dieux le pardon d'une parole indiscrète.

Varices.

CIV. Les varices aux jambes affligent seulement l'homme, rarement la femme. C. Marius, sept fois consul, est, au rapport d'Oppius, le seul mortel qui ait enduré qu'on les lui coupât étant debout.

De gressu, et pedibus, et cruribus.

CV. Omnia animalia a dextris partibus incedunt, sinistris incubant. Reliqua, ut libitum est, gradiuntur. Leo tantum et camelus pedatim, hoc est, ut sinister pes non transeat dextrum, sed subsequatur. Pedes homini maximi, feminis tenuiores in omni genere. Suræ homini tantum, et crura carnosa. Reperitur apud auctores quemdam in Ægypto non habuisse suras. Vola homini tantum, exceptis quibusdam. Namque et hinc cognomina inventa Planci, Plauti, Pansæ, Scauri : sicut a cruribus Vari, Vaciæ, Vatinii : quæ vitia et in quadrupedibus. Solidas habent ungulas, quæ non sunt cornigera: igitur pro his telum ungula est illis. Nec talos habent eadem. At quæ bisulca sunt, habent : iidem digitos habentibus non sunt : neque in prioribus pedibus omnino ulli. Camelo tali similes bubulis, sed minores paulo. Est enim bisulcus discrimine exiguo pes imus, vestigio carnoso, ut ursi : qua de causa in longiore itinere sine calciatu fatiscunt.

De la marche, des pieds, des jambes.

CV. Tous les animaux se mettent en marche en partant du pied droit ; ils se couchent du côté gauche. Les autres marchent au gré de leur caprice ; le lion seulement et le chameau mesurent leurs pas ; c'est-à-dire que le pied gauche ne dépasse jamais le pied droit, mais reste en arrière. Les pieds de l'homme sont proportionnellement les plus grands ; ceux des femelles, dans toutes les espèces, sont plus petits. L'homme seul a des mollets et des jambes charnues. Nous trouvons dans les auteurs qu'on a vu en Égypte un homme sans mollets. L'homme seul, à quelques exceptions près, a la plante du pied creuse : de là les surnoms de Plancus, Plautus, Pansa, Scaurus ; comme des jambes sont venus ceux de Varus, Vacia, Vatinius. Ces difformités se retrouvent aussi dans les quadrupèdes. Les animaux qui n'ont pas de cornes ont l'ongle du pied solide : cet ongle est leur arme. Ils n'ont point d'osselets, tandis qu'on en voit dans les bisulces ; les digités n'en ont pas non plus, et nul n'en a aux pieds antérieurs. Les osselets du chameau ressemblent à ceux du bœuf, mais ils sont un peu plus petits ; car il a le pied fourchu, quoique la séparation soit peu apparente. Il a aussi la plante du pied charnue, comme l'ours ; c'est pourquoi un long voyage l'abîme, à moins qu'il n'ait les pieds enveloppés d'une chaussure.

De ungulis.

CVI. 46. Ungulæ veterino tantum generi renascuntur. Sues in Illyrico quibusdam locis solidas habent ungulas. Cornigera fere bisulca. Solida ungula, et bicorne nullum. Unicorne asinus tantum Indicus : unicorne et bisulcum, oryx. Talos asinus Indicus unus solidipedum habet. Nam sues ex utroque genere existimantur, ideo fœdi earum. Hominem qui existimarunt habere, facile convicti. Lynx tantum digitos habentium, simile quiddam talo habet : leo etiamnum tortuosius. Talus autem rectus est in articulo pedis ventre eminens concavo, in vertebra ligatus.

Volucrum pedes.

CVII. 47. Avium aliæ digitatæ, aliæ palmipedes, aliæ inter utrumque divisis digitis adjecta latitudine. Sed omnibus quaterni digiti, tres in priore parte, unus a calce. Hic deest quibusdam longa crura habentibus. Iynx sola utrimque binos habet. Eadem linguam serpentium similem in magnam longitudinem porrigit. Collum circumagit in aversum. Ungues ei grandes ceu graculis. Avium quibusdam gravioribus, in cruribus additi radii :

Des sabots.

CVI. 46. La corne du pied ne repousse qu'aux bêtes de somme. Les porcs, en quelques lieux de l'Illyrie, sont solipèdes. Les bêtes à cornes sont généralement bisulces. Il n'existe point d'animal solipède à deux cornes. L'âne indien seul est unicorne. L'oryx est tout à la fois unicorne et bisulce. L'âne indien est le seul solipède qui ait des osselets. Les porcs semblent appartenir à l'une et à l'autre classe; c'est pourquoi les leurs sont difformes. Les auteurs qui ont pensé que l'homme a des osselets ont été facilement convaincus d'erreur. Parmi les digités, le lynx seul a quelque chose de semblable aux oslets. Ceux du lion sont encore plus tortueux. L'osselet est un os droit de l'articulation du pied, à deux faces, l'une concave, l'autre convexe, et lié dans la vertèbre.

Pattes des oiseaux.

CVII. 47. Parmi les oiseaux, les uns sont digités, les autres palmipèdes; quelques-uns ont les doigts en partie divisés, en partie attachés par une membrane. Ils ont tous quatre doigts, trois en avant, un en arrière. Celui-ci manque à quelques-uns de ceux qui ont les jambes longues. L'iynx seul en a deux en avant et en arrière. Il a la langue d'une grandeur démesurée, et semblable à celle des serpens. Il tord son cou en arrière. Comme le graculus, il a les ongles très-grands. Quelques-uns des oiseaux pesans ont des ergots aux jambes; mais on n'en voit

nulli uncos habentium ungues. Longipedes porrectis ad caudam cruribus volant : quibus breves, contractis ad medium. Qui negant volucrem ullam sine pedibus esse, confirmant et apodas habere, et oten et drepanin, in eis quæ rarissime apparent. Visæ jam etiam serpentes anserinis pedibus.

Pedes animalium, a binis ad centenos. De pumilionibus.

CVIII. 48. Insectorum pedes primi longiores, duros habentibus oculos, ut subinde pedibus eos tergeant, ceu notamus in muscis. Quæ ex his novissimos habent longos, saliunt : ut locustæ. Omnibus autem his seni pedes. Araneis quibusdam prælongi accedunt bini. Internodia singulis terna. Octonos et marinis esse diximus, polypis, sepiis, loliginibus, cancris, qui brachia in contrarium movent, pedes in orbem, aut in obliquum. Iisdem solis animalium rotundi. Cetera binos pedes duces habent : cancri tantum, quaternos. Quæ hunc numerum pedum excessere terrestria, ut plerique vermes, non infra duodenos habent, aliqua vero et centenos. Numerus pedum impar nulli est. Solidipedum crura statim justa nascuntur mensura : postea exporrigentia se verius, quam crescentia. Itaque in infantia scabunt aures posterioribus, quod addita ætate non queunt; quia longitudo superficiem corporum solam ampliat. Hac de causa inter

à aucun de ceux qui ont les ongles crochus. Les longi-
pèdes étendent les jambes vers la queue quand ils volent : ceux qui les ont courtes les retirent sous le milieu
du corps. Ceux qui nient qu'aucun oiseau soit sans
pieds, assurent que les apodes en sont pourvus, comme
l'otis et le drépanis, que nous voyons très-rarement. On
a même vu des serpens à pattes d'oie.

Pieds des animaux, de deux à cent pieds. Des nains.

CVIII. 48. Ceux des insectes qui ont les yeux durs
ont les pieds antérieurs plus longs, afin de pouvoir de
temps en temps s'essuyer les yeux, comme nous le
voyons dans les mouches. Ceux qui ont les pieds de
derrière plus longs sautent, comme les sauterelles. Ils
ont tous six pieds. Certaines araignées ont, en outre,
deux pieds très-longs. Chaque patte a trois phalanges.
Nous avons dit que les animaux marins ont huit pieds ;
tels sont les polypes, les sèches, les calmars, les cancres,
qui meuvent leurs bras en sens contraire, et leurs pieds
circulairement ou obliquement. Ce sont les seuls animaux dont les pieds soient arrondis. Dans les autres,
deux pieds règlent la marche, et quatre dans les cancres
seuls. Parmi les insectes terrestres, ceux qui ont un
plus grand nombre de pieds, comme la plupart des
vers, n'en ont pas moins de douze ; quelques-uns en ont
jusqu'à cent. Le nombre des pieds n'est impair dans aucun. Les jambes des solipèdes ont, au moment de la
naissance, leur juste longueur : dans la suite, elles
grossissent plutôt qu'elles ne s'allongent ; aussi, dans

initia pasci , nisi submissis genibus , non possunt : nec usque dum cervix ad justa incrementa perveniat.

49. Pumilionum genus in omnibus animalibus est , atque etiam inter volucres.

De genitalibus : de hermaphroditis.

CIX. Genitalia maribus quibus essent retro , satis diximus. Ossea sunt lupis, vulpibus, mustelis, viverris : unde etiam calculo humano remedia præcipua. Urso quoque simul atque exspiraverit, cornescere aiunt. Camelino arcus intendere , Orientis populis fidissimum. Nec non aliqua gentium quoque in hoc discrimina , et sacrorum etiam , citra perniciem amputantibus matris deum Gallis. Contra mulierum paucis prodigiosa assimilatio : sicut hermaphroditis utriusque sexus : quod etiam quadrupedum generi accidisse Neronis principatu primum arbitror. Ostentabat certe hermaphroditas subjunctas carpento suo equas, in Treverico Galliæ agro repertas : ceu plane visenda res esset, principem terrarum incidere portentis.

le premier âge, se grattent-ils les oreilles avec les pieds
de derrière, ce qu'ils ne peuvent faire dans un âge plus
avancé, parce que l'accroissement en longueur ne porte
que sur la surface du corps : c'est par cette raison que,
dans les commencemens, ils ne peuvent paître qu'en
fléchissant les genoux, jusqu'à ce que le cou ait acquis
son entière croissance.

49. Il y a des nains dans toutes les espèces d'animaux,
même parmi les oiseaux.

Des organes de la génération : des hermaphrodites.

CIX. Nous avons suffisamment parlé des animaux qui
ont les parties génitales en arrière. Elles sont osseuses
dans les loups, les renards, les belettes, les viverra: c'est
d'elles que nous tirons les principaux remèdes contre
le calcul humain. On dit que celles de l'ours prennent
la consistance de la corne aussitôt après sa mort. Les
peuples de l'Orient font, avec le membre du chameau,
les meilleures cordes pour leurs arcs. Observons combien il existe de contrastes dans les usages des nations
et dans leurs idées religieuses : les Galles de la mère
des dieux se mutilent, sans que l'amputation leur soit
funeste. D'un autre côté, dans quelques femmes on reconnaît une ressemblance monstrueuse avec l'homme :
à cette classe appartiennent les hermaphrodites, qui
réunissent les deux sexes; même chez les quadrupèdes,
on en a vu des exemples, dont le premier date, je crois,
de l'empire de Néron. Il faisait vanité d'atteler à son
char des jumens hermaphrodites, qu'on avait trouvées

De testibus. Trium generum semiviri.

CX. Testes pecori armentoque ad crura decidui, subus adnexi : delphino prælongi ultima conduntur alvo, et elephanto occulti. Ova parientium lumbis intus adhærent : qualia ocissima in Venere. Piscibus serpentibusque nulli, sed eorum vice binæ ad genitalia a renibus venæ. Buteonibus terni. Homini tantum injuria, aut sponte naturæ franguntur : idque tertium ab hermaphroditis et spadonibus semiviri genus habent. Mares in omni genere fortiores, præterquam in pantheris, et ursis.

De caudis.

CXI. 50. Caudæ, præter hominem, ac simias, omnibus fere animal, et ova gignentibus, pro desiderio corporum : nudæ hirtis, ut apris : parvæ villosis, ut ursis : prælongis setosæ, ut equis. Amputatæ lacertis et serpentibus renascuntur. Piscium meatus gubernaculi modo regunt : atque etiam in dextram atque lævam

au territoire de Trèves, dans la Gaule : comme si le maître de la terre, traîné par des monstres, était un spectacle digne de l'admiration des peuples.

Des testicules. Des trois classes d'eunuques.

CX. Le gros et le menu bétail a les testicules pendans ; les porcs les ont adhérens ; ceux du dauphin sont très-longs et cachés dans la partie postérieure du ventre ; dans l'éléphant ils ne sont pas visibles. Les ovipares les ont intérieurement attachés aux lombes, et ils sont très-prompts dans l'acte de la génération. Les poissons et les serpens n'en ont pas, mais ils ont à la place deux veines qui vont des reins aux parties génitales. Le butéo en a trois. Il n'arrive qu'à l'homme qu'ils soient détruits, ou naturellement, ou par une cause étrangère ; et c'est ce qui établit, après les hermaphrodites et les eunuques, une troisième sorte d'individus qui ne sont hommes qu'à demi. Dans toutes les espèces, hors la panthère et l'ours, les mâles sont plus courageux.

Des queues.

CXI. 5o. Si l'on excepte l'homme et les singes, tous les vivipares et les ovipares généralement ont une queue proportionnée au besoin de leur corps ; nue dans ceux qui ont le poil hérissé, comme les sangliers ; petite dans les animaux velus, comme l'ours ; garnie de crins dans les animaux très-longs, comme le cheval. Celle des lézards et des serpens renaît après avoir été coupée. Les pois-

motæ, ut remigio quodam impellunt. Lacertis inveniuntur et geminæ. Boum caudis longissimus caulis, atque
in ima parte hirtus. Idem asinis longior quam equis,
sed setosus veterinis. Leoni infima parte, ut bubus et
sorici: pantheris non item: vulpibus et lupis villosus,
ut ovibus, quibus procerior. Sues intorquent: canum
degeneres sub alvum reflectunt.

De vocibus animalium.

CXII. 51. Vocem non habere, nisi quæ spirent,
Aristoteles putat. Idcirco et insectis sonum esse, non
vocem, intus meante spiritu, et incluso sonante. Alia
murmur edere, ut apes. Alia cum tractu stridorem, ut
cicadas. Recepto enim ut duobus sub pectore cavis spiritu, mobili occursante membrana intus, attritu ejus
sonare. Muscas, apes, et similia cum volatu et incipere
audiri et desinere. Sonum enim attritu et interiore aura,
non anima reddi. Locustas pennarum et feminum attritu
sonare, creditur sane. Item aquatilium pectines stridere,
quum volant: mollia, et crusta intecta, nec vocem nec
sonum ullum habere. Sed et ceteri pisces, quamvis pulmone et arteria careant, non in totum sine ullo sono

sons s'en servent comme de gouvernail pour diriger leur route; et même, en l'agitant à droite et à gauche, ils avancent à force de rame. Dans les lézards elle est quelquefois double. Dans le bœuf la tige de la queue est trèslongue et garnie de poil par le bas. Elle est plus longue dans l'âne que dans le cheval. Mais toutes les bêtes de somme l'ont garnie de poil. La queue du lion se termine comme celle du bœuf et de la souris; il n'en est pas ainsi de la panthère : celle des renards et des loups est trèsgarnie, aussi bien que celle de la brebis, mais qui est plus longue. Les porcs l'ont tortillée; les chiens abâtardis la replient sous le ventre.

Des voix diverses des animaux.

CXII. 51. Aristote pense que nul animal n'a de voix, s'il ne respire. En conséquence, le bruit que font les insectes n'est pas une voix, mais seulement un son formé par le passage de l'air comprimé dans l'intérieur du corps. Les uns bourdonnent, comme les abeilles: les autres ont un cri aigu et prolongé, comme les cigales; parce que l'air, reçu dans deux cavités au dessous de la poitrine, y rencontre une membrane mobile dont le frottement produit le son que nous prenons pour leur voix. Les mouches, les abeilles et les autres ne se font entendre que dans le vol : en effet, le son est formé par le froissement de cette membrane et par l'air intérieur, et non par la respiration. On croit généralement que les sauterelles produisent le son par le froissement de leurs ailes et de leurs cuisses. De même, parmi les animaux

sunt. Stridorem eum dentibus fieri cavillantur. Et is qui caper vocatur, in Acheloo amne, grunnitum habet, et alii de quibus diximus. Ova parientibus sibilus, serpentibus longus, testudini abruptus. Ranis sonus sui generis, ut dictum est (nisi si et in his ferenda dubitatio est), qui mox in ore concipitur, non in pectore. Multum tamen in iis refert et locorum natura. Mutæ in Macedonia traduntur, muti et apri. Avium loquaciores quæ minores, et circa coitus maxime. Aliis in pugna vox, ut coturnicibus : aliis ante pugnam, ut perdicibus : aliis quum vicere, ut gallinaceis. Iisdem sua maribus : aliis eadem ut feminis : ut lusciniarum generi. Quædam toto anno canunt, quædam certis temporibus, ut in singulis dictum est. Elephas citra nares ore ipso, sternutamento similem elidit sonum : per nares autem, tubarum raucitati. Bubus tantum feminis vox gravior : in omni alio genere exilior, quam maribus : in homine etiam castratis. Infantis in nascendo nulla auditur, antequam totus emergat utero. Primus sermo anniculo est. Semestris locutus est Crœsi filius in crepundiis : quo prodigio totum id concidit regnum. Qui celerius fari cœpere, tardius ingredi incipiunt. Vox roboratur quartodecimo anno. Eadem in senecta exilior : neque in alio animalium sæpius mutatur. Mira præterea sunt de voce digna dictu. In theatrorum orchestris, scobe aut arena

aquatiques, les peignes ne font de bruit qu'en volant; les
mollusques et les crustacés n'ont pas de voix, et ne font
entendre aucun son; mais les autres poissons, quoique
dépourvus de poumon et de trachée-artère, ne sont pas
absolument muets. C'est une raillerie que d'attribuer leur
cri aigu au frottement de leurs dents. Celui qu'on nomme
caper, dans le fleuve Achéloüs, a le grognement du porc :
comme beaucoup d'autres dont nous avons parlé. Les
ovipares ont un sifflement, prolongé dans les serpens,
entrecoupé dans les tortues. Les grenouilles ont un cri
particulier qui, comme nous l'avons dit, se forme dans
la bouche, et non dans la poitrine (à moins qu'il ne
faille aussi le révoquer en doute). Mais, à cet égard, la
nature des lieux apporte une grande différence. On prétend qu'elles sont muettes dans la Macédoine, aussi bien
que les sangliers. Les oiseaux les plus petits ont le plus
de ramage, surtout dans la saison des amours. Les uns
font entendre leur voix dans le combat, comme les
cailles; d'autres avant le combat, comme les perdrix;
d'autres après la victoire, comme les coqs. Dans ces
espèces, les mâles ont une voix qui leur est propre; dans
les autres elle est la même qu'aux femelles, comme dans
les rossignols. Quelques-uns chantent toute l'année,
d'autres à certaines époques, comme il a été dit à l'article de chacun d'eux. L'éléphant rend de la bouche, en
deçà des narines, un son qui ressemble à un éternument;
et par les narines, un son rauque comme une trompette. Dans le bœuf seulement, les femelles ont la voix
plus grave : dans toute autre espèce elles l'ont moins forte,
comme aussi, dans l'espèce humaine, les eunuques. L'en-

superjecta devoratur, et in rudi parietum circumjectu, doliis etiam inanibus : currit eadem concavo vel recto parietum spatio, quamvis levi sono dicta verba ad alterum caput perferens, si nulla inæqualitas impediat. Vox in homine magnam vultus habet partem. Agnoscimus eam prius, quam cernamus, non aliter quam oculis : totidemque sunt eæ, quot in rerum natura mortales : et sua cuique, sicut facies. Hinc illa gentium, totque linguarum, toto orbe diversitas : hinc tot cantus et moduli, flexionesque. Sed ante omnia explanatio animi, quæ nos distinxit a feris, inter ipsos quoque homines discrimen alterum æque grande, quam a belluis, fecit.

De adgnascentibus membris.

CXIII. 52. Membra animalibus adgnata inutilia sunt,

fant qui naît ne fait point entendre de cri avant qu'il
ne soit entièrement sorti de l'utérus. Il commence à
parler au bout d'un an. Le fils de Crésus parla dans son
berceau, à l'âge de six mois ; prodige qui entraîna la
chute de cet empire. Ceux qui ont commencé plus tôt
à parler, commencent plus tard à marcher. La voix se
fortifie à la quatorzième année : elle est plus grêle dans
la vieillesse : en nul autre animal elle n'éprouve de plus
fréquentes mutations. La voix offre encore des mer-
veilles dignes d'être racontées. Dans les orchestres des
théâtres, de la limaille ou du sable répandu sur le sol,
une enceinte de murailles raboteuses, et même des ton-
neaux vides, absorbent la voix ; mais elle se propage le long
de parois concaves ou droites, et même elle porte jusqu'à
l'autre extrémité des mots prononcés très-bas, si nulle
inégalité ne l'arrête. La voix, dans l'homme, dépend
beaucoup de la physionomie. Avant que d'apercevoir une
personne, nous la reconnaissons à la voix aussi certainement qu'en la voyant ; et il y en a autant que d'individus
dans la nature : chacun a la sienne, comme chacun a son
visage. De là cette diversité de nations et de langages dans
tout l'univers ; de là cette incalculable variété de chants,
de modulations et d'inflexions. Mais, par dessus tout, la
parole, cet interprète de l'âme qui nous a distingués des
bêtes, établit encore entre les hommes mêmes une différence non moins grande que celle qui sépare l'homme de
la brute.

Des membres surnuméraires.

CXIII. 52. Les membres surnuméraires dans les ani-

sicut sextus homini semper digitus. Placuit in Ægypto nutrire portentum, binis et in aversa capitis parte oculis hominem, sed iis non cernentem.

Vitalitatis et morum notæ, et membris hominum.

CXIV. Miror quidem Aristotelem non modo credidisse præscita vitæ esse aliqua in corporibus ipsis, verum etiam prodidisse. Quæ quamquam vana existimo, nec sine cunctatione proferenda, ne in se quisque et auguria anxie quærat : adtingam tamen, quæ tantus vir in doctrina non sprevit. Igitur vitæ brevis signa ponit raros dentes, prælongos digitos, plumbeum colorem, pluresque in manu incisuras, nec perpetuas. Contra longæ esse vitæ incurvos humeris, et in manu una duas incisuras longas habentes, et plures quam xxxii dentes, auribus amplis. Nec universa hæc (ut arbitror), sed singula observat, frivola (ut reor), et vulgo tamen narrata. Addidit morum quoque aspectus simili modo apud nos Trogus, et ipse auctor severissimus : quos verbis ejus subjiciam : « Frons ubi est magna, segnem animum subesse significat : quibus parva, mobilem : quibus rotunda, iracundum, velut hoc vestigio tumoris apparente. Supercilia quibus porriguntur in rectum, molles significant : quibus juxta nasum flexa sunt, austeros : quibus juxta tempora inflexa, derisores : quibus in to-

maux, comme un sixième doigt chez l'homme, sont inutiles. On s'est plu en Égypte à nourrir un monstre humain qui avait derrière la tête deux yeux, mais dont il ne voyait pas.

Signes de vitalité, et indices du moral des hommes, même par l'aspect de leurs membres.

CXIV. Je m'étonne qu'Aristote ait cru, et même qu'il ait écrit qu'on trouve dans le corps quelques pronostics de la vie. Quoique j'estime ces recherches vaines et dangereuses à publier, de peur que chacun ne cherche avec anxiété des augures en soi-même, je toucherai ce point que n'a pas dédaigné un homme aussi grand dans la science. Il établit donc comme signes d'une vie courte, les dents écartées, les doigts très-longs, la couleur plombée, et dans la main des lignes nombreuses et interrompues. Il prédit, au contraire, une longue vie à ceux qui ont les épaules voûtées, deux longues lignes dans la main, plus de trente-deux dents, les oreilles grandes. Il n'exige pas, je pense, la réunion de tous ces signes, mais un seul ; observations frivoles, à mon avis, et néanmoins généralement répandues. Chez nous, Trogus, auteur très-grave lui-même, a donné aussi des règles pour connaître les mœurs d'un homme par l'inspection de sa physionomie ; je les exposerai avec ses propres termes : « Un grand front décèle un esprit paresseux ; un petit front, la vivacité ; un front arrondi, l'emportement de la colère, comme si ce renflement était produit par l'intumescence des passions. Les sourcils qui s'étendent en ligne droite indiquent un homme efféminé ; ceux qui

tum demissa, malevolos et invidos. Oculi quibuscumque sunt longi, maleficos esse indicant. Qui carnosos a naribus angulos habent, malitiæ notam præbent. Candida pars extenta, notam impudentiæ habet : qui identidem operire solent, inconstantiæ. Auricularum magnitudo, loquacitatis et stultitiæ nota est.» Hactenus Trogus.

De anima et victu.

CXV. 53. Animæ leonis virus grave, ursi pestilens. Contacta halitu ejus nulla fera adtingit : citiusque putrescunt afflata reliquis. Hominis tantum infici natura voluit pluribus modis, et ciborum ac dentium vitiis, sed maxime senio. Dolorem sentire non poterat : tactu sensuque omni carebat, sine qua nihil sentitur. Eadem commeabat, recens assidue, exitura supremo, et sola ex omnibus superfutura. Denique hæc trahebatur e cælo. Hujus quoque tamen reperta pœna est, ut neque idipsum, quo viveret, in vita juvaret. Parthorum populis hoc præcipue, et a juventa, propter indiscretos cibos : namque et vino fœtent ora nimio. Sed sibi proceres medentur grano Assyrii mali, cujus est suavitas præcipua in esculenta addito. Elephantorum anima serpentes extrahit, cervorum urit. Diximus hominum genera, qui

descendent vers le nez, un homme austère ; fléchis vers les tempes, un railleur ; abaissés dans leur totalité, un malveillant et un envieux. Les yeux très-fendus indiquent un caractère malfaisant. Les yeux qui ont l'angle charnu du côté du nez sont une marque de méchanceté. Le blanc de l'œil fort étendu est un signe d'impudence, et le clignotement habituel un signe d'inconstance. La grandeur des oreilles dénote le babil et la sottise. » Telles sont les expressions de Trogus.

De la respiration et de la nourriture.

CXV. 53. L'haleine du lion est fétide ; celle de l'ours, pestilentielle. Nulle bête sauvage ne touche aux corps flétris de son souffle ; ils se corrompent plus vite qu'aucun autre. La nature a voulu que celle de l'homme seulement fût infectée par plusieurs causes, la corruption des alimens et des dents, mais surtout la vieillesse. Il ne pouvait donner de prise à la douleur, ce souffle impalpable, invisible, sans lequel rien n'est senti : il circule sans cesse renouvelé, il doit ne nous quitter qu'à notre dernière heure, et survivre seul à ce qui est en nous ; enfin, c'est du ciel qu'il émane. Toutefois, la nature ne l'a pas épargné, afin que le véhicule de la vie devînt pour nous un tourment. Les Parthes surtout en ressentent les effets, même dès la jeunesse, à cause de leurs ragoûts trop assaisonnés. De plus, l'excès du vin leur donne une haleine empestée ; mais les grands y remédient par les graines des pommes d'Assyrie (du citron ?), qui, mêlées aux alimens, leur communiquent une saveur

venena serpentium suctu corporibus eximerent. Quin et
subus serpentes in pabulo sunt, et aliis venenum est.
Quæ insecta appellavimus, omnia olei aspersu necan-
tur. Vultures unguento qui fugantur, alios appetunt
odores, scarabæi rosam. Quasdam serpentes scorpio
occidit. Scythæ sagittas tingunt viperina sanie, et humano sanguine : irremediabile id scelus, mortem illico
affert levi tactu.

Quæ veneno pasta ipsa non pereunt, et gustata necant.

CXVI. Quæ animalium pascerentur veneno diximus.
Quædam innocua alioqui, venenatis pasta noxia fiunt
et ipsa. Apros in Pamphylia et Ciliciæ montuosis, salamandra ab his devorata, qui edere moriuntur. Nec
est intellectus ullus in odore, vel sapore : et aqua vi-
numque interimit salamandra ibi immortua, vel si omnino biberit, unde potetur : item rana, quam rubetam
vocant. Tantum insidiarum est vitæ ! Vespæ serpente
avide vescuntur, quo alimento mortiferos ictus faciunt.
Ideoque magna differentia est victus : ut in tractu pisce
viventium Theophrastus prodit, boves quoque pisce
vesci, sed non nisi vivente.

douce et agréable. L'haleine des éléphans fait sortir les serpens de leur trou; celle des cerfs les brûle. Nous avons parlé de ces hommes qui, en suçant les plaies, tirent le venin des serpens. Bien plus, les serpens sont une nourriture pour les porcs, et un poison pour les autres animaux. Tous ceux que nous avons appelés insectes périssent par l'aspersion de l'huile. Les vautours, qui fuient les parfums, aiment les autres odeurs; les scarabées recherchent la rose. Le scorpion fait périr quelques serpens. Les Scythes trempent leurs flèches dans le venin de la vipère et le sang humain : ce poison sans remède donne la mort à l'instant, pour peu qu'on en soit effleuré.

Animaux qui mangent impunément des substances vénéneuses, et dont la chair empoisonne.

CXVI. Nous avons dit quels animaux se repaissent de poisons. Quelques-uns, innocens d'ailleurs, deviennent nuisibles en se nourrissant de substances vénéneuses. Dans la Pamphylie et les montagnes de la Cilicie, les sangliers qui ont dévoré une salamandre empoisonnent ceux qui mangent de leur chair : ni l'odeur ni le goût ne le font connaître; l'eau même et le vin où est morte une salamandre, ou seulement dont elle ait bu, tuent ceux qui en boivent. Il en est de même de la grenouille qu'on appelle rubète : tant la vie est environnée de dangers ! Les guêpes sont avides de la chair du serpent ; cet aliment rend leurs piqûres mortelles : voilà pourquoi la différence est grande entre telle et telle nourriture. Théophraste rapporte que, dans le pays des

Quibus de causis homo non concoquat. De remediis cruditatum.

CXVII. Homini cibus utilissimus simplex. Acervatio saporum pestifera, et condimento perniciosior. Difficulter autem perficiuntur omnia in cibis acria, nimia, et avide hausta : et æstate, quam hieme, difficilius : et in senecta, quam in juventa. Vomitiones homini ad hæc in remedium excogitatæ, frigidiora corpora faciunt, inimicæ oculis maxime ac dentibus.

Quemadmodum corpulentia contingat : quomodo minuatur.

CXVIII. Somno concoquere corpulentiæ, quam firmitati utilius. Ideo athletas malunt cibos ambulatione perficere. Pervigilio quidem præcipue vincuntur cibi.

54. Augescunt corpora dulcibus, atque pinguibus, et potu : minuuntur siccis et aridis, frigidisque, ac siti. Quædam animalia, et pecudes quoque in Africa, quarto die bibunt : homini non utique septimo letale est inedias durasse : at ultra undecimum plerosque certum est mori, esuriendi semper inexplebili aviditate animalium unicuique.

Ichthyophages , les bœufs se nourrissent de poisson ,
mais seulement de poisson vivant.

Causes de nos mauvaises digestions. Remèdes des crudités.

CXVII. Les alimens les plus simples profitent le plus
à l'homme. La multitude des mets est funeste par elle-
même , et plus pernicieuse encore par les assaisonne-
mens. Toute nourriture âcre ou prise en excès, et trop
avidement avalée, se digère difficilement, plus difficilement en été qu'en hiver, et dans la vieillesse que dans
la jeunesse. Les vomissemens , inventés par l'homme
comme un remède contre les indigestions, refroidissent
le corps, et sont nuisibles surtout aux yeux et aux
dents.

Comment se développe l'embonpoint ; comment on le fait diminuer.

CXVIII. La digestion pendant le sommeil donne
plus d'embonpoint que de force ; aussi veut-on que les
athlètes digèrent en se promenant. Dans l'état de veille,
l'estomac remplit mieux ses fonctions.

54. Les alimens doux et gras, et l'usage des boissons,
donnent l'embonpoint ; les substances sèches, arides,
froides, et la soif, amaigrissent. Quelques animaux , et
même les troupeaux en Afrique, boivent tous les quatre
jours. L'homme peut, sans mourir, supporter la faim
jusqu'au septième jour ; mais il est certain que la plupart
meurent après le onzième ; car la faim , dans tous les
animaux , est un besoin qui ne peut être trompé.

Quæ gustu famem sitimque sedent.

CXIX. Quædam rursus exiguo gustu famem ac sitim sedant, conservantque vires , ut butyrum , hippace , glycyrrhiza. Perniciosissimum autem in omni quidem vita , quod nimium , præcipue tamen corpori : minuique , quod gravet, quolibet modo utilius. Verum ad reliqua naturæ transeamus.

Quels objets, en petite quantité, apaisent la faim et la soif.

CXIX. D'autre part, certaines substances, prises en petite quantité, apaisent la faim et la soif, et conservent les forces : tels sont le beurre, l'hippace, la réglisse. Ce qu'il y a de plus pernicieux, c'est l'excès, et surtout l'excès de nourriture. Retrancher les superfluités nuisibles est la plus utile des recettes. Mais passons au reste de l'histoire naturelle.

NOTES

DU LIVRE ONZIÈME.

Page 2, ligne 4. *Insectorum animalium genera*. L'histoire des insectes est la partie de tout le règne animal sur laquelle les anciens ont commis le plus d'erreurs : dépourvus de microscopes, s'occupant avec trop peu de suite de ces petits êtres qu'ils méprisaient, ils ne s'étaient fait que des idées confuses de leur génération et de leurs métamorphoses, et même ce n'est guère qu'à dater de Swammerdam, c'est-à-dire vers la fin du dix-septième siècle, que l'on en a pris des notions plus justes que les leurs. Mais, quoique nous ayons sur ce livre beaucoup d'erreurs à relever, nous aurons aussi plus d'une occasion d'y admirer avec quelle justesse Aristote avait déjà indiqué les principaux traits de la conformation des insectes, et avec quelle précision il en avait fixé les règles. C'est de lui que Pline a tiré ce qu'il y a de bon dans ce livre, encore l'a-t-il plus d'une fois altéré en le copiant. Quant à la détermination des espèces, si l'on excepte les plus communes, elle nous sera presque impossible, à cause du grand nombre parmi lesquelles il faudrait faire nos choix. Le plus souvent nous serons obligés de nous borner à l'indication des genres. G. Cuvier.

I, page 2, ligne 11. *Omnia insecta appellata ab incisuris*. Dans le langage de Pline, le mot *insectes* désigne tous les animaux articulés, qui composent la plus nombreuse et la plus diversifiée des quatre grandes divisions, que les naturalistes appellent aujourd'hui les embranchemens du règne animal.

Formés sur un plan tout différent de celui des vertébrés, dont le type est dans l'homme, leur organisation a été le sujet d'une foule de fables débitées par les anciens, et adoptées par les modernes jusqu'à l'époque de Swammerdam et de Réaumur.

Les écrits de ces deux célèbres naturalistes contiennent les vrais élémens de l'anatomie des insectes. L'importance de leurs découvertes a été universellement reconnue. On s'est empressé de continuer leurs travaux, les erreurs ont été dissipées, et la vérité se montre de toutes parts. Dans le grand nombre de savans qui ont consacré leurs veilles à l'anatomie délicate, qu'il nous suffise de citer Géer, Lyonnet, Roesel, et MM. Cuvier, Savigny, Léon Dufour, Straus, Hérold, Marcel de Serres, Milne Edwards et Audouin.

M. Straus, l'auteur du plus grand ouvrage publié dans ces derniers temps, sur l'anatomie des articulés, divise tout l'embranchement en six classes, distribuées suivant l'ordre d'analogie avec les animaux supérieurs, savoir : annélides, myriapodes, insectes, crustacés, arachnides et cirrhopodes. La première classe contient tous les vers à sang rouge ; la seconde, les animaux articulés à respiration trachéenne, dont le corps est formé d'un grand nombre de segmens pédifères, vulgairement les mille-pieds ; la troisième, les hexapodes à respiration trachéenne, proprement les insectes ; la quatrième, les animaux articulés à respiration branchiale, vulgairement décapodes ; la cinquième, les animaux articulés dépourvus d'antennes, à pattes rayonnantes sur le même centre, vulgairement octopodes ; enfin la sixième, les animaux articulés dont les pattes sont converties en cirrhes (filamens articulés).

Les rapports nécessaires qui lient les embranchemens entre eux dérivent des caractères principaux qui les distinguent. L'embranchement supérieur, ou des vertébrés, est caractérisé par un corps articulé, formé de deux moitiés symétriques, et soutenu par une charpente osseuse, dont la partie centrale est composée d'une série de pièces symétriques, sur lesquelles toutes les autres parties du squelette viennent s'appuyer. Le corps des articulés est également formé de deux moitiés symétriques, et dont la parité est même plus grande que dans les vertébrés. Il est articulé et formé d'une série de pièces centrales, sur lesquelles viennent s'appuyer les autres parties ; mais il manque de squelette intérieur.

Dans l'un et l'autre embranchement, le système nerveux forme à sa partie principale une moelle épinière longitudinale, de laquelle naissent la plupart des nerfs du corps: mais ce centre nerveux offre cette différence, que chez les vertébrés il est placé le long du dos, tandis que chez les articulés il est, au contraire, situé le long du ventre.

Le système musculaire est aussi développé dans les animaux articulés que dans les vertébrés. Les muscles y présentent à peu près la même disposition et les mêmes formes; ils sont parfaitement distincts les uns des autres, comme dans le premier embranchement.

Les fonctions de la digestion et de la circulation conservent leurs appareils à la limite des deux embranchemens, et s'exercent encore à peu près, dans l'un et dans l'autre, de la même manière.

Nous observons également la respiration par les branchies dans quelque partie de ces deux embranchemens. La respiration par les trachées, chez les articulés, est opposée, et correspond à la respiration pulmonaire chez les vertébrés.

La fonction de la génération, ou reproduction, s'y exécute d'une manière analogue.

Pour ce qui concerne l'appareil de la locomotion des animaux articulés, nous le voyons formé, comme chez les vertébrés, de deux systèmes d'organes, l'un actif, ou les muscles, et l'autre passif, ou la charpente solide qui soutient le corps, mais avec des différences sensibles. Le système osseux, qui a disparu en arrivant aux derniers poissons, se trouve remplacé, chez les articulés, par les organes tégumentaires, qui en remplissent tout aussi bien les fonctions. Les muscles vont tous d'une pièce du têt à une autre; et là les tégumens deviennent entièrement les organes passifs de la locomotion, et remplacent le squelette osseux des vertébrés.

Il existe sans doute un passage naturel entre les animaux vertébrés et les articulés; mais, toutefois, les seuls rapports qui lient ces deux divisions du règne animal n'existent que dans quelques systèmes d'organes en général, et peu développés dans les genres par lesquels elles s'avoisinent, c'est-à-dire par ceux qui sont placés aux degrés les plus bas. La série des vertébrés étant arrivée, par les dégradations qu'elle a subies, à l'état le plus simple que comporte son mode d'organisation , la nature inépuisable a commencé un nouvel embranchement, celui des articulés , en introduisant successivement dans l'économie animale un nouvel ordre d'organes entièrement différens de ceux qu'elle abandonne , et modifiant considérablement ceux qu'elle conserve.

Examinant plus particulièrement l'anatomie des insectes proprement dits , M. Straus a essayé de l'assujettir aux mêmes principes que l'anatomie humaine. Il a compté et décrit deux cent quarante-six pièces dans la charpente solide du hanneton, nombre supérieur de seize paires à celui des os du squelette humain. Par la diversité des appareils et la combinaison de leurs mouvemens , il a fait voir que l'articulation de l'aile de cet insecte est un chef-d'œuvre de mécanique , dont rien n'approche dans le corps de l'homme ou dans celui d'aucun des grands animaux.

Quant au second système organique , on sait assez généralement que Lyonnet a décrit et représenté réellement plus de quatre mille muscles dans son anatomie de la chenille qui ronge le bois du saule, *phalœna cossus,* L. , aujourd'hui *cossus ligniperda.* Ce nombre a toujours paru excessif, et capable de porter la confusion dans l'étude de l'anatomie. Lyonnet a en effet compté tous les muscles qui se répètent, et , en subdivisant les faisceaux à l'infini, il semble avoir fait un organe de chaque fibre. M. Straus a mieux aimé renoncer à ce luxe de subtilité , pour se rapprocher du langage ordinaire : il n'a décrit effectivement que deux cent quatre-vingt-huit muscles dans le hanneton, et trois cent quatre-vingt-seize dans l'araignée aviculaire , sans compter les chefs , qui se réunissent en un seul.

Sous ce rapport, il faut l'avouer, notre organisation est plus compliquée ; mais on ne sera pas peu étonné, sans doute, en apprenant que la presque totalité des muscles de l'insecte est entièrement renfermée dans la tête et le thorax , qui ont si peu de longueur.

L'appareil du système digestif présente les organes masticateurs plus compliqués , chez les crustacés surtout, que chez l'homme , et un canal alimentaire extrèmement tortueux dans plusieurs espèces. On y trouve un pharynx, un œsophage, un jabot succenturié , le jabot propre , et un intestin divisé en duodénum , colon et rectum. Il est partout accompagné d'un foie simple ou multiple , avec des organes salivaires et rénaux.

Les organes génitaux existent chez tous les animaux articulés. Ils y sont souvent composés d'un plus grand nombre de glandes sécrétoires que chez les grands animaux.

La fonction de la respiration s'y opère par la voie des trachées , c'est-à-dire des milliers de canaux repliés de mille manières , qui transportent de l'orifice des stigmates à la surface du corps , dans toutes les parties de l'insecte , l'air qui sert à la régénération du sang. Chez les crustacés et plusieurs autres, cette fonction se fait par la voie des branchies , à la manière des poissons : dans la principale division des arachnides , par des poumons , comme chez l'homme.

Plusieurs physiologistes ont nié l'existence du cœur dans les insectes , parce que , désespérant de pouvoir expliquer comment il sert à la circulation du sang, ils ont cherché à lui assigner d'autres fonctions. M. Straus , suivant les dégradations de cet organe jusqu'à la classe des insectes , y démontre le cercle de la circulation, dont la principale partie est un cœur en forme de vaisseau (vaisseau dorsal).

Cet anatomiste décrit, avec la même méthode qu'on emploie dans l'anatomie humaine , tous les nerfs des insectes , dont, observant les filets jusqu'à la fibre élémentaire , Lyonnet a élevé le nombre à une incroyable quantité. Il fixe à vingt-quatre paires environ le nombre des nerfs réels qui partent de la moelle épinière et du cerveau, par une origine semblable, dans les plus grands animaux et dans ces êtres si petits , si voisins du néant, où la main du Tout-Puissant éclate avec tant de grandeur.

L'anatomie microscopique a démontré que les yeux du hanneton sont formés par la réunion de plus de dix-sept mille yeux simples, et beaucoup au delà chez plusieurs autres espèces.

Le siège des autres sens dont sont pourvus les insectes n'est pas encore bien connu aujourd'hui.

Il est vraisemblable que le sens du toucher réside dans la patte de l'insecte, comme dans la main de l'homme. Le siège de l'ouïe est peut-être aux antennes : et quant à l'odorat , M. Straus vient de découvrir à l'orifice des stigmates, toujours ouvert à l'air ambiant, un appareil en forme de caisse, qui fait croire qu'il en est le siège.

Du reste, les insectes peuvent être doués de quelque sens qui manque à l'homme, et dont par conséquent nous ne saurions avoir aucune idée.   Doé.

Page 4, ligne 2. *In culice? Culex pipiens*, L., vulgairement le cousin.   G. Cuvier.

Ligne 5. *Truculentam illam et portione maximam vocem.* Il n'est personne qui n'ait entendu les sifflemens aigus que produit le vol du cousin.   G. C.

Ligne 9. *Telum.* La trompe du cousin se compose d'un tube membraneux cylindrique, terminé par deux lèvres, et renfermant cinq soies écailleuses et pointues, produisant l'effet d'un aiguillon. Voyez-en la figure (Réaumur, *Mém. pour servir à l'hist. des insectes*, tom. v, pl. 42). Le tube suce le sang quand l'aiguillon a ouvert le vaisseau.   G. C.

Ligne 13. *Teredini.* Le *taret* (*teredo navalis*, L.). Comme on le voit liv. xvi, chap. 80. Ce n'est pas un insecte, mais un mollusque de forme allongée, qui pénètre dans les bois enfoncés sous l'eau, et s'y creuse des conduits au moyen des deux valves de sa petite coquille. Il est la perte des pieux, des vaisseaux, etc. Il a menacé l'existence de la Hollande.

Cependant Pline n'attachait pas un sens très-fixe au mot *teredo*, quoique au livre xvi, chap. 80, il dise expressément que les tarets ne sont redoutables qu'aux bois plongés dans la mer : *Hæ tantum in mari sentiuntur ; nec putant aliam proprie dici posse teredinem* : car au livre viii, chap. 74, il rapporte comme un fait surprenant qu'une prétexte, qui datait du temps de Servius Tullius, n'ait pas ressenti les injures des teredo : *Nec teredinum injurias sensisse annis* D LX. On pourrait donc croire, jusqu'à un certain point, que Pline, dans le passage qui nous occupe, a parlé de l'insecte qui perce les poutres des appartemens, et non du teredo marin, que Théophraste a décrit ainsi : Οὐ γὰρ γίνεται τερηδών, ἀλλ' ἢ ἐν τῇ θαλάττῃ. Ἔστι δὲ ἡ τερηδών τῷ μὲν μεγέθει, μικρόν. Κεφαλὴν δ' ἔχει μεγάλην καὶ ὀδόντας. (*Hist. des Plantes*, liv. v, p. 521, édit. d'Amst., 1644.)   G. C.

II, page 6, ligne 2. *Insecta multi negarunt spirare.* Les insectes respirent par des orifices nommés stigmates, percés le long des côtés de leur corps, et qui laissent pénétrer l'air dans des trachées ou vaisseaux élastiques qui, en se ramifiant à l'infini, le conduisent sur tous les points du corps. Le corps de l'insecte est en quelque sorte tout entier un poumon.　　G. Cuvier.

Ligne 9. *Vocem esse his negant.* Les différens bruits, chants, bourdonnemens que les divers insectes font entendre ne sont pas des voix proprement dites, en ce qu'ils ne sont pas produits par l'air sortant par un larynx, mais bien par le frottement ou le choc de quelques-unes de leurs parties solides les unes contre les autres. Dans les cigales, c'est un instrument particulier, à la base de l'abdomen ; dans les grillons, le frottement des cuisses contre les couvertures des ailes ; dans les cousins, le frottement de ses ailes dans l'air ; dans le cérambyx, le frottement du corselet contre l'abdomen, etc.　　G. C.

Ligne 22. *Sanguinem non esse.* Les insectes, comme tous les autres animaux, ont un fluide nourricier qui leur tient lieu de sang ; mais il est blanc, et ne circule point dans un système de vaisseaux. Il transsude de leur canal intestinal, et baigne toutes leurs parties ; cependant M. Carus a observé une certaine régularité dans ses mouvemens.　　G. C.

Ligne 24. *Sepiæ in mari sanguinis vicem atramentum.* L'encre de la sèche n'est pas du sang, mais une liqueur excrémentitielle. Ce mollusque a du sang néanmoins, et un appareil circulatoire très-complet. Ce sang est transparent et bleuâtre.　　G. C.

Page 8, ligne 1. *Purpurarum generi infector ille succus.* La pourpre est aussi une liqueur excrémentitielle, et non pas le sang du murex ; son vrai sang est transparent, comme dans tous les mollusques.　　G. C.

III, page 8, ligne 7. *Insecta..... non videntur nervos habere.* Quelque sens qu'ait ici le mot *nervi*, la proposition est inexacte. Tous les insectes ont un cerveau, une espèce de moelle épinière et des nerfs. Leur moelle est un cordon nerveux double, qui rampe le long du ventre, et a, d'intervalle en intervalle, des nœuds d'où partent les rameaux nerveux.　　G. C.

Page 8, ligne 8. *Nec pinguia.* Les insectes ne sont point dépourvus de graisse, et même dans leur premier état, celui de
larve, ils en ont une grande quantité, qui doit leur servir de
provision et d'aliment pendant qu'ils seront à l'état de chrysalide.   G. CUVIER.

Ligne 9. *Nec carnes.* Les insectes ont de la chair, c'est-à-dire
des muscles pour leurs mouvemens, comme les animaux supérieurs ; il suffit pour s'en convaincre d'ouvrir le corselet d'un
scarabée ou les cuisses d'une sauterelle. Cette chair est fibreuse
comme toute autre, mais sa couleur est blanche comme celle de
leur sang.   G. C.

Ligne 11. *Corpus... siccius.... quam durius. Et hoc solum his est.*
Pline ne décrit là que l'enveloppe membraneuse ou cornée qui
tient lieu à la fois, aux insectes, de peau et de squelette ; mais
cette enveloppe contient à l'intérieur des viscères, des trachées,
des nerfs, en un mot, une organisation très-compliquée et très-
admirable. Voyez le Traité de Lyonnet sur la chenille du bois de
saule, et celui de M. Straus sur le hanneton.   G. C.

IV, page 10, ligne 1. *De apibus.* L'économie des abeilles est
décrite ici avec plus d'éloquence que d'exactitude. N'ayant pu les
observer qu'au travers de ruches de cornes, et n'y ayant pas
mis une grande suite, les anciens ont laissé échapper plusieurs
faits ; ce qui est d'autant plus excusable, que la patience des
modernes n'est même parvenue à en découvrir quelques-uns
que dans ces dernières années, Schirach et Huber ayant ajouté
beaucoup à ce que Réaumur avait constaté.   G. C.

VI, page 14, ligne 2. *Commosin... pissoceron... propolin.* Quelques manuscrits portent *commisin ;* l'édition de Parme offre le
diminutif *mityn.* Dans Aristote, chez qui Pline a emprunté presque tout ce qu'il dit des abeilles, on lit (*Hist. des anim.*, liv. IX,
chap. 64) Κώνυσις ; mais dans Hésychius (*Lexicon*, p. 546) on
trouve Κόμμωσις..... ὑπὸ τῶν μελισσουργῶν ἡ τοῦ σμήνους διά-
κρισις. Aristote (*Ibidem.*) parle aussi du mitys, qui est comme
un sédiment noir et d'odeur forte, dont les abeilles se servent
pour garnir l'ouverture de leur ruche, usage à peu près sem-

blable à celui du commosis ou *κωνυσις*, qui signifie matière gommeuse, en latin *gummitatio*. Aristote parle comme Pline du *πισσόκηρος* (poix-cire), dont Virgile a dit (*Géorg.*, IV, v. 40):

> .... Collectumque hæc ipsa ad munera gluten
> Et visco et Phrygiæ servant pice lentius Idæ ;

mais il cite en outre (*Hist. des anim.*, liv. V, ch. 22) la *κηρωσις*, que Camus traduit par *propolis*. Pline réduit donc à trois le nombre des enduits dont les abeilles recouvrent l'intérieur des ruches, et qu'Aristote portait à quatre.

Selon Réaumur (*Mém. pour servir à l'hist. des insectes*, V, p. 437), ces substances ne sont que diverses variétés de la propolis, matière gommeuse différente de la cire, et que les abeilles emploient à boucher les fissures de leurs ruches. Elle est de différentes couleurs et de différentes consistances.   G. Cuvier.

VII, page 14, ligne 13. *Erithace.... sandaracam.... cerinthum...* *apium, dum operantur, cibus.* Ce sont différens mélanges de pollen des fleurs dont les abeilles se nourrissent.   G. C.

Varron (*De re Rustica*, lib. III, cap. 16) et Aristote (*Hist. des anim.*, liv. V, ch. 19 ; et liv. IX, ch. 64) parlent de l'érithaque. Ce dernier dit que les abeilles portent la cire et l'érithaque avec leurs cuisses. Aristote (liv. IX, ch. 64) dit que la sandaraque approche de la cire pour la dureté, et que le cérinthe qui est un des alimens de l'abeille, est d'une qualité inférieure au miel. Hésychius (*Lexic.*, p. 525) regarde comme une seule matière l'érithaque et le cérinthe : Κήρινθος, dit-il, ἢ λεγομένη ἐριθάκη. ἐστὶ δὲ τροφὴ ἣν παρατίθενται ἑαυταῖς αἱ μέλισσαι.

VIII, page 16, ligne 2. *Ceras ex omnium arborum satorumque floribus confingunt.* Suivant les découvertes de M. Huber fils, la cire se sécrète dans des poches de la face interne des derniers anneaux inférieurs de l'abdomen de l'abeille, et en sort en forme de lames : c'est une élaboration du miel que l'abeille a digéré.
G. C.

X, page 18, ligne 9. *Quibus est earum adolescentia, ad opera exeunt, et supradicta convehunt : seniores intus operantur.* M. Huber

a découvert qu'il y a deux classes d'abeilles neutres : les ouvrières, qui vont au dehors chercher des matériaux et les mettent
en œuvre : et les nourricières , qui sont plus petites , et demeurent dans la ruche pour prendre soin des larves. G. CUVIER.

Page 18, ligne 16. *Aliæ cibum comparant ex eo , quod adlatum
est.* Le miel sucé dans le fond de la corolle des fleurs , et déposé
dans le premier estomac de l'abeille, y subit une préparation, après
quoi il est versé dans la cellule qui doit le recevoir.   G. C.

Page 22 , ligne 1. *Domos.... plebei.... regibus.... fucis.* Les trois
sortes de loges sont nécessaires, et ne dépendent pas du plus ou
moins d'abondance.

Ce que Pline nomme *plebs* consiste dans les abeilles ouvrières
ou neutres , qui constituent la grande masse de la population ,
et qui ne sont que des femelles dont le sexe ne s'est pas développé , faute de la nourriture nécessaire pour cela, qui ne se
donne qu'aux individus destinés à devenir des reines.

Ces *reges* ou ces *rois* devraient plutôt être appelés *reines*. Ce
sont les femelles dont les larves ont été élevées dans des cellules d'une forme et d'une grandeur particulières , et dont une
nourriture plus abondante et plus délicate a développé les organes sexuels. Elles sont destinées à reproduire l'espèce. Il ne
doit y en avoir qu'une par ruche. Celles qui éclosent ensuite
sont mises à mort, ou deviennent les chefs des essaims destinés
à peupler de nouvelles ruches.

Les *fuci* sont les mâles qui doivent féconder la femelle ou la
reine de la ruche.   G. C.

XI , page 22 , ligne 6. *Fuci , sine aculeo.* Il est vrai que l'aiguillon est propre aux femelles et aux neutres , c'est-à-dire aux
ouvrières ; mais les *fuci* ne sont pas pour cela des abeilles imparfaites , ce sont les mâles de l'espèce , comme nous venons
de le dire.   G. C.

Ligne 9. *Tardantes sine clementia puniunt.... Quum mella cœperunt maturescere . abigunt.* Les *fuci* ne travaillent point, si ce
n'est à la fécondation des reines. Vers l'automne , quand cette
fécondation est consommée, les ouvrières les chassent , et ils périssent misérablement.   G. C.

15.

Page 22 , ligne 12. *Quo major eorum fuit multitudo , hoc major fiet examinum proventus.* On voit que les anciens s'étaient aperçus de quelque influence de la part des *fuci* sur la multiplication de l'espèce. G. CUVIER.

XII , page 24 , ligne 2. *Regias.* La cellule qui doit contenir la larve d'une future reine est toute différente des autres, bien plus grande, en forme d'ampoule suspendue sur le côté du rayon, et souvent au bas de ce rayon, comme une stalactite. Les abeilles fournissent à cette larve une nourriture plus abondante et plus substantielle. G. C.

Ligne 5. *Sexangulæ omnes cellæ , singulorum eæ pedum opere.* Le rapport du nombre des pans des cellules avec celui des pieds des abeilles est purement accidentel. Les abeilles les construisent principalement avec les mâchoires. Leur figure hexangulaire est la plus convenable pour perdre moins d'espace et moins de cire. Il en est de même des trois rhombes qui forment le fond de la cellule ; et même Kœnig et Cramer ont prouvé, par le calcul des *maxima* et *minima* , que l'inclinaison de ces rhombes est telle qu'il fallait pour arriver au *maximum* d'économie et de place.

G. C.

Ligne 9. *Venit hoc ex aere.* La matière première du miel est une excrétion du fond du calice ou de la corolle des fleurs. Les abeilles vont l'y recueillir au moyen d'une trompe déliée. G. C.

XVI , page 34 , ligne 11. *Apium enim coitus visus est numquam.* La reine des abeilles s'accouple dans le haut des airs, au commencement de l'été , et rentre dans la ruche pour y pondre. Une seule fécondation suffit pour les œufs innombrables qu'elle ne cesse de déposer dans les cellules pendant tout l'été , et même , à ce qu'on croit, pendant les années suivantes. Les abeilles ouvrières , n'ayant point le sexe développé , ne s'accouplent jamais. G. C.

Ligne 14. *Hunc esse solum marem.* C'est au contraire la seule femelle. G. C.

Page 36 , ligne 2. *Oestrus vocatur hoc malum.* Il paraît que ceux dont Pline emprunte cette observation ont voulu parler

des *fuci*, ou des mâles dont ils ne connaissaient pas bien la nature.   G. CUVIER.

Page 36, ligne 4. *Gallinarum modo incubant.* Les abeilles
prennent soin de loger les œufs, mais ne les couvent pas préci-
sément.   G. C.

Quod exclusum est, primum vermiculus. C'est le premier état
de l'insecte, la larve.   G. C.

Ligne 7. *Rex..... statim penniger.* Cela n'est point exact : la
reine commence par être une larve, ainsi que toutes les autres
abeilles, et même c'est une larve d'abeille ouvrière qui, choisie,
placée dans une cellule plus grande, et nourrie autrement, développe son sexe et devient reine.   G. C.

Ligne 9. *Nymphæ.* Les nymphes ou chrysalides sont l'état intermédiaire entre celui de larve et l'état parfait. Le plus grand
nombre des insectes, quand il est dans cet état, perd toute mobilité. La reine des abeilles est obligée d'y passer comme ses
sujets.   G. C.

Ligne 15. *Ruptis membranis, quæ singulos cingunt.* La nymphe
a les mêmes membres que l'insecte parfait, aux ailes près, qui
ne sont pas encore développées ; mais ces membres sont repliés
et enveloppés d'une membrane que l'insecte déchire pour se montrer au dehors.   G. C.

Ligne 23. *Regemque juvenem æqualis turba comitatur.* Chaque
essaim est conduit par une reine, mais souvent c'est l'ancienne
reine de la ruche qui part avec lui. Quand deux reines s'y
trouvent, l'essaim se partage. Quelquefois l'une des deux divisions, se trouvant trop petite, abandonne la reine qu'elle avait
suivie, pour se joindre à l'autre.   G. C.

Page 38, ligne 2. *Deterrimos necant.* Ce ne sont pas les
abeilles neutres qui tuent les reines surnuméraires, mais les
reines elles-mêmes, lorsqu'il en éclôt dans une ruche plusieurs
à la fois. Elles se livrent des combats à outrance. La première
reine éclose va même détruire dans leurs cellules celles qui ne
le sont pas encore. Si l'on introduit dans une ruche une reine
étrangère, la reine régnante se jette sur elle ; mais si, après
avoir privé les abeilles de leur reine, on attend vingt-quatre

heures pour leur en donner une autre, elles l'accueillent bien.
(*Voyez* HUBER, *Observ.*, I, p. 169 et suiv.)   G. CUVIER.

Page 38, ligne 4. *Forma.... quam ceteris major, pennæ breviores.*
La reine des abeilles est plus grande que les mâles et que les neutres ;
et son abdomen, qui est rempli d'œufs, est plus long à proportion, ce qui fait paraître ses ailes plus courtes.   G. C.

Ligne 8. Il y a quelques additions d'imagination dans cette
description des fonctions de la reine ; mais, au total, elle est
exacte.   G. C.

XVII, page 38, ligne 15. *An dederit eum quidem natura.* La
reine des abeilles a un aiguillon comme les abeilles neutres,
mais elle s'en sert plus rarement, et paraît en tout d'un naturel
plus tranquille.   G. C.

XVIII, page 42, ligne 15. *Ex aliis..... sæpe dimicant causis.*
Ces combats ont été décrits par plusieurs observateurs, surtout
par Réaumur (tome IV). La plupart ont pour but de repousser
des essaims étrangers, qui veulent se loger dans des ruches déjà
habitées. On voit aussi des luttes acharnées entre les individus.   G. C.

XIX, page 44, ligne 12. *Ad unum ictum hoc infixo, etc.* L'aiguillon de l'abeille, ayant des dentelures recourbées en arrière,
est souvent retenu dans la piqûre qu'il a faite, et alors l'insecte
périt, parce qu'il est déchiré. Il ne se change point en fucus.
Nous avons dit que le fucus n'est que l'abeille mâle.   G. C.

Ligne 17. *Est in exemplis, equos ab iis occisos.* On vient de
publier récemment encore, dans les journaux, qu'un essaim d'a-
beilles, en se jetant avec fureur sur des chevaux et sur des
hommes, les a fait périr.   G. C.

Ligne 21. *Naturæ ejusdem degeneres vespæ, atque crabrones.*
Les guêpes et les frelons sont des insectes cruels, de la même
classe que les abeilles, mais non pas des dégénérations de leur
espèce. Il est très-vrai qu'ils leur livrent une guerre acharnée.
    G. C.

XX, page 46, ligne 16. *Rege... consumpto mœret plebs.* La pré-

sence de la reine est le stimulant nécessaire de l'activité des
neutres. La reine morte ou enlevée, toute la ruche se disperse
bientôt, à moins qu'on ne la ferme lorsque déjà il y a des larves
écloses. Les abeilles alors choisissent une de ces larves, lui construisent une cellule royale, et lui donnent la nourriture nécessaire pour développer son sexe et en faire une reine.

G. CUVIER.

Page 48, ligne 4. *Cleron vocant.* Claros est, comme on voit,
un nom de maladie. Linnæus en a fait le nom d'un insecte dont
la larve pénètre dans les rayons, et attaque les larves des abeilles.   G. C.

XXI, page 48, ligne 10. *Papilio*, *etc.* C'est la teigne des
ruches, dont la chenille creuse dans la cire des canaux qui traversent les rayons, et s'y tisse une enveloppe de soie avant de
se métamorphoser. Il y en a deux espèces (*phalœna tinea mello-
nella*, L., et *phalœna tortrix Cereana*, L.).   G. C.

Ligne 17. *Oleo quidem non apes tantum, sed omnia insecta
exanimantur.* L'huile tue tous les insectes, en bouchant leurs
stigmates et en les empêchant de respirer.   G. C.

XXII, page 50, ligne 11. *Vita eis...... septenis annis universa.
Alvos numquam ultra decem annos durasse.* Il est fort douteux que
les abeilles vivent aussi long-temps, et l'on a réussi à conserver
des ruches trente ans et au delà.   G. C.

XXIII, page 50, ligne 18. Il n'est pas nécessaire de dire
que, malgré l'autorité de Virgile, ce chapitre entier est fabuleux.   G. C.

XXIV, page 52, ligne 6. *Vespœ... crabrones.* Les guêpes construisent souvent sous des toits, mais il y en a aussi qui construisent sous terre. Les frelons construisent souvent dans des
creux d'arbre.   G. C.

Ligne 8. *Sexangulæ cellœ.* Elles sont en effet en prisme hexa-
gone, mais leur fond n'est pas, comme celui des abeilles, en
pyramide trièdre.   G. C.

Cera autem corticea et araneosa. La matière des ruches de

guêpes et des frelons n'est pas de la cire, mais les fibres du bois ou de l'écorce des plantes.   G. CUVIER.

Page 52, ligne 9. *Fetus ipse inæqualis.* On trouve en effet dans les guêpiers des petits en différens états, mais cela a lieu aussi dans les ruches.   G. C.

Ligne 12. *Vespæ, quæ ichneumones, etc.* L'auteur décrit ici l'industrie d'un genre d'insectes appelés *sphex* par Linnæus, qui enterrent avec leurs œufs des insectes qu'ils ont blessés, et qui doivent servir de pâture à leurs larves quand elles seront écloses.

          G. C.

Page 54, ligne 2. *Opifices..... matres.* Ceci est encore très-bien observé. Une guêpe femelle pleine, échappée de l'hiver, commence son nid; elle y pond des œufs dont les produits sont des individus neutres et plus petits, qui l'aident à l'agrandir: pendant tout l'été il n'en naît pas d'autres. Ce n'est qu'en au-tomne qu'il se produit des mâles et des femelles, et quelques-unes de ces dernières seulement perpétuent l'espèce au printemps suivant.   G. C.

Ligne 4. *Ii et clementes.* Ce ne sont pas les femelles, mais les mâles, qui manquent d'aiguillons.   G. C.

Ligne 11. *Nec crabronum autem, nec vesparum generi reges.* La société des guêpes n'est point monarchique. Il y a plusieurs mâles et plusieurs femelles à la fois.   G. C.

XXV, page 54, ligne 15. *Quartum inter hæc genus est.* Cette phrase annonce qu'il va parler encore d'insectes de la famille des abeilles et des guêpes, ou, comme on les nomme, d'hy-ménoptères.   G. C.

Bombycum, in Assyria proveniens.... Nidos luto fingunt, salis.... adplicatos lapidi... In iis et ceras, etc. Dans ce peu de mots, Pline décrit fort bien l'industrie des abeilles mâçonnes, qui construi-sent leur nid contre un mur, en terre et en sable bien masti-qué, lequel ne contient que quelques cellules ovales bien plus grandes que celles des abeilles communes, et dont chacune con-tient une larve avec sa provision d'alimens. Aristote raconte à peu près les mêmes faits (liv. v, ch. 24), mais il ne les trans-porte point en Assyrie.   G. C.

XXVI, page 56, ligne 2. *Et alia horum origo , etc.* Dans cet endroit, emprunté aussi d'Aristote (liv. v, ch. 19), Pline décrit un animal d'un tout autre genre que le précédent, un véritable ver à soie, d'abord chenille, puis chrysalide, et enfin papillon ; mais il y a quelque confusion, puisque c'est à sa première forme, à celle de ver, qu'il attribue des cornes, c'est-à-dire des antennes, qui n'appartiennent qu'au papillon. Il multiplie aussi les formes au delà du vrai, car il n'y en a que trois comme dans tous les insectes. Quoi qu'il en soit, ce passage nous apprend que, dès avant Aristote, on filait dans la Grèce la soie d'une chenille pour en faire des étoffes.

G. CUVIER.

XXVII, page 56, ligne 11. *Bombycas et in Co, etc.* Ce chapitre prouve encore que l'on tirait parti de la soie des chenilles de la Grèce, et même, à ce qu'il paraît, de celles de quatre arbres différens, le chêne, le frêne, le cyprès et le térébinthe. Quelque obscurité qu'il y ait dans la description de ces insectes et de leurs métamorphoses, on ne peut douter que ce ne fussent des chenilles. Aujourd'hui celle du mûrier blanc, apportée à Constantinople du temps de Justinien, a fait négliger toutes les autres, parce que sa soie est plus belle, plus facile à dévider, et que l'on peut en recueillir une plus grande quantité. C'est peut-être celle-là dont Pline dit, à la fin du chapitre, qu'on laisse encore le bombyx d'Assyrie aux femmes.

G. C.

XXVIII, page 58, ligne 14. *Luporum.* Les araignées-loups, qui chassent aux mouches en courant ou sautant après elles, et ne font de toile que pour envelopper leurs œufs, qu'elles portent avec elles.

G. C.

Ligne 20. *Quædam intus lanigera fertilitas.* Pline a soupçonné la vérité. Les modernes ont découvert et décrit, dans les plus petits détails, l'appareil dont la nature a pourvu l'araignée pour fabriquer sa toile ; Roesel, surtout, en a donné de très-bonnes figures.

J'emprunte au naturaliste français Olivier la description qu'il en a faite (*Encycl. méthod.* in-4°., *Insectes*, tom. 1), d'après Réaumur :

« Toutes les espèces d'araignées, tant le mâle que la femelle, ont, pour la fabrication de leur toile, un appareil fort compliqué, que la nature a départi à elles seules. A la partie postérieure du corps, près de l'anus, on voit quatre mamelons qui se meuvent dans tous les sens, plus ou moins apparens suivant les espèces, beaucoup plus gros et plus saillans dans les araignées fileuses que dans les chasseuses. L'extrémité de ces mamelons est arrondie : vue au microscope, elle paraît criblée de petits trous, à peu près comme la tête d'un arrosoir. Dans les araignées de la première famille, elle est hérissée d'une infinité de petites parties allongées, de figure conique, percées, chacune à leur extrémité, d'un très-petit trou. Ce sont là les filières d'où sort cette prodigieuse quantité de fils très-fins et très-déliés dont l'ensemble, qui va quelquefois au delà de mille, ne forme cependant qu'un fil encore très-mince et très-fin.

« Les réservoirs de la matière à soie, qui se trouvent dans l'intérieur du corps, sont au nombre de six grands et deux petits ; les premiers, en forme d'intestins, placés les uns à côté des autres, et recourbés six ou sept fois dans l'espace qui s'étend entre l'origine du ventre et les mamelons, où ils aboutissent. Ils sont presque de grosseur égale dans toute leur étendue ; mais, vers les mamelons, ils se terminent en un filet très-mince. A la base de ces six réservoirs sont les deux petits, de la figure d'une larme de verre, et placés, un de chaque côté, sur une ligne oblique. Ces deux petits réservoirs communiquent avec les grands par des branches qui se recourbent un grand nombre de fois, et forment ensuite un lacis inextricable. Il paraît que c'est dans les deux réservoirs en forme de larmes que se ramasse et se prépare d'abord la matière visqueuse qui doit fournir la soie ; les autres ne sont destinés qu'à la contenir ou à lui faire subir un dernier degré de perfection.

« Les toiles des araignées n'ont pas toutes la même figure ni la même solidité, quoiqu'elles soient également propres à arrêter les insectes qui s'y laissent prendre. Les unes sont une espèce de filet très-lâche, d'une figure spirale régulière ; quelques autres ne sont composées que de fils tendus dans tous les sens et sans aucun ordre apparent ; d'autres enfin ressemblent à

une espèce de tapis, d'un tissu serré, étendu sur un plan vertical.

« Les toiles du premier genre appartiennent aux araignées appelées tendeuses, et dont le travail est le plus industrieux. Elles
tendent leurs toiles verticalement entre les rameaux des arbres,
et quelquefois au dessus d'un fossé ou d'un ruisseau. Pour expliquer comment elles parvenaient à attacher leurs fils de l'un à
l'autre bord, Lister a prétendu qu'elles les lançaient par une
sorte d'éjaculation, à peu près, dit-il, comme les porcs-épics
lancent leurs piquans, avec cette différence cependant que les
piquans du porc-épic se détachent entièrement de son corps,
tandis que les fils de l'araignée, quoique poussés au loin, restent
attachés au corps de l'animal. Mais la chose ne se passe pas ainsi :
et le vent, ou l'agitation de l'air, auquel l'araignée confie ses
fils, en est le principal agent. L'araignée, ayant tiré de ses mamelons un fil plus ou moins long, suivant la distance qu'il y a
d'une branche à l'autre, ou suivant la largeur du fossé, laisse
flotter au gré du vent son fil, qui ne tarde pas à se coller contre
quelque branche par son gluten naturel. L'araignée le tire à
elle de temps en temps, pour reconnaître s'il est attaché quelque
part : elle bande alors ce fil, et elle le fixe à l'endroit où elle se
trouve. Elle répète la même opération lorsqu'elle a besoin d'en
tendre un autre un peu plus bas, après quoi elle passe à l'autre
bord, par le moyen de ces fils, qu'elle attache alors aux endroits
qui lui paraissent les plus convenables, et qu'elle double et triple
pour leur donner plus de solidité. Lorsqu'elle a ainsi tendu deux
fils parallèlement, l'araignée achève sans peine l'artifice délicat
décrit avec tant de perfection par le naturaliste romain. »

Les toiles du deuxième genre, exécutées par les araignées
nommées filandières, ne présentent aucune difficulté, et je les
passe sous silence.

Homberg (*Mém. de l'Acad. des sciences*, ann. 1707, p. 343)
a décrit la manière dont les araignées dites tapissières, parmi
lesquelles est l'araignée domestique, ourdissent leurs toiles,
qu'on a comparées à des tapis. C'est principalement en arrêtant
et fixant leurs fils, par le moyen de la matière visqueuse, aux
parois des murs qui font l'angle. Cette matière est bien abon-

dante dans la nature, puisque les corps désignés sous le nom de fils de la Vierge sont aussi des toiles d'araignées. Dog.

XXIX, page 62, ligne 8. *Aranei conveniunt clunibus.* La génération de l'araignée ne ressemble point à ce qui a lieu dans les autres parties du règne animal.

L'observation attentive a démontré que, dans cette espèce, le mâle féconde la femelle à l'aide des palpes qu'il introduit dans la vulve de la femelle, située sous la partie antérieure de l'abdomen.

Au dernier article des deux palpes se trouve une grosse pièce terminale en forme de massue, cornée chez quelques-uns, spongieuse chez d'autres, et qui manque aux palpes de la femelle.

Quoique les organes mâles soient doubles, il n'y a qu'une vulve, qui conduit à deux ovaires par autant de conduits tubuleux plus ou moins rapprochés.

Dans la copulation, l'introduction des deux pénis est alternative, et se fait d'une manière si instantanée, qu'elle ressemble à un simple contact : tant est grande la frayeur du mâle à l'approche de la femelle !

M. Straus reconnaît, dans ses *Considérations générales,* la vérité de tous ces points, établie déjà par ses devanciers. Il reste encore à découvrir les testicules et les vaisseaux séminifères de l'araignée, sur laquelle il a entrepris un travail considérable. Puissent ses occupations lui permettre de nous faire bientôt part de cette découverte !

Il est peu de naturalistes, dans les temps anciens et modernes, qui ne se soient occupés de l'araignée. Lesser, dans sa *Théologie des insectes,* s'étend sur la génération des araignées. Clerck, naturaliste suédois du commencement du dix-huitième siècle, est regardé comme le premier qui ait reconnu les palpes pour organes sexuels mâles. Frich, naturaliste allemand, a aperçu la vulve. Lister et De Géer décrivent ces parties. Ce dernier auteur, Réaumur et Lyonnet (notes sur la *Théologie des insectes*) décrivent aussi l'accouplement des araignées. Olivier (*Encyclop. méthod.*) dit que les mâles, pour s'accoupler, font sortir un corps blanc de leurs palpes. M. Latreille appelle gaîne des organes

mâles ce que Fabricius et Olivier avaient décrit sous le nom de
lèvre inférieure. Il est vrai que Tréviranus, dans ces derniers
temps, a prétendu que les organes mâles occupent une place
correspondante à celle de la vulve ; mais M. Cuvier, dans la
dernière édition du *Règne animal*, rend aux palpes la fonction
que leur avaient assignée tant d'observateurs ; et M. Straus, dont
tous les savans connaissent l'habileté dans l'anatomie microscopique, soutient cette doctrine.   DOÉ.

XXX, page 64, ligne 2. *Scorpiones.... vermiculos ovorum specie
pariunt.* Les scorpions font des petits vivans ; mais ils sortent
blancs de leur corps, les queues et les pieds rapprochés en une
masse ovale, ce qui a pu les faire prendre pour des vers.

G. CUVIER.

Ligne 4. *Veneni serpentium*, etc. La piqûre du scorpion commun d'Europe n'est pas d'ordinaire très-dangereuse ; cependant
il y en a dans le Midi une espèce rougeâtre qui fait plus de mal.
Ce n'est guère que dans les pays chauds qu'habitent des espèces
dont le venin soit mortel. Mais il faut se souvenir que l'Afrique,
l'Égypte et la Syrie sont du nombre des pays sur lesquels avaient
écrit les auteurs que Pline consulte.   G. C.

Ligne. 10. *Venenum ab iis candidum.* Suivant les naturalistes
modernes qui ont publié l'anatomie du scorpion, et parmi lesquels je me contenterai de citer MM. Marcel de Serres, Léon
Dufour et Straus, l'organe destiné à sécréter l'humeur véné-
neuse, revêtu extérieurement d'une membrane assez épaisse,
occupe le dernier article de la queue, à la base de l'aiguillon.
Il est composé intérieurement de deux glandes jaunâtres, très-
adhérentes à la substance cornée, et se prolongeant par un
canal jusqu'à l'extrémité de l'aiguillon, élargi vers sa base en
une sorte de réservoir pour l'humeur sécrétée par les glandes.
Elles sont composées d'une infinité de glandules arrondies,
très-serrées les unes contre les autres, et communiquant ensemble. Il en résulte un conduit excréteur, qui a son issue à
l'extérieur par l'aiguillon ; mais les vaisseaux qui apportent à la
glande les sucs nécessaires ne sont pas encore connus.   DOÉ.

Ligne 15. *Coitum iis tribuit.* Les scorpions s'accouplent en effet.

Les mâles ont deux verges et les femelles deux vulves, **placées** sous le thorax, près des peignes. Les mâles sont en général plus grêles.   G. CUVIER.

Page 64, ligne 19. *Pluribus enim sena.* C'est, en effet, le nombre général des nœuds de la queue. Il n'y en a sept que par une exception rare, mais qui ne paraît pas devoir influer sur la force du venin.   G. C.

Ligne 21. *Quibusdam inesse pennas.* Il n'y a point de scorpions ailés ; peut-être Apollodore a-t-il voulu parler des *panorpes* ou *mouches-scorpions*, insectes à quatre ailes, dont l'abdomen s'allonge et se termine en une espèce de pince qui imite un peu l'aiguillon de la queue du scorpion. Il est surtout probable que c'est à ces panorpes qu'on doit appliquer ce que Pline dit plus loin : *Visuntur tamen aliquando in Italia, sed innocui.*   G. C.

XXXI, page 68, ligne 2. *Stelliones.* Le stellio des Latins est l'*ascalabos* et l'*ascalabotes* des Grecs, le lézard dans lequel Ascalabus fut changé par Cérès. Nicandre (*Theriac*, v. 483) et Antoninus Liberalis (chap. 24) l'appellent *ascalabos ;* et Ovide (*Métam.*, liv. v, v. 450 et suiv.), rappelant la même fable, indique son nom latin de *stellio :*

> . . . . Aptumque colori
> Nomen habet variis stellatus corpora guttis.

Pline (liv. xxix, ch. 4) dit que le *stellio* est appelé par les Grecs *ascalabotes, galeotes* et *colotes ;* et cependant il annonce que ce stellion des Grecs est différent de celui d'Italie : *In Italia non nascitur ; est enim hic plenus lentigine, stridore acerbo, et vescitur, quæ omnia a nostris stellionibus aliena sunt.* Il a agi conformément à cette synonymie ; car, dans les passages qu'il traduit d'Aristote ou de Théophraste, il rend *galeotes* par *stellio*, tout comme *ascalabotes*. Ainsi, dans le chapitre actuel, ce qu'il dit, que le stellion vit d'araignée, est attribué à l'*ascalabotes* par Aristote (liv. ix, ch. 1) ; mais la précaution qu'a le stellion de dévorer sa peau quand il en change, de peur qu'elle ne soit utile aux épileptiques, que Pline rapporte (liv. viii, ch. 31, et liv. xxx, ch. 10), est prise de passages d'Aristote (*Hist.*, liv. VIII , ch. 15, 17, 29 ; liv. IV , ch. 11 ; liv. IX, ch. 1 , 9) et de Théophraste (*de Anim. invid.*), qui tous les deux nomment l'animal dont il s'agit *galeotes.*

Au reste, il n'y a pas de doute que le *stellio* ne soit l'espèce de *gecko* commune en Italie, et que l'on y nomme *tarentola*, la *tarente* de Provence, ou le *geckotte* de Lacépède ; il est dans Gmelin, sous les noms de *lacerta Mauritanica* et *lacerta Turcica.* En effet, cet animal a quelque rapport avec le caméléon : il mange des araignées (PLINE , liv. XI , ch. 26) ; il a sur le dos des tubercules rangés avec ordre, que l'on peut avoir comparés à des étoiles (OVIDE, *Métam.*, liv. V, v. 450) ; il se tient dans les coins des murailles , des portes, dans les caves, les sépulcres (PLINE , liv. XXX, ch. 10), et il est d'une forme assez étrange et assez déplaisante pour qu'on ait pu lui attribuer les propriétés singulières ou malfaisantes dont Pline parle en plusieurs endroits (liv. VIII , ch. 31 ; liv. XI , ch. 25 ; liv. XXIX , ch. 4 ; liv. XXX , ch. 10 , etc.); il a surtout celle de marcher sous les plafonds , sous les branches (en s'y cramponnant), que le livre *de Mirabil. auscult.*, cap. 12 , attribue à l'*ascalabotes.* La même habitude est attribuée par Aristophane (*Nub.*, v. 170) et par Plutarque (*de Fac. in luna*) au *galeotes ;* et c'est, avec la remarque du scoliaste d'Aristophane sur ce vers , le seul appui que nous trouvions à l'assertion de Pline sur le sens de ce nom, car ni Aristote ni Théophraste ne disent que leur *galeotes* soit le même que leur *ascalabotes.* Quant au *colotes*, il est presque certain qu'il en est différent , puisque Aristote le nomme à peu de ligne de distance (*Hist.*, liv. IX , ch. 1). Aristote dit à cet endroit que la morsure de l'*ascalabotes* est mortelle en quelques cantons de l'Italie ; le livre *de Mirabil. auscult.*, cap. 160, dit la même chose de ceux de Sicile, mais qu'en Grèce cette morsure est faible. Pline au contraire (liv. VIII , ch. 49) dit qu'ils sont mortels en Grèce, et innocens en Sicile.

Il importe assez peu d'expliquer ces contradictions ; car, ce qui est certain, c'est que le venin du gecko n'est pas plus réel que celui de la salamandre ; il ne pourrait mordre un peu profondément. Quand il marche sur la peau , il fait venir des am—

poules, mais c'est probablement en la piquant avec ses ongles, qui sont excessivement déliés.

G. C.

XXXII, page 68, ligne 6. *Cicadis.* Ce chapitre est emprunté d'Aristote, mais avec des modifications moins intelligibles que l'auteur primitif.

Selon Aristote (*Hist.*, liv. v, ch. 30), il y a de grandes cigales nommées *achetœ*, qui viennent les dernières, disparaissent les premières ; et d'autres plus petites, nommées *tettigonies*, qui paraissent plus tôt et disparaissent plus tard.

Il ajoute que les grandes chantent, que les petites sont muettes, c'est-à-dire, comme il l'explique plus bas, chantent seulement quelque peu ; que, dans l'une et l'autre espèce, celles qui chantent ont une incision sous la ceinture ; que ce sont les mâles seuls qui ont cette faculté ; que les femelles ont un organe avec lequel elles déposent leurs œufs dans la terre ou les tiges des roseaux, et autres branches mortes, et qu'il en vient d'abord un petit ver, et ensuite ce que l'on nomme *tettigometra,* ou mère de la cigale, c'est-à-dire la larve et la nymphe ; qu'au lieu de bouche, elles ont une sorte de langue, au moyen de laquelle elles pompent la rosée.

Presque toutes ces observations sont d'une justesse parfaite, et s'appliquent bien à nos cigales du midi de l'Europe, *cic. plebeia*, L. ; *cic. orni*, L. ; *cic. hœmatodes*, L., si ce n'est que c'est cette dernière espèce qui est la plus petite, et cependant qui chante sur le ton le plus aigu, et avec le moins d'interruption : elle se tient surtout dans les vignes. Mais peut-être Aristote n'a-t-il voulu parler que des deux premières, qui vivent sur les arbres, et dont le *cic. plebeia*, qui est la plus grande, a le chant plus aigu ; le *cic. orni*, qui est moindre, l'a plus rauque. Peut-être aussi pourrait-on croire que, par ces petites cigales qui ne chantent point, il n'a entendu parler que des cicadelles, ou de ces petits insectes de la famille des cigales, que nous trouvons jusque dans notre nord ; mais cela me paraît moins probable.

G. C.

Ligne 14. *Asperitas.* La femelle a un organe assez compliqué, au moyen duquel elle perce, non pas la terre comme les sauterelles , mais les branches mortes , pour y déposer ses œufs.   G. Cuvier.

Page 68 , ligne 20. *Linguis simile...... in pectore , quo rorem lambunt.* La trompe des cigales semble partir de la poitrine , tant elle est attachée sous l'arrière de la tête. Elles s'en servent pour sucer, non pas la rosée , mais les sucs des feuilles et dès tiges.   G. C.

XXXIII, page 70 , ligne 16. Les règles de ce chapitre , prises dans Aristote , sont d'une exactitude remarquable , et prouvent que ce grand philosophe avait étudié les insectes avec une grande attention.   G. C.

XXXIV, page 72 , ligne 6. *Quibusdam pennarum tutelæ crusta supervenit.* Ce sont les coléoptères, ou les insectes dont les ailes se replient sous des étuis.   G. C.

Ligne 8. *His negatus aculeus.* Il est très-vrai qu'aucun coléoptère n'a d'aiguillon.   G. C.

Ligne 11. *Lucanos.* Le cerf-volant (*lucanus cervus* , L.), dont la larve vit dans l'intérieur des chênes.   G. C.

Ligne 12. *Aliud rursus... qui e fimo ingentes pilas, etc.* Les *scarabées bousiers* , genre de coléoptères qui enferme ses œufs dans des boules d'excrémens d'animaux, où la larve qui en éclora trouvera une demeure et des alimens.   G. C.

Ligne 16. *Alii focos et prata, etc.* Les grillons domestiques et champêtres, et les taupes-grillons.   G. C.

Ligne 17. *Lucent.... laterum et clunium colore lampyrides.* Les lampyrides, vulgairement vers luisans. C'est aux deux côtés de l'abdomen que le mâle porte sa lumière; la femelle a toute l'extrémité postérieure de cette partie luisante.   G. C.

Ligne 18. *Nunc pennarum hiatu refulgentes, etc.* Dans l'espèce du nord de la France (*lampyris noctiluca,* L.), le mâle, qui est ailé , brille peu. On ne remarque guère que la femelle , qui rampe sans ailes dans l'herbe; mais dans l'espèce d'Italie (*lampyris Italica,* L.) les deux sexes sont ailés.   G. C.

Ligne 21. *Tenebrarum alumna blattis vita.* Ce nom a été donné à plusieurs coléoptères rongeurs qui se tiennent dans l'obscurité. C'était des blattes que l'on menaçait les mauvais livres :

> Constrictos nisi das mihi libellos,
> Admittunt tineas trucesque blattas.
>
> MART., xiv, 35.

ce qui doit se rapporter à quelques dermestes. Mais il y en avait aussi d'autres sortes, et Pline lui-même (liv. XXIX, ch. 6) en indique trois :

1°. Les *molles*, trop vaguement caractérisées par cette seule épithète, pour qu'on puisse en assigner l'espèce ;

2°. Celle que l'on nommait *mylæcon*, parce qu'elle naissait dans les moulins. C'est le *tenebrio molitor* de Linnæus, le σίλφη ἀρτοποιέων de Dioscorides (liv. II, ch. 38). Cet insecte est de couleur puce ou pourpre foncé, et pourrait bien, pour le dire en passant, avoir donné le nom à la couleur dite *blattea*, dont plusieurs auteurs parlent comme d'une sorte de pourpre.

La troisième sorte, décrite comme ayant le derrière pointu, et répandant une odeur désagréable, est manifestement le *tenebrio mortisagus*, L. (BLAPS., *Fab.*), probablement le σίλφη βδέουση d'Aetius et de Paul d'Égine.

On donne aujourd'hui le nom de *blattes* à des insectes de l'ordre des orthoptères, très-différens de ceux de Pline.   G. CUVIER.

Page 72, ligne 23. *Fodiunt ex eodem genere, etc.* Nous ne connaissons point de scarabée qui fasse quelque chose d'analogue au miel ou à des rayons ; peut-être Pline veut-il parler du *scarabœus nasicornis*, L., qui vit dans les débris d'écorces, surtout dans le tan, et dont la larve s'y fait une espèce de coque dans laquelle elle se métamorphose ; peut-être du hanneton (*scar. melolontha*, L.) ou du scarabée doré (*scar. auratus*, L.). Je me déciderais plutôt pour ce dernier, qui est le vrai mélolontha des Grecs. L'on a pu être induit à croire qu'il fait du miel, parce qu'on le voit presque toujours sur les fleurs.   G. C.

Page 74, ligne 5. *Pennæ insectis omnibus sine scissura.* Cette proposition, prise d'Aristote (liv. IV, ch. 7), n'est pas complètement exacte. Les ailes de beaucoup de coléoptères sont articulées dans leur milieu, et se replient sur elles-mêmes pour rentrer sous leurs étuis.   G. C.

Page 74, ligne 5. *Nulli cauda nisi scorpioni.* La panorpe a une queue assez semblable à celle du scorpion. Les éphémères, les ichneumons, etc., en ont d'autres sortes. Aristote (*loco citato*) s'était borné à dire, ce qui est vrai, que les insectes ne se servent pas de leur queue pour diriger leur vol.   G. CUVIER.

Ligne 6. *Solus et brachia habet.* Ce que l'on nomme bras dans les scorpions, ne sont que les palpes de leurs mâchoires. La pince, vulgairement appelée scorpion des livres (*phalangium cancroides*, L.), en a de pareils.   G. C.

Solus.... et in cauda spiculum. Ceci est exact.   G. C.

Ligne 8. *Asilo... culici.... quibusdam muscis..... in ore et pro lingua sunt hi aculei.* Tous les insectes à deux ailes, qui ont un aiguillon, l'ont attaché à la bouche, mais il sert à entamer la peau ; et ce n'est pas à son aide, mais avec le secours de la langue elle-même, qu'ils sucent.   G. C.

Ligne 12. *Nec sunt talibus dentes.* Aucun diptère n'a de mâchoires propres à mordre et à diviser les corps ; ce sont ces organes qui ont pris, chez eux, la forme d'aiguillon.   G. C.

XXXV, page 74, ligne 18. *Locustis. IIæ pariunt in terram demisso spinæ caule.* Les sauterelles femelles ont l'abdomen terminé par un organe long, pointu et tranchant, qui leur sert à percer la terre pour y déposer leurs œufs.   G. C.

Page 76, ligne 1. *Sine cruribus, pennisque reptantes.* Les petites sauterelles, au sortir de l'œuf, n'ont point encore d'ailes ; mais elles ont déjà des pieds, et même des cuisses propres à sauter.   G. C.

Ligne 7. *Qui eas strangulat.* En général les insectes et les sauterelles, comme les autres, meurent après avoir opéré la reproduction ; mais le ver dont il est ici question est imaginaire. Il est possible que l'on ait vu un ver dévorer la gorge d'un cadavre de sauterelle, et que de là soit née cette fable. L'attaque de la sauterelle contre le serpent en est une de la même catégorie.   G. C.

Ligne 11. *In India ternum pedum... serrarum usum præbere.* Les grandes sauterelles ont les dentelures de leurs jambes assez fortes pour qu'on s'en serve à scier des objets de peu de dureté. Il y en a de près d'un pied de longueur, mais nous n'en connaissons pas de trois pieds.   G. Cuvier.

Page 76, ligne 20. *Deorum iræ pestis ea intelligitur, etc.* C'est l'histoire de la sauterelle voyageuse (*gryllus migratorius*, L.), l'un des plus affreux fléaux des campagnes dans les pays méridionaux.   G. C.

XXXVI, page 80, ligne 1. Cette histoire de l'économie des fourmis est un peu vague, et n'est guère plus exacte que celle des abeilles.   G. C.

Ligne 2. *Vermiculum... similem ovis vere.* Ce qu'on appelle vulgairement œufs de fourmis sont en effet leurs larves ou vers, et leurs nymphes. Ces dernières, enveloppées dans leur tunique, ont quelque ressemblance avec des grains de blé ; c'est ce qui a fait dire que la fourmi amasse du blé pour sa nourriture d'hiver. Elle ne mange point l'hiver ; et si elle porte des grains dans sa fourmilière, c'est, comme d'autres petits corps, pour en soutenir les différentes allées.   G. C.

Ligne 4. *Apes utiles faciunt cibos, hæ condunt.* Les abeilles font du miel qui nous est utile ; les fourmis, au contraire, ne font rien, mais viennent enlever des parcelles de fruits, des brins de viande, et d'autres substances alimentaires, pour les porter dans leur fourmilière, et nourrir leurs larves des sucs qu'elles en expriment.   G. C.

Ligne 10. *Madefacta imbre proferunt atque siccant.* Elles ont le plus grand soin d'exposer leurs larves au soleil et à l'air pour les sécher, de les défendre contre toutes les attaques, d'aider les nymphes à sortir de leurs enveloppes, etc. C'est, comme dans le genre des abeilles, aux seules fourmis neutres et sans ailes, aux ouvrières, que tout ce travail est dévolu. Les mâles et les femelles ont des ailes. A peine ont-ils pris leur état parfait, qu'ils s'accouplent, à quelques exceptions près, hors de la fourmilière, dans l'air, et s'y montrent alors en essaims nombreux. Les mâles sont plus petits, les femelles plus grandes et pourvues de longues ailes, dont elles se dépouillent après l'accouplement. Celles qui sont restées dans la fourmilière y perpétuent l'espèce ; celles qui se sont accouplées dans l'air vont former de nouveaux établissemens, où elles commencent par prendre soin de leurs petits, comme les ouvrières le feront par la suite.

G. CUVIER.

Page 80, ligne 15. *Quæ tunc earum concursatio?* Ces immenses concours de fourmis ont lieu surtout lorsque les mâles et les femelles échappent ; mais on voit aussi quelquefois certaines fourmis marcher en colonnes serrées et innombrables, soit pour établir une nouvelle colonie, soit pour spolier une autre fourmilière, et y prendre des larves et des nymphes qu'elles rapportent dans la leur. G. C.

Quam diligens cum obviis quædam collocutio atque percunctatio? Les observateurs modernes prétendent avoir remarqué, comme les anciens, que les fourmis paraissent s'instruire, par le toucher et par l'odorat, du succès de leurs recherches, et s'encourager et s'aider mutuellement. Consultez, sur les fourmis, les belles *Recherches* de M. Huber fils. Genève, 1810, in-8°.

G. C.

Page 82, ligne 2. *Aurum ex cavernis egerunt terræ.* C'est encore ici un de ces contes sur l'origine des marchandises éloignées, que les marchands répandaient pour cacher la vraie source de leurs richesses. Cependant on a pensé que quelque ressemblance fortuite de nom avait pu donner lieu à l'erreur, et faire prendre par un voyageur pour une fourmi ce qui, dans l'intention de celui qui lui parlait, était un quadrupède, et, par exemple, quelqu'un de ceux qui, se creusant des tanières, peuvent, dans les terrains qui contiennent de l'or, en mettre des grains au jour. M. de Veltheim trouve que le corsac ou petit renard de l'Inde (*canis corsac*, GM.) répond assez à cette indication. Peutêtre, lorsqu'on connaîtra mieux les montagnes du nord de l'Inde, et les habitudes des animaux qui l'habitent, trouvera-t-on quelque chose d'encore plus précis. G. C.

XXXVII, page 82, ligne 12. *Raphani.* C'est l'histoire du papillon du chou ou du raifort, assez exacte (*papilio brassicæ,* ou *papilio raphani,* L.). G. C.

XL, page 86, ligne 1. Histoire assez exacte de la tique des chiens (*acarus ricinus*, L.) et de celle des bœufs (*acarus reduvius*, SCHRANK.).   G. CUVIER.

Ligne 10. *Est et volucre canibus peculiare suum malum*. Des mouches à deux ailes, du genre des *cynips* de Linn., s'attachent quelquefois en si grand nombre aux oreilles des chiens, qu'elles les font ulcérer.   . G. C.

XLI, page 86, ligne 12. Toutes ces origines d'insectes attribuées à la génération spontanée sont imaginaires.

Les teignes sont les chenilles de papillons de nuit bien connus, qui se filent une enveloppe dans laquelle elles se tiennent. Non-seulement elles se changent en chrysalides, mais celles-ci deviennent des papillons semblables à ceux dont les œufs ont donné des chenilles.

L'insecte qui naît dans les fleurs du figuier, et qui aide à sa fécondation, est du genre des galles : c'est le *cynips psenes*, L.

Sous le nom de *cantharides*, Pline entend différens coléoptères, dont plusieurs ne sont pas du genre des cantharides, tel qu'on l'a fixé aujourd'hui, mais qui, toutes, ont leur génération bien connue, et une succession de métamorphoses bien régulières : elles ont donc un œuf, une larve, une nymphe, et un insecte parfait qui reproduit l'espèce, et toujours dans la même succession.   G. C.

Page 88, ligne 5. *Et in nive....... vermiculi*. Des observations plus récentes ont été faites sur la neige rouge qui se trouve dans les montagnes. De Saussure, pendant son voyage dans les Alpes, ayant rencontré de la neige rouge, et en même temps des fleurs qui avaient la même couleur, il attribua la teinte que la neige avait contractée aux étamines de ces mêmes fleurs. Plus tard, Ramond (*Voyage au mont Perdu*) observa le même phénomène, et l'attribua au mica. Plus récemment encore on a émis une autre opinion, et on a cru que cette teinte provenait du champignon du genre uredo. (*Voyez* la note qui se trouve dans le second volume de Pline, page 385, sur les pluies de sang.)

XLIII, page 88, ligne 17. *Hypanis fluvius*, etc. C'est ici

l'histoire de l'éphémère, ou d'une de ces petites friganes, qui ne vivent pas plus long-temps à l'état parfait que les éphémères. Ce qui me fait donner la préférence à une frigane (*phryganea* , L.), c'est l'espèce d'étui dont Aristote, l'auteur original, le fait sortir. Les friganes se construisent de ces étuis avec des brins d'herbes, de petites coquilles, et d'autres petits corps. Au reste, ces sortes d'insectes ne sont pas particuliers au *Bog* ou *Hypanis* : il y en a dans toutes nos eaux.   G. CUVIER.

Page 90, ligne 4. *Tabani quidem etiam cœcitate.* Les taons ont les yeux si singulièrement colorés, avec des bandes et des taches sur des fonds brillans, que l'on est porté à les croire aveugles. Linnœus en a nommé un *tabanus cœcutiens.*   G. C.

Muscis... si cinere condantur, redit vita. Le froid, l'immersion dans un liquide engourdissent beaucoup d'insectes, et l'on peut leur rendre le mouvement en les faisant chauffer et sécher. Tout le monde a entendu parler de ces mouches trouvées par Franklin dans du vin d'Espagne, et qui ressuscitèrent dès qu'elles furent exposées à l'air.   G. C.

XLIV, page 90, ligne 6. Ici commence une espèce d'anatomie comparée, où l'on suit séparément chaque organe dans les différens animaux auxquels il a été accordé.   G. C.

Ligne 8. *Nunc per singulas corporis partes.* Au premier coup d'œil, le corps de l'homme, et des animaux qui s'en rapprochent le plus, semble formé, dans les deux moitiés de sa longueur, par des parties analogues ; mais cette ressemblance supposée ne s'étend pas au delà des apparences : une anatomie attentive y démontre bientôt de grandes différences dans l'organisation, nécessitées par les différences dans les fonctions.

Les membres supérieurs ou thorachiques, et les membres inférieurs ou pelviens, ont entre eux des analogies frappantes que l'homme le moins clairvoyant aperçoit d'abord : il en est d'autres que la réflexion et une comparaison scrupuleuse peuvent encore y faire découvrir ; mais, néanmoins, il n'est pas juste de prétendre que ce sont les mêmes membres. D'abord, l'os de l'épaule n'a point d'analogue aux extrémités inférieures : tels le comparent à l'ilium, que d'autres comparent aux os latéraux de la face. L'humérus diffère considérablement du fémur dans toutes ses parties. Le membre supérieur n'a point de rotule ; les deux os de l'avant-bras tournent l'un sur l'autre ; le tibia et le péroné, à la jambe, sont soudés l'un à l'autre. Le pied diffère encore plus de la main. L'analogue de l'ischion n'existe d'aucune manière dans l'extrémité supérieure. Ceux qui comparent l'omoplate à l'ilium veulent trouver de la ressemblance entre la clavicule supérieurement, et le pubis inférieurement ; mais le premier de ces os ne s'articule pas, comme l'autre, avec l'os correspondant du côté opposé. La clavicule ne concourt que médiatement à l'articulation du bras avec l'épaule ; le pubis concourt directement, avec l'ilium et l'ischion, à celle de la cuisse avec le bassin, et il en résulte plus de solidité dans les membres inférieurs, plus de mobilité dans les supérieurs. La clavicule, en dedans, est mobile sur le sternum ; le pubis ne l'est pas sensiblement sur l'ischion. La clavicule, enfin, ne s'unit que par des ligamens à l'apophyse coracoïde ; le pubis finit par se confondre avec l'ischion : de là encore plus de mobilité dans le membre supérieur, plus de solidité dans l'inférieur.

La moitié supérieure du corps est en effet composée de plusieurs vertèbres thorachiques ou dorsales, des côtes supérieures et de l'extrémité correspondante du sternum, puis des vertèbres cervicales, enfin du crâne, que l'on compare à un assemblage de vertèbres, et des os de la face, que l'on a comparés à ceux du bassin. Dans la moitié inférieure on trouve également des vertèbres thorachiques, plusieurs côtes, et l'extrémité inférieure du sternum, puis les vertèbres lombaires, enfin le sacrum et le coccyx, qui représentent évidemment une série de vertèbres réunies, et les os du bassin.

On ne peut nier, sans doute, qu'il n'y ait quelque similitude entre ces deux systèmes ; mais quand ensuite on compare toutes les choses attentivement, on est étonné de voir que les parties les plus évidemment analogues diffèrent cependant beaucoup : ce qui détruit la symétrie des deux moitiés longitudinales du corps.

En effet, les deux extrémités du sternum ne sont pas semblables : de plus, toutes les vertèbres dorsales ont leurs apophyses épineuses et leurs lames osseuses dirigées vers le bassin. Toutes les côtes sont inclinées, dans ce sens aussi, sur la colonne vertébrale. Pour que la symétrie de construction eût lieu, il faudrait que les six dernières vertèbres du dos et les six côtes abdominales fussent dirigées en sens opposé ; il faudrait aussi que les vertèbres inférieures fussent dirigées en sens inverse, c'est-à-dire vers le milieu du corps, comme les cervicales ; il faudrait enfin que les parties comparables fussent numériquement les mêmes.

Le sacrum n'est pas sans quelques ressemblances éloignées avec le crâne ; mais, à dire le vrai, les différences l'emportent sur les ressemblances. On ne trouve que trois ou, tout au plus, quatre vertèbres à la base du crâne, en y comprenant le vomer ; mais les vertèbres sacrées sont bien plus nombreuses : elles ont une figure bien différente, et la manière dont s'y termine le canal vertébral ou rachidien n'est pas même comparable à ce qui a lieu à l'autre extrémité. Pour les os du bassin, ils forment un édifice que l'on peut comparer, si l'on veut, à l'édifice osseux que présente la face à l'extrémité supérieure ; mais, en y regardant de près, il est difficile de saisir une autre analogie que la grossière ressemblance de position aux deux extrémités opposées du corps. On peut encore comparer (car quelle comparaison n'a-t-on pas faite) le coccyx et le vomer ; mais cette comparaison même ne peut guère être proposée que chez l'homme, puisque chez les animaux le coccyx, par son grand développement, formant la queue, reste sans analogue. Enfin, pour ne rien dire de plus, si l'on persistait à vouloir rapprocher les os latéraux du bassin de ceux de la face, on serait hors d'état de trouver ensuite, dans les membres inférieurs, les analogues de l'épaule, la première partie du membre supérieur, dont nous avons suffisamment parlé.

Les anciens ont visiblement connu la similitude des deux moitiés latérales du corps, et en ont déduit plusieurs conséquences légitimes. Les modernes, et seulement les plus récens, ont voulu établir une pareille similitude en ce qu'ils ont appelé les deux moitiés longitudinales : le lecteur peut juger de l'importance de cette découverte.   DOE.

Page 90, ligne 12. *Phœnici*. Nous avons déjà vu que c'est le faisan doré.   G. Cuvier.

Page 90, ligne 13. *Pavonibus, crinitis arbusculis*. La crête du paon se compose de petites plumes dont la tige est nue et le sommet a des barbes vertes, ce qui les fait ressembler à de petits arbres.   G. C.

Stymphalidi, cirrho. On voit, par ce qu'il dit plus bas du pic, que *cirrus*, pour Pline, signifie une huppe courte et pointue; et par la description que Pausanias (*Arcad.*) donne de certains oiseaux d'Arabie, que l'on appelait de son temps stymphalides, et qui étaient de la taille des grues, de la forme des ibis, mais avaient le bec droit et assez dur pour percer toutes les armures, on voit que c'était quelque espèce de héron ou de cigogne à bec fort. Je n'ai pas besoin de dire que ce n'étaient pas pour cela les oiseaux du lac Stymphale, détruits par Hercule; mais on avait, comme pour d'autres espèces, transporté à un oiseau réel le nom d'un oiseau mythologique.   G. C.

Ligne 15. *Galerita*. Le cochevis (*alauda cristata*, L., enl. 503).   G. C.

Ligne 16. *Diximus et cui plicatilem cristam*. La huppe (*upupa epops*, L., enl. 52).   G. C.

Ligne 18. *Et fulicarum generi dedit*. Le fulica de cet endroit ne peut être la foulque, qui n'a point d'aigrette.   G. C.

Ligne 19. *Et grui Balearicæ*. Aldrovande a cru que la grue baléarique de Pline pouvait être l'oiseau royal (*ardea pavonina*, enl. 265). D'après la comparaison que fait ici Pline de ses aigrettes avec celles du grand pic, je ne doute pas que ce ne soit bien plutôt la demoiselle de Numidie (*ardea virgo*, L., enl. 241). L'oiseau royal ne vient que du Sénégal; la demoiselle est, au contraire, commune sur la côte de Barbarie, d'où elle a pu s'échapper souvent jusqu'aux Baléares. Les danses bizarres qu'elle fait expliquent d'ailleurs bien ce vers de Labérius, cité par Nonius :

Virum tu hunc gruem balearicam an hominem putas esse ?

M. Savigny, dans ses *Recherches sur le système des oiseaux d'Égypte, de Syrie*, reconnaît la même synonymie.   G. C.

XLV, page 92, ligne 8. *Subulonibus.* Les difficultés élevées sur ce mot me paraissent imaginaires. Pourquoi ne serait-ce pas le daguet, ou cerf de seconde année, qui a les bois simples comme des poinçons ?   G. CUVIER.

Ligne 10. *Platycerotas.* Les daims (*cervus dama*, L.). G. C.

Ligne 11. *Capreis.* Les chevreuils.   G. C.

Ligne 14. *Rupicapris.* Les chamois.   G. C.

Ligne 15. *Damis.* On croit que c'est le nagor (*antilope redunca*, L.).   G. C.

Ligne 17. *Strepsiceroti, quem addacem Africa appellat.* Plusieurs gazelles peuvent prétendre à ces deux noms, car il en est beaucoup qui ont les cornes en forme de lyre. Le premier a été donné à une espèce du Cap, probablement inconnue aux anciens, le condoma, BUFF. (*antilope strepsiceros*, GM.). On a appliqué récemment le second à une espèce découverte depuis peu en Nubie (*antilope addax*, Mus. Francof.).   G. C.

Mobilia... ut aures, Phrygiæ armentis. Il y a des variétés de bœufs où les cornes, qui sont réduites à une petite dimension, n'adhèrent qu'à la peau, et non pas au crâne.   G. C.

Page 94, ligne 4. *Cerastis.* La vipère céraste (*coluber cerastes*, L.) du nord de l'Afrique, qui a sur chaque paupière une protubérance en forme de corne.   G. C.

Ligne 11. *Cestrota picturæ genere dicuntur.* C'est une manière de buriner dont Pline parle au livre XXXV, chapitre 41. Avant Hardouin, on lisait *cerostrata;* mais il est évident, par le passage de Pline du trente-cinquième livre, que la leçon d'Hardouin est préférable.

Ligne 21. *Asino Indico.* Le rhinocéros. (*Voyez* ce que j'en ai dit sur le ch. 39 du liv. VIII.)   G. C.

Ligne 23. *Qui putant eos in cornua absumi, facile coarguuntur cervarum natura, quæ neque dentes habent, ut neque mares, nec tamen cornua.* Cette réflexion, très-juste, n'a pas empêché de reproduire tout nouvellement ce ridicule système sur le changement des incisives supérieures des ruminans en cornes ou en bois.   G. C.

XLVIII, page 98, ligne 15. *Infirmissima esse ursis, durissima* *psittacis.* Les ours n'ont pas le crâne moins solide à proportion que les autres quadrupèdes de leur taille ; mais les perroquets l'ont en effet un peu plus épais, à proportion, que beaucoup d'autres oiseaux.   G. CUVIER.

XLIX, page 98, ligne 18. *Cerebrum.... polypi.* Les poulpes, les sèches, et en général tous les mollusques, ont un cerveau distinct. (Voyez nos *Mémoires* pour servir à l'anatomie de cette classe.)   G. C.

Page 100, ligne 17. *Cervis.... vermiculi.* Ce sont des larves d'œstres (*œstrus*, L.), insectes à deux ailes, qui pondent sur les bords des lèvres ou de l'anus des quadrupèdes, et dont les larves pénètrent et s'établissent dans diverses cavités, selon leurs espèces.   G. C.

L, page 102, ligne 11. *Delphinum.* Le dauphin cétacé a des orifices extérieurs à ses oreilles, comme les phoques, mais très-petits.   G. C.

LII, page 104, ligne 13. *Subjacent oculi.* Dans tous les temps, le sens de la vue a occupé l'attention des médecins, des physiciens, des mathématiciens et des philosophes.

Le sens de la vue dans son état primitif, avant son éducation et le développement des facultés intellectuelles, nous donne des connaissances que nous rapportons à nous-mêmes. Il n'y a point alors distinction entre le subjectif et l'objectif, tout est subjectif ; mais, dès que le sens s'exerce, l'homme apprend à distinguer les perceptions internes, constantes, subjectives des perceptions externes, variables et objectives.

L'œil nous donne les sensations de la lumière et des couleurs. Ces énergies ne sont pas inhérentes aux objets extérieurs, causes d'excitation, mais à l'organe du sens lui-même. Cet organe ne peut être affecté que dans les énergies qui lui sont propres. La lumière, les couleurs n'existent pas comme tels au dehors du sens ; mais l'organe sensitif, mis en rapport avec un stimulus quelconque, est affecté, et l'impression qu'il éprouve devient sensation dans les énergies de la lumière ou des couleurs. Une action mécanique, l'impression du froid et du chaud, le galvanisme et l'électricité, les réactifs chimiques, les pulsations dans l'organe même, l'inflammation de la rétine, les sympathies de l'œil avec les autres parties, sont des stimulus de l'action visuelle, tout aussi bien que la lumière. Elle n'a sur les autres aucun avantage dans la production des énergies subjectives, car la sensation de lumière produite par la percussion ou le frottement de l'œil n'est pas produite par une lumière extérieure, qui traverserait des milieux réfringens de l'œil. La phosphorescence des yeux de certains animaux, dans l'obscurité, est un phénomène qui ne dépend point d'une lumière produite dans l'œil, mais uniquement de la lumière extérieure, réfléchie par le tapis qui recouvre la choroïde. L'œil, dans l'état de repos, éprouve la sensation de l'obscur; mais l'obscurité même est aussi peu inhérente aux corps que la qualité lumineuse. Dans la transition d'une affection vive à l'état de repos, se manifestent, comme phénomènes intermédiaires, les couleurs subjectives. La position renversée des objets sur la rétine est une chose absolument nécessaire, et ne saurait devenir un problème à résoudre pour la physiologie; c'est au contraire une des vérités les plus belles et les plus fécondes dans l'importante fonction de la vision. Quant à la grandeur des objets que nous voyons, à quelque distance qu'elles s'offrent à notre œil, elles ne sont qu'apparentes : nous ne voyons que la grandeur naturelle et réelle de notre rétine, grandeur qui est toujours égale à la somme de toutes les grandeurs apparentes de tous les objets compris en une seule fois dans le champ de la vision. C'est au philosophe Berkley que nous devons la découverte de ces vérités, confirmées par l'anatomie.

Suivant M. J. Müller, professeur à Bonn (*Recherches sur la physiol. comparée du sens de la vision*), il y a unité subjective dans les deux champs de la vision chez l'homme. Les deux rétines de l'œil ne forment qu'un seul organe subjectif; toutes les parties situées dans un certain méridien, et à une distance déterminée du centre d'un œil, sont identiques avec les parties correspondantes de l'autre. L'affection simultanée de deux points identiques ou semblables dans les deux yeux, produit le même phénomène : l'affection de deux points différens produit aussi une sensation de lumière localement différente. L'image d'un objet qui se produit en même temps sur les parties identiques des deux rétines ne peut être vu que simple. Il y a au contraire vision double si l'image est produite sur des points subjectivement différens. Les deux rétines sont identiques sous le rapport de l'espace , mais non sous celui de l'impression ; car un œil éclairé par du jaune et du bleu en même temps reçoit l'impression du vert , tandis que les deux couleurs sont perçues distinctement si un œil voit à travers le bleu , et l'autre à travers le jaune.

L'identité subjective de certaines parties des deux rétines , et leur différence subjective d'avec toutes les autres parties , se retrouvent aussi dans les nerfs optiques et dans leur chiasma : elles y préexistent. Tous les élémens de l'un des nerfs optiques, différens entre eux-mêmes , sont nécessairement unis , à leur origine , aux élémens du nerf opposé , qui leur sont exclusivement identiques , mais également différens entre eux-mêmes. Telle est l'idée physiologique du chiasma. Les racines du chiasma, ou ses deux extrémités centrales , ne renferment que des parties absolument différentes entre elles. Les nerfs optiques ou branches , extrémités périphériques du chiasma , au contraire. , se composent d'élémens différens entre eux dans le même nerf , mais semblables à des élémens correspondans dans l'autre nerf. Chaque racine du chiasma s'y divise en deux parties semblables , qui se rendent chacune à un œil différent. Si l'une des racines du chiasma est paralysée , il en résulte une paralysie des parties identiques ou semblables des deux rétines, qui en tirent leur origine , c'est-à-dire que la partie externe de la rétine d'un œil , et la partie interne de la rétine de l'autre œil , sont frappées de paralysie.

Pourquoi les animaux, avec des yeux divergens et sous des conditions qui produisent la vision double, ont-ils la vue simple? comment peuvent-ils fixer des objets situés dans la direction de l'axe de leur corps, et s'en saisir même dans la course et au saut? Chez l'homme , les centres des deux rétines sont semblables, chez les animaux ils sont différens ; mais chez l'homme les axes

oculaires et les axes visuels coïncident entre eux ; chez les animaux qui ont le regard mobile, ces axes se croisent sous différens angles. Les axes visuels, chez les animaux, sont les lignes
qui vont de l'objet fixé à travers le centre du cristallin, où ils
se croisent avec les axes divergens des yeux, pour aller tomber
dans la partie postérieure externe de chaque œil, sur un point
de la rétine situé dans le même méridien, et à une égale distance du centre, c'est-à-dire sur deux points subjectivement
identiques. Ces deux points sont, dans l'œil de l'animal, ce que
le centre des rétines est dans celui de l'homme. Chez les singes,
les axes visuels et oculaires semblent coïncider comme chez
l'homme. Chez les autres animaux, la divergence des axes oculaires croît de plus en plus, et avec elle diminue aussi l'étendue
des points identiques dans la partie externe et postérieure de la
rétine. Chez les cétacés et chez la plupart des poissons osseux,
où la position des yeux est entièrement latérale, l'identité par-
tielle des deux rétines cesse tout-à-fait. Toutes ces différences se
retrouvent dans l'organisation du chiasma et des nerfs optiques.
Dans les poissons, qui n'ont point la convergence mobile des
axes visuels, il n'existe point de chiasma. La divergence des
yeux varie beaucoup dans les espèces d'un même genre ; elle
varie aussi suivant les différens âges de l'animal ; elle paraît aller
en croissant avec les années.

Quant aux conditions de convergence, relativement à la vision distincte à différentes distances, l'inclinaison des axes visuels dépend de l'état de réfraction de l'œil, sous l'influence
des nerfs ciliaires, et réciproquement l'état de réfraction de l'œil
dépend de l'inclinaison des axes visuels, proportionnée à la distance des objets, toutefois dans certaines limites.

Lorsque la rétine est paralysée, la partie centrale de l'organe
visuel peut encore produire la sensation lumineuse par l'effet
de causes internes. Ce phénomène s'observe chez beaucoup d'a-
veugles. La rétine est l'expansion du nerf optique ; c'est elle-
même que nous voyons, dans son état d'affection, sous le nom
de champ de la vision, dans tous les phénomènes visuels. Les
stimulus organiques internes, telles, par exemple, les excitations
de l'organe cérébral dans les parties qui président à l'imagina-

tion, à l'entendement, etc., n'y peuvent produire que la sensation de la lumière. A son tour le nerf optique, dans son état d'affection, agit comme un puissant stimulus sur l'organe cérébral, et le fait réagir dans son énergie propre. Lorsque l'excitation extérieure manque, celle de l'intérieur devient plus puissante : de là la fréquence des phénomènes lumineux dans l'œil au milieu de l'obscurité. Ces phénomènes, d'abord vagues et obscurs, prennent une forme déterminée, et deviennent lumineux sous l'action de l'organe de l'imagination. Le siège de ces phénomènes peut être au delà de la rétine, ce qui est prouvé par l'exemple de beaucoup d'aveugles. Les hallucinations visuelles dans le délire, et les images produites dans les songes, ont le plus ordinairement leur siège dans les parties les plus centrales de l'organe du sens ; c'est ce qui est prouvé par l'immobilité de ces images. Celles qui suivent les mouvemens des yeux ont, au contraire, leur siège dans la rétine.

L'imagination détermine dans le champ de la vision, obscur ou éclairé, des images qui ne sont dessinées que par leurs contours, sans lumière propre. Elle modifie aussi les impressions sensitives, internes ou externes, qui donnent lieu à des formes plastiques ou à des images lumineuses dans la clairvoyance entre les états de veille et de sommeil, ou dans les rêves.

Le somnambulisme magnétique produit aussi, dans le champ de la vision, des images lumineuses qu'on appelle clairvoyance magnétique. Il y a encore production d'images fantastiques dans l'extase et dans les états de passion vive, en général avec croyance à la réalité objective de l'image : vision extatique, religieuse, magique, démoniaque, etc., qui varie suivant les idées particulières du visionnaire. En outre, des images lumineuses se forment, dans le champ de la vision, par l'effet de moyens externes, et c'est la clairvoyance narcotique, ou en conséquence d'affections idiopathiques et sympathiques du cerveau et du système nerveux, ou dans l'état d'aliénation mentale. Enfin, il y a des images fantastiques, produites en plein jour par l'influence de l'imagination, sans qu'on croie à leur réalité objective, et des images fantastiques volontaires, mais qui se modifient lorsqu'elles sont développées.

La clairvoyance nocturne de Tibère, et dont les modernes ont plusieurs exemples, est regardée par les physiologistes comme un des caractères les plus frappans de l'énergie vitale. Possédée comme condition essentielle par la plupart des animaux nocturnes, elle s'est rencontrée à différens degrés, même chez des individus de notre espèce, distingués d'ailleurs par de grandes facultés. On cite, entre autres, Cardan, Scaliger le père, Théodore de Bèze, le physicien Mairan, le publiciste Camille Desmoulins.

Deux maladies contraires, la nyctalopie et l'héméralopie, auxquelles l'œil est sujet, sont étrangement confondues dans le langage. Les uns disent que la nyctalopie empêche de voir à la lumière faible du crépuscule, lorsque le soleil se couche ; les autres, que la nyctalopie empêche de voir le jour, et non la nuit. Le sens de l'autre mot varie suivant ces deux acceptions. H. Étienne les donne d'après l'auteur grec de l'Isagoge (*Thes. ling. Grœc.*, inf. , tom. II).

Le terme νυκταλωπία est communément employé par les médecins grecs, postérieurs à Hippocrate, pour la maladie qui empêche de voir après le coucher du soleil, suivant le langage de Pline. Le mot *héméralopie* est nouveau, et nous pourrions nous en passer ; mais l'Académie ayant pris le mot *nyctalopie* dans l'acception contraire, qui paraît être celle des livres d'Hippocrate, il est nécessaire de conserver ces deux mots : *nyctalopie*, vision distincte dans les ténèbres, nulle pendant le jour ; *héméralopie*, au contraire.

Doé.

Page 104, ligne 18. *Talpis visus non est.* Aristote et tous les philosophes grecs ont cru la taupe aveugle. Galien, au contraire, soutient que la taupe voit. Il affirme qu'elle a tous les organes connus de la vision. Les naturalistes modernes ont trouvé l'œil de l'animal. Il est très-petit, tout au plus du volume d'un grain de millet, dur au toucher, et résiste à l'effort des doigts qui tentent de le comprimer. Sa couleur est d'un noir d'ébène. Outre la paupière qui le recouvre, il est défendu par de longs poils qui, se croisant les uns sur les autres, forment au devant un bandeau épais et serré. Buffon (tom. VII, p. 323) nie expressément que la taupe soit aveugle. Cependant les anatomistes modernes, ne trouvant pas le nerf optique, ressuscitèrent l'opinion

d'Aristote ; et nous avons entendu professer que , malgré son
œil , la taupe ne voit pas , et que , dans cet animal , l'organe de
la vision n'est qu'un point rudimentaire , sans usage.

Des expériences directes , qu'a fait faire depuis M. le professeur Geoffroy Saint-Hilaire , ont paru démontrer que la taupe se
servait de ses yeux , puisqu'elle se détournait pour éviter les
obstacles placés sur sa route. Mais , si la taupe voit , comment se
fait-il qu'elle n'ait pas de nerf optique ?

M. Serres avait pensé que ce nerf était , chez elle , suppléé par
un rameau supérieur de la cinquième paire , celui que l'on peut
regarder comme l'analogue de la branche ophthalmique de
Willis. Suivant M. Geoffroy (*Mémoire lu à l'Académie des sciences,*
15 septembre 1828) , ce transport de fonction sur un nerf qui ,
naturellement , n'est pas destiné à la remplir , n'existe pas. La
taupe voit à l'aide d'un nerf particulier, par une exception unique
dans le règne animal ; car ce nerf ne pouvant, à cause du trop grand
développement de l'appareil olfactif qui obstrue le trou optique,
suivre le trajet le long duquel il se rend , dans les autres animaux , aux tubercules quadrijumeaux , suit une autre direction,
et s'anastomose avec le nerf de la cinquième paire , qui est le
plus près.

La taupe possède deux sortes de systèmes nerveux pour l'organe de la vue , un nerf principal qui répond au nerf optique
des autres animaux , et un nerf accessoire. Indépendamment du
nerf qui occupe le fond de l'œil , et que cette position doit faire
considérer comme le principal , il en est un autre qui , venant
de la cinquième paire , se rend , dès son origine , au pourtour
du globe oculaire. Ces deux nerfs sont renfermés dans une gaîne
commune , dans le même névrilème.   Doé.

Page 104 , ligne 21. *Altero oculo carere.* On reconnaît encore ici quelque dire d'augure.   G. Cuvier.

LV, page 114 , ligne 11. *Pisces..... non habent genas.* Dans la
plupart des poissons il n'y a aucune paupière mobile ; seulement , dans quelques-uns , la peau passe devant l'œil sans former un repli : d'autres (les poissons osseux) ont à chaque angle
de l'œil un voile vertical et immobile qui n'en recouvre qu'une

petite partie. L'œil du poisson-lune peut être recouvert entièrement par une paupière, percée circulairement, qui se ferme
au moyen d'un sphincter. Cinq muscles rayonnés, qui s'attachent
au fond de l'orbite, en dilatent l'ouverture. VERGNE.

LVI, page 116, ligne 1. *Quadrupedibus in superiore tantum
gena, volucribus in inferiore : et quibus*, etc. Pline, qui a emprunté à Aristote (*Parties des animaux*, liv. II, ch. 13 et 14)
ce qu'il rapporte ici des cils et des paupières, a mal rendu l'idée
du philosophe grec, car celui-ci dit tout le contraire : Βλεφαρίδας
δ' ἐπὶ τῶν βλεφάρων ἔχει, ὅσα τρίχας ἔχει· ὄρνιθες δὲ καὶ τῶν
φολιδωτῶν οὐδέν. Οὐ γὰρ ἔχει τρίχας, etc. (ch. 14.) G. CUVIER.

LIX, page 118, ligne 7. *Avibus, serpentibus, piscibus foramina... sine naribus.* Dans les oiseaux, l'ouverture des narines
n'est jamais munie des cartilages et des muscles qui forment le
nez dans l'homme ; l'ouverture en est seulement rétrécie par des
portions plus ou moins étendues de la peau qui recouvre le bec.
Dans les reptiles, il existe seulement, à l'ouverture des narines,
quelques couches charnues qui peuvent dilater ou rétrécir cette
ouverture. Dans les poissons, l'entrée de la fosse qui forme la
narine est plus étroite que cette fosse même : la petite membrane
qui l'entoure peut se redresser au gré de l'animal en un tube
courbe. Dans les oiseaux et les reptiles, les narines ont le double
usage de la respiration et de l'olfaction ; dans les poissons, c'est
un sac qui ne sert qu'à l'olfaction. VERGNE.

LXI, page 120, ligne 4. *Serrati pectinatim coeuntes, ne contrario occursu atterantur : ut serpentibus, piscibus, canibus.* Beaucoup
d'animaux ont une ou plusieurs de leurs dents qui s'entrecroisent avec les dents de la mâchoire opposée ; mais il y a toujours
assez de frottement pour user ces dents, et l'exemple du chien
donné par Pline est tout-à-fait inexact. Quant aux serpens et aux
poissons, leurs dents se renouvellent à mesure qu'elles manquent.

Ligne 6. *Exserti, ut apro, hippopotamo, elephanto.* Non-
seulement ces animaux, mais encore le dugong, le babiroussa,
le muntjac, le chevrotin, etc. EM. ROUSSEAU.

Page 120, ligne 9. *Hi sunt serratis longissimi.* Toutes les dents canines sont plus longues que toutes autres espèces de dents, sans distinction de séparation. 　　　　　　Em. Rousseau.

Ligne 12. *Capræ superiores non sunt, præter primores geminos.* La chèvre n'a point de dents supérieures, excepté les molaires qui correspondent à celles de la mâchoire inférieure. Em. R.

Ligne 13. *Nulli exserti, quibus serrati.* Le morse, le dugong offrent un exemple contraire. 　　　　　　Em. R.

Raro feminæ, et tamen sine usu. Les femelles de l'éléphant, du morse, du dugong, du chevrotin, du muntjac ont, comme leur mâle, des dents apparentes et qui servent aux mêmes usages ; seulement elles sont moins fortes. 　　　　　　Em. R.

Ligne 16. *Sed omnibus concavi.* Il est vrai que les dents saillantes n'ont pas toujours l'extrémité radiculaire fermée, et ceci s'applique à toute dent qui croît continuellement, comme cela se remarque dans toutes les incisives des rongeurs, les défenses de l'éléphant, les canines et incisives de l'hippopotame, etc. Mais cependant les dents canines des lions, des chiens, des ours, etc., sont très-longues et fermées à leur extrémité, quand ces animaux ont un degré d'âge. 　　　　　　Em. R.

Ceteris dentes. D'après ce qui a été dit à la note précédente, il est facile de prévoir que toute dent qui ne doit plus croître sera nécessairement fermée à sa partie radiculaire, ou du moins elle ne sera justement perforée que pour y laisser arriver les vaisseaux et nerfs nourriciers. 　　　　　　Em. R.

Piscium omnibus serrati, præter scarum, etc. Il serait trop long de nommer tous les poissons qui n'ont pas les dents en forme de scie. Pline a probablement donné ce nom à celles qui sont rangées sur une ligne droite : c'est une mauvaise dénomination. 　　　　　　Em. R.

Ligne 17. *Huic uni aquatilium plani.* Les mâchoires supérieures et inférieures des scares représentent assez bien le bec des perroquets ; et, dans l'épaisseur de ce bec, il y a une très-grande quantité de petites dents arrangées symétriquement en forme de mosaïque, et à mesure que celles qui occupent les bords libres de ce bec viennent à s'user, elles sont remplacées par d'autres dents qui glissent de l'intérieur absolument à la manière des anneaux du jeu de bague ; en sorte que les bords des mâchoires de ce poisson représentent fort bien des dents de scie usées. Em. Rousseau.

Page 120, ligne 18. *Multis eorum in lingua et toto ore... Multis et in palato, atque etiam in cauda.* Quoi qu'en dise Hardouin, la correction de Rondelet est juste et nécessaire. Beaucoup de poissons, et même presque tous ceux que nous appelons osseux, ont des dents dans le pharynx. Il est ridicule de leur en supposer à la queue.
G. Cuvier.

Prœterea in os vergentes, ne excidant cibi, *etc.* Beaucoup de poissons ont des dents très-longues et pointues sans être courbées vers la cavité gutturale ; nous citerons les scombres, plusieurs espèces de sphyrènes et de cétacés.
Em. Rousseau.

LXII, page 122, ligne 8. *Aliqui, tunc decidere eum, rursusque recrescere, facilem decussu : et sine eo esse, quas tractari cernamus.* Les serpens venimeux ont tous des crochets supportés par l'os maxillaire proprement dit : il n'y a qu'un seul de ces crochets qui y soit soudé ; mais, derrière lui, il y en a d'autres pour le remplacer, en cas qu'il vienne à manquer, soit par vétusté ou par des efforts propres à le rompre ; les crochets remplaçans sont d'autant plus grands qu'ils sont près du crochet soudé, et ceux-ci ne sont maintenus à cet os maxillaire que par un pédicule membraneux.
Em. R.

Ligne 11. *Viperæ dentes gingivis conduntur.* Toutes les dents des serpens sont soudées aux os maxillaires et aux palatins ; elles sont souvent remplacées par d'autres, quand l'animal les perd. Il n'y a que les crochets secondaires qui ne se soudent pas, à moins qu'ils ne remplacent le crochet soudé ; comme je l'ai remarqué à la note précédente, ces crochets sont renfermés et cachés dans un repli des gencives, et se développent d'autant plus que le serpent écarte ses crochets. Mais ces dents ne sont pas simplement enfoncées, car elles traversent au contraire cette membrane de part en part.
Em. R.

Ligne 13. *Volucrum nulli dentes, prœter vespertilionem.* Les chauve-souris sont des mammifères bien caractérisés : les trois ordres de dents chez ces animaux sont bien évidens.

Le beau travail que le professeur Geoffroy Saint – Hilaire

a publié sur les dents cornées des oiseaux, ne laisse aucun doute sur l'existence de cet organe dans toute la classe de l'ornithologie.   Em. Rousseau.

Page 122, ligne 14. *Camelus una ex iis, quæ non sunt cornigera, in superiori maxilla primores non habet.* Les chameaux et les lamas ont un os incisif garni d'une dent incisive à chaque côté ; de plus, ces animaux ont des canines et des molaires ; ce qui détruit le fait avancé par Pline comme règle absolue.   Em. R.

Ligne 16. *Cornua habentium nulli serrati.* Je ne puis comprendre comment Pline a pu dire que tout animal portant des cornes n'a pas les dents séparées, lorsque nous leur voyons au contraire les molaires être séparées des incisives inférieures par un espace très-considérable appelé *barre* ; et si à la mâchoire supérieure, où il n'y a jamais de dents incisives, il existe chez quelques espèces de ces animaux une dent canine supérieure, alors il y a de cette dent à la première molaire une distance assez considérable : ces dernières, à la vérité, sont rangées sur une ligne et se touchent ; les incisives se touchent également entre elles, et forment ordinairement l'éventail déployé.   Em. R.

Ligne 19. *Echinis quinos esse, unde intelligi potuerit, miror.* Cela n'était pas difficile ; c'est en y regardant. Les cinq dents des oursins sont très-apparentes.   G. Cuvier.

Page 124, ligne 1. *Simiæ dentes, ut homini.* Tous les singes ont trois ordres de dents, c'est-à-dire des incisives, des canines et des molaires : les incisives sont, pour le nombre, à quelques différences près, les mêmes que celles de l'homme : les canines en diffèrent pour la forme, mais non pour le nombre. Quant aux molaires, il y a également une ressemblance plus ou moins grande, néanmoins leur nombre varie chez quelques espèces ; les alouats, les atèles, les sajous et les saïmiris ont trente-six dents : cette différence n'est que pour les molaires, qui sont chez ceux-ci de quatre en plus.   Em. Rousseau.

Ligne 2. *Elephanto intus ad mandendum quatuor : præterque eos, qui prominent, masculi reflexi, feminis recti atque proni.* Il est probable que Pline n'a voulu parler que des éléphans de l'Inde qui n'ont, à la vérité, que quatre dents molaires, deux à la mâchoire supérieure, et deux à l'inférieure ; mais les éléphans d'Afrique en ont le double, c'est-à-dire quatre supérieures et quatre inférieures; quant aux défenses qui sont au nombre de deux, elles ne présentent pas de différence pour la courbure chez les deux sexes.   Em. Rousseau.

Page 124, ligne 4. *Musculus marinus, qui balænam antecedit, nullos habet.* Voyez la note 70 du livre IX.

Ligne 6. *Terrestrium minutis quadrupedibus, primores bini utrimque longissimi.* La taupe qui peut être rangée parmi les carnassiers terrestres, a six petites incisives à la mâchoire supérieure, et huit à la mâchoire inférieure, quatre canines très-grandes et très-aiguës, et vingt-huit molaires : en tout quarante-quatre.   Em. R.

LXIII, page 124, ligne 9. *Ceteris cum ipsis nascuntur.* Il est très-peu d'animaux qui, dans l'état naturel, naissent avec des dents apparentes : les singes, les chiens, les chats, etc., n'ont pas de dents au moment de la naissance.   Em. R.

Homini, postquam natus est, septimo mense. Pline précise trop, car c'est ordinairement du quatrième au huitième mois que nous voyons paraître les quatre incisives centrales : et ceux qui ont observé cette opération de la nature sur un certain nombre d'enfans doivent avoir été frappés de la variation de leur apparition.   Em. R.

Ligne 11. *Mutantur homini, leoni, jumento, cani, et ruminantibus.* Tous les animaux en général changent leurs dents de lait ; aussi ai-je fait voir, dans mon *Anatomie compareé du système dentaire,* que les rongeurs qui n'ont que trois molaires à chaque côté des mâchoires, n'en changent pas.   Em. R.

Ligne 12. *Sed leoni et cani, non nisi canini appellati.* Pline induit dans une très-grande erreur, en ne faisant changer que les dents canines chez les lions et les chiens; car un léger examen aurait fait voir que ces animaux changent également toutes leurs incisives et molaires de lait.   Em. R.

Ligne 13. *Lupi dexter caninus in magnis habetur operibus.* Les notes précédentes donnent le degré de confiance que l'on doit accorder à cette assertion.   Em. R.

Maxillares, qui sunt a caninis, nullum animal mutat. Toutes les

fois qu'il y a des dents canines, il y a derrière elles, mais jamais
en avant, des dents molaires; ces dents, si elles sont de lait,
tombent à un certain âge : par exemple, le lion change les trois
molaires de lait de la mâchoire supérieure et les deux de la mâchoire inférieure. Les chiens changent les trois premières molaires de l'une et de l'autre mâchoire (nous entendons que cela
s'opère à chaque côté des os maxillaires). Em. Rousseau.

Page 126, ligne 2. *Cetero maribus plures, quam feminis, in homine, pecude, capris, sue.* Le nombre de dents chez l'homme est
le même que chez la femme; les variations ont lieu chez l'un
comme chez l'autre. Il en est de même pour les moutons, les
chèvres, les porcs. Em. R.

Ligne 6. *Est exemplum dentis homini et in palato geniti.* Cette
déviation anomale n'est pas très-rare, car nous l'avons vue plusieurs fois dans la belle collection de M. Morand, l'un de nos
dentistes les plus distingués. Em. R.

Ligne 7. *At canini amissi casu aliquo numquam renascuntur.* Nous
avons déjà fait remarquer, par les précédentes notes, que les
canines de lait se remplacent, quoiqu'elles soient tombées par
accident; mais les canines de seconde dentition ne se remplacent
jamais. Em. R.

LXIV, page 126, ligne 11. *Ætas veterinorum dentibus indicatur.* Il n'y a que le cheval et l'âne chez lesquels on puisse réellement juger l'âge d'une manière approximative par les dents incisives. Em. R.

Equo sunt numero XL. Pline dit juste en ne donnant que quarante dents au cheval : cependant des auteurs modernes en admettent quarante-deux, mais cette erreur vient sans doute de ce
qu'il y a une petite molaire de lait au maxillaire supérieur, qui
n'est que supplémentaire dans le premier âge, et qui, quelquefois, ne tombe que parce qu'elle se trouve pincée entre le bord
alvéolaire et la première molaire de seconde dentition. Em. R.

Ligne 16. *Equo castrato prius, non decidunt dentes.* La castra-
tion n'empêche pas les dents de la seconde dentition de reparaî-
tre et de suivre leur marche naturelle. Em. R.

Ligne 18. *Quod si non prius pepere, quam decidant postremi, sterilitas certa.* Les animaux qui ont fait toutes leurs dents sont au contraire, en général, plus forts et plus aptes à la génération.

EM. ROUSSEAU.

Page 126, ligne 20. *Suibus decidunt numquam.* Ces animaux suivent la loi commune et changent toutes leurs dents de lait.

EM. R.

Page 128, ligne 3. *Quum fere sedecim annorum existimantur.* On peut juger, jusqu'à vingt-quatre ans et au delà, de l'âge du cheval, par l'inspection d'une espèce de cornet osseux, garni d'émail, qui se trouve dans chacune des incisives, par le plus ou moins d'usure qu'il a subie: les autres signes ne sont qu'accessoires et beaucoup moins positifs.   EM. R.

Ligne 4. *Hominum dentibus quoddam inest virus.* Cette fable n'est plus de notre siècle.   EM. R.

Ligne 5. *Namque et speculi nitorem ex adverso nudati hebetant, etc.* Si l'on présente une dent isolée devant une glace, elle n'agira pas; il n'y a que l'exhalation des poumons qui en humecte le poli et la rende terne.   EM. R.

Ligne 6. *Et columbarum fetus implumes necant.* Ce conte n'est plus de nos jours.   EM. R.

LXV, page 128, ligne 11. *Linguæ non omnibus eodem modo.* Les anciens, au rapport d'Ambroise Paré, considéraient la langue comme une quatrième chair. Aristote, au livre *des Animaux*, dit seulement que c'est une chair molle et spongieuse. Galien (*de Dissectione musculorum*, tom. I, cap. 14, pag. 46, *Venetiis*, 1625) a manifestement décrit les muscles stylo-glosses, les génio-glosses et les hyo-glosses. Vésale a reconnu, de plus, des fibres longitudinales, obliques, droites et transverses, tellement confondues, qu'elles ne peuvent être ni suivies par les yeux, ni rendues par la peinture. Fabrice d'Aquapendente et Casserius, son disciple, ont décrit et figuré les muscles glosso-épiglottiques. M. Malpighi a indiqué le lingual superficiel et des fibres transversales, perpendiculaires et obliques dans le milieu de la langue, dont G. Bidloo, dans sa *Grande anatomie*, a donné une figure. En 1804, Ant. et Fl. Caldani en ont publié de nouvelles figures, plus belles que celles de leurs prédécesseurs; ils ont décrit le raphé médian de la langue, qui est désigné dans leur splendide ouvrage sous le nom de *linea albescens*. Enfin, en 1821, M. P. N. Gerdy a tenté de résoudre l'inextricable tissu de cet organe, suivant et décrivant les muscles intrinsèques dans toute leur étendue, les extrinsèques dans leurs connexions immédiate, et déterminant la forme du tissu jaune lingual et la nature de la surface adhérente de la membrane linguale.

De ces recherches consignées dans un mémoire présenté à l'Académie royale de médecine, il résulte que la structure intime de la langue est formée 1º d'une membrane propre ; 2º d'un tissu jaune particulier ; 3º d'un muscle lingual superficiel ; 4º de deux muscles linguaux profonds ; 5º des muscles linguaux transverses ; 6º des linguaux verticaux, qui sont autant de muscles intrinsèques ; 7º des deux muscles stylo-glosses ; 8º des deux hyo-glosses ; 9º des deux genio-glosses ; 10º des deux glosso-staphylins ; 11º des faisceaux hyo-glosso-épiglottiques, qui sont des muscles extrinsèques.

La membrane linguale est dense, comme cartilagineuse à sa surface adhérente. Cette disposition donne beaucoup de solidité aux insertions des fibres musculaires sous-jacentes.

Le tissu jaune recouvre la base de la langue : il y tapisse la membrane d'enveloppe, qui n'est point cartilagineuse en cette région. Ce tissu adhère à l'hyoïde, à l'épiglotte et à beaucoup de fibres musculaires : il contient des follicules dans son épaisseur, et présente beaucoup d'analogie avec le tissu de la pointe de l'épiglotte, le tissu jaune artériel et celui de la prostate.

Le muscle lingual superficiel recouvre la surface supérieure et les bords de la langue. Ses fibres se portent d'arrière en avant, les unes sur la face supérieure de la langue, en convergeant vers la ligne médiane ; les autres suivant les bords, supérieurement et inférieurement, jusqu'à la pointe. Les linguaux profonds sont au nombre de deux, placés de chaque côté sous les deux tiers postérieurs de la langue. Les linguaux transverses, en nombre pair, traversent toute la largeur de la langue, croisant à angle droit les fibres latérales du muscle lingual superficiel, divisés sur la ligne médiane par un raphé fibro-cellulaire ou albuginé, courbes de plus en plus en avançant vers la base de la langue.

Les linguaux verticaux s'étendent de la face supérieure à la face inférieure de la membrane propre de la langue, traversant toute l'épaisseur de cet organe, recourbés et de plus en plus obliques vers sa base. Leurs fibres s'entrecroisent avec celles des muscles transverses, à peu près comme les fils de nos toiles. Les muscles hyo-glosso-épiglottiques sont de petits faisceaux musculaires, presque invisibles chez l'homme, mais très-sensibles chez le bœuf et d'autres grands animaux. Les uns vont de l'hyoïde au tissu jaune, les autres de ce tissu à l'épiglotte; d'autres de l'épiglotte à l'hyoïde, et forment une masse commune qui a des connexions avec les linguaux profonds, pour les innombrables mouvemens de la langue.   Doé.

Page 128, ligne 11. *Tenuissima serpentibus et trisulca.* La langue des serpens n'est réellement divisée qu'en deux pointes qui paraissent cornées et lisses. L'erreur peut venir de l'agilité avec laquelle ils la meuvent.   Vergne.

Ligne 13. *Lacertis bifida et pilosa.* Cette langue est bifide, mais non velue.   V.

Vitulis quoque marinis duplex. Cette langue n'est pas bifurquée. Elle est lisse et sans papilles distinctes.   V.

Ligne 18. *Imbricatæ asperitatis.* La rugosité de la langue des chats, tigres, lions, etc., a en effet un certain nombre de papilles coniques très-prononcées, cornées, pointues, et dont l'extrémité est dirigée en arrière, de telle sorte que quand ils lèchent ils déchirent comme avec une lime.   V.

Page 130, ligne 3. *Intima absoluta a gutture.* Cela est vrai, ainsi que pour les crapeaux, les pipas, etc.

Ligne 8. *Palpitante ibi lingua ululatus dicitur.* Leur voix est le résultat du passage de l'air expiré, mis en état de vibration dans le larynx supérieur et dans des sacs, qui ont leur entrée dans la gorge.   V.

LXVI, page 132, ligne 2. *Quod... uvæ nomine... tantum est.* Chez les singes, le bord libre du voile du palais se prolonge en pointe pour former la luette.

Ligne 4. *Epiglossis... nulli ova generantium.* La valvule cartilagineuse placée au dessus de la glotte, qu'on appelle épiglotte, est, à quelques exceptions près, particulière aux mammifères. On trouve dans quelques reptiles, tels que le scinque schneïdérien, l'iguane et les crocodiles, un prolongement analogue à l'épiglotte.   VERGNE.

Page 132, ligne 6. *Interior, earum appellatur arteria ad pulmonem atque cor pertinens... Altera exterior appellatur sane gula, qua cibus atque potus devoratur. Tendit hæc ad stomachum, is ad ventrem, etc.* On est extrêmement embarrassé quand il s'agit de donner des synonymes aux termes anatomiques employés par Pline. Il ne se faisait qu'une idée très-inexacte (quand il dit , par exemple, que la trachée se rend au cœur) d'une science qui n'était pour ainsi dire pas encore dans l'enfance : aussi emploie-t-il vaguement le même mot pour exprimer, tantôt une chose, tantôt une autre. En outre, ses mots ne correspondent nullement à ceux qui, dans notre langue, paraissent être les synonymes naturels : comme *stomachus*, qui, chez lui, ne désigne pas l'estomac. Il en est de même pour le mot *venter*, qui est le viscère auquel nous donnons le nom d'estomac. Mais on est encore fort embarrassé pour ce mot quand on trouve celui *ventriculus*, qui semble désigner aussi l'estomac. Malheureusement la difficulté augmente encore quand on veut recourir à Aristote, chez qui Pline a pris la plupart des idées anatomiques qu'il exprime, car la synonymie est encore différente, et Pline prend souvent dans un sens un mot qu'Aristote avait pris dans un autre.

Ligne 7. *Ad pulmonem atque cor pertinens.* Il n'existe pas de rapport entre l'épiglotte et le cœur.

Hanc operit in epulando... torqueat. Dans ces derniers temps, M. Magendie a conclu de quelques expériences et de l'observation de faits pathologiques, que l'épiglotte n'avait pas pour usage principal de fermer l'ouverture du larynx durant la déglutition ; mais nous croyons que sa conclusion n'est pas rigoureuse.

Ligne 11. *Hanc per vices operit.* L'épiglotte ne peut pas fermer le pharynx, ni s'opposer au retour de ce qui pourrait refluer de l'estomac.   V.

LXVII, page 134, ligne 3. *Leoni tantum, etc... ex singulis rectisque ossibus rigens.* Tous ces animaux, et jusqu'à la *girafe,* ont sept vertèbres dans le cou.

Page 134, ligne 8. *Membrana modo incisa statim expiretur.* Non-seulement les membranes d'enveloppes, mais la moelle épinière elle-même peut être détruite au dessous de son renflement anté-rieur, sans que mort s'ensuive immédiatement.   VERGNE.

LXVIII, page 134, ligne 16. *Sub arteria... adnexa spinæ.* L'estomac ne se trouve pas au dessous de la trachée-artère, et n'est point fixé à la colonne vertébrale.   V.

Ligne 19. *Testudini marinæ lingua nulla, nec dentes.* Les tortues ont une langue; et, au lieu de dents, elles ont les mâchoires garnies d'une substance cornée analogue à celle du bec des oi-seaux.   V.

Page 136, ligne 1. *Decrescentibus crenis.* Ce passage, qui avait tant embarrassé le père Hardouin, qu'il dit : *Locum si quis aut plane intelligere, aut sanare ausit, lamapdem trado,* nous pa-raît très-facile à expliquer, en admettant la conjecture très-probable de *crenis* au lieu de *renis,* qui non-seulement ne pour-rait pas s'entendre, mais encore ne serait pas latin. En outre, le mot *crena* est pour ainsi dire un terme technique par lequel on désigne les aspérités calleuses de l'estomac. Nous avons rejeté le mot *venis,* qui se trouve dans quelques éditions (celle de Lyon entre autres), parce qu'il ne peut nullement convenir dans ce passage.

LXIX, page 136, ligne 5. *Cor animalibus ceteris in medio pectore est : humini tantum infra lævam papillam.* Les anciens n'ont pas connu sa structure ; Aristote n'a rien dit de plus que ce que Pline lui emprunte ici. L'auteur du livre *du Cœur,* attribué à Hip-pocrate, et Galien en ont laissé chacun une description savante pour leur temps, où les principales parties, qui tombent immé-diatement sous la vue, sont exposées avec clarté ; mais leur des-cription même est incomplète en cela.

Vésale, le prince des anatomistes modernes, doit avoir l'hon-neur de cette découverte. Outre les artères, les veines et les nerfs du cœur, il a reconnu déjà, dans son organisation, un double rang de fibres longitudinales, obliques et transversales, qui établit la distinction des tissus fibreux et musculeux dont elle est formée.

R. Lower, et après Lancisi, ont décrit ces deux tissus, dont Winslow et Wolf ont depuis publié de bonnes figures.

M. P. N. Gerdy a encore examiné le cœur après ces habiles anatomistes ; et, dans le *Bulletin de la Faculté de médecine*, 1820, n° 5, il a inséré un mémoire original, qui offre une description du tissu musculeux, qui est le principal, plus exacte et plus simple, surtout pour les ventricules, que toutes celles qu'on avait données avant lui.

Il est constant, aujourd'hui, que la structure propre du cœur résulte de deux tissus différens, dont l'un, fibreux ou albuginé, revêt l'autre intérieurement. Celui-là forme une zone d'une façon contiguë, autour de chaque orifice auriculaire et artériel ; des bordures aux festons d'origine des artères aorte et pulmonaire ; des lames triangulaires dans les intervalles de ces festons ; des tendons placés entre les lames des valvules sigmoïdes, et parmi lesquels ceux de leur bord se fixent au fibro-cartilage valvulaire ; enfin, un réseau blanchâtre entre les lames des valvules ventriculaires, qui reçoit les tendons des ventricules et s'attache aux zones auriculaires.

Le cœur est le principal agent de la circulation du sang. Le sang va de toutes les parties du corps par les veines générales, les cavités droites du cœur et l'artère pulmonaire aux poumons ; et des poumons à toutes les parties du corps par les veines pulmonaires, les cavités gauches du cœur et les artères générales. Ainsi il passe et repasse dans les mêmes organes sans revenir sur ses pas, comme s'il était en mouvement dans un appareil circulaire. C'est cette succession de mouvemens qui s'appelle circulation.

Le mouvement du sang poussé hors des capillaires se communique de proche en proche, et s'étend probablement depuis ces vaisseaux jusque dans les branches veineuses. Il agit sur le sang des veines en raison de la quantité de son mouvement et des résistances qu'il éprouve. La quantité du mouvement du sang est donnée par sa masse et sa vitesse. La masse du sang à mouvoir résiste dans les veines ascendantes aux masses motrices chassées des capillaires, et par la force d'inertie et par sa pesanteur. L'étendue des surfaces résiste en multipliant les points de contact, et par conséquent les frottemens. Le changement de direction des veines n'est pas, par lui-même, un obstacle à la circulation veineuse ; et si cette cause n'augmentait pas la longueur des vaisseaux, elle serait sans influence. L'expérience le prouve : un corps de pompe horizontal, percé au même niveau, à son fond et sur les côtés, d'ouvertures égales par leur étendue et l'épaisseur de leur bord, donne la même quantité de liquide par chacune d'elles, lorsqu'on pousse le piston.

Les veines éloignées de l'oreillette droite, et où le reflux auriculaire ne se fait point sentir, pressent le sang d'une manière continue par leur élasticité et par une contraction vitale lente qui, pendant la vie, à la suite d'accidens, resserre peu à peu les veines et finit par les réduire en ligamens. Il en résulte que ces vaisseaux restent immobiles, appliqués sur le sang, comme un tuyau à résistance fixe, et que la multiplicité et l'étroitesse des veines multiplient les obstacles, sans augmenter peut-être la puissance.

Différentes sortes de compressions accidentelles, comme celles des muscles et des intestins, ou régulières comme celles du diaphragme, hâtent la circulation des veines ; parce que, sous ces influences, il est toujours plus difficile au sang de rétrograder que d'avancer. La pesanteur favorise d'autant plus la circulation veineuse qu'elle est plus directement descendante. Enfin, l'action des artères, celle des capillaires, et peut-être aussi celle du cœur, y concourent plus puissamment encore.

Comme le sang se précipite alternativement des veines dans l'oreillette droite, et comme il en est alternativement repoussé, en partie, par la contraction de l'oreillette à l'encontre des colonnes qui s'avancent, il les heurte brusquement, les repousse à son tour, et les veines se gonflent, s'érigent, forcées par l'effort de deux colonnes opposées qui s'entrechoquent dans leur sein. Le reflux qui en résulte apporte une différence de vitesse alternative dans la circulation veineuse. Il se fait inégalement sentir, en raison des obstacles à la circulation, de l'extensibilité des veines, et de leurs valvules, des espaces, des anastomoses et des compressions. Lorsqu'enfin le ressort des veines est bandé autant que possible par le reflux auriculaire, elles reviennent sur elles-mêmes, et repoussent de nouveau le sang vers l'oreillette avec une vitesse différente, suivant les obstacles dans les diverses veines, la diminution d'espace dans leur longueur, les anastomoses et les compressions accidentelles. La multiplicité des veines, qui augmente les obstacles, est compensée dans celles que le reflux met en action par la multiplicité des puissances.

Lorsque l'oreillette se contracte, le sang, pressé de la circonférence au centre, se partage en trois portions : l'une récurrente, qui reflue péniblement dans les veines caves, en y occasionant le mouvement rétrograde, dont j'ai parlé ; l'autre progressive, qui s'élance dans le ventricule droit ; une autre intermédiaire, qui reste d'abord immobile, en équilibre entre les deux autres, et dont les parties deviennent ensuite successivement progressives, à mesure que la seconde s'avance. L'oreillette se contracte, 1° dans sa circonférence, par l'action du plan de fibres superficielles charnues, qui l'entourent à sa base ; 2° de haut en bas, par l'action des anses musculeuses et des faisceaux charnus réticulés ; 3° autour de la veine cave supérieure, par l'action du sphincter de ce vaisseau et sur les côtés de la cave inférieure par celle des anses charnues voisines.

Lorsque le ventricule droit, distendu et stimulé par le sang qu'y a chassé l'oreillette, se contracte, le sang se divise encore en trois portions : l'une rétrograde, l'autre progressive, la troisième intermédiaire. Il se contracte par l'action des anses charnues qui l'unissent au ventricule gauche et celle de ses anses propres. Comme le mouvement rétrograde du sang de l'oreillette se partage dans les veines, de même son mouvement progressif se divise dans l'artère pulmonaire, entre les masses de fluide qu'il choque et les vaisseaux qu'il froisse, et dont il bande les ressorts. Bientôt la réaction est égale et enfin supérieure à l'action : alors les artères se resserrent soudain par leur élasticité. Ce mouvement est alternatif, parce qu'il est produit par l'action du ventricule, qui est alternative, et qu'il est détruit chaque fois par les obstacles qui s'opposent à la libre circulation. Les artères pulmonaires ne résistent pas plus que les veines par leur changement de direction ; cependant leurs courbures offrent une résistance réelle, car elles se déplacent dans la systole. Cette résistance est due à ce que les courbures augmentent les frottemens par défaut d'extension dans le sens de leur concavité. Le sang circule de moins en moins rapidement entre l'origine de l'artère pulmonaire et ses divisions extrêmes ; parce que les artères, en se dilatant successivement, et d'autant plus qu'elles sont plus rapprochées du ventricule, recueillent, chacune, une portion de l'onde lancée par le cœur dans le tronc artériel ; et qu'enfin l'espace augmente dans les artères pulmonaires, et depuis leur origine jusqu'aux capillaires des poumons. Les obstacles ne contribuent pas le moins du monde à ce décroissement de vitesse, car le sang ne se ralentit pas graduellement, comme la bille lancée sur le tapis du billard. Toute la masse du liquide est ébranlée à la fois, et le système artériel rend, d'une contraction à l'autre, aux capillaires autant de sang qu'il en a reçu du cœur.

Galien, un demi-siècle environ après Pline, est le seul des anciens qui ait reconnu quelques parties du cours du sang. On peut dire que sa découverte des valvules du cœur et son expérience de la ligature des vaisseaux ont ouvert la route qui a mené à la découverte de la circulation. C'est inutilement que plusieurs modernes ont essayé de la trouver dans les écrits d'Hippocrate, où il n'est question que du mouvement général des parties contenantes et contenues.

Au commencent du seizième siècle, l'infortuné Servet soupçonna et annonça, dans un livre théologique, que le cours du sang se fait depuis le ventricule droit jusqu'aux poumons ; et depuis ces organes dans tout le corps par le système vasculaire à sang rouge. L. Levasseur, Columbus, Arantius eurent à peu près les mêmes idées ; mais Cesalpin osa aller plus loin : frappé du gonflement des veines au dessous des ligatures, il admit à tout hasard que le sang revient des artères au ventricule droit par cet intermédiaire. Ces opinions, qui n'étaient encore que des suppositions pour le public et même pour leurs auteurs, devinrent la vérité quand la main du génie leur en eut imprimé la forme.

Ce fut Guillaume Harvey qui fit cette démonstration en 1628.
Le philosophe Descartes fut un des premiers qui embrassèrent
la nouvelle théorie ; et, quoi qu'il l'ait un peu défigurée, l'autorité de son nom contribua beaucoup à la faire recevoir dans les
écoles. M. Malpighi démontra, en 1661, la circulation capillaire,
à l'aide du microscope. Ruysch opérait dans le même temps ses
admirables injections. Par ce procédé subtil, Blancard, en
1671, prouva l'anastomose des artères avec les veines. Molyneux,
Leuwenhock, Hewson, Della Torre, étudièrent la circulation capillaire dans ses rapports avec la forme des globules du
sang. Weitbrecht reconnut une force vitale particulière dans
les petits vaisseaux. Quant à la vitesse relative du sang dans les
organes circulatoires, Keill, Hales, Cheyne, Michelotti, Ro-
binson, Morgan, l'ont en vain cherchée. Haller lui-même paraît
avoir cru, mais à tort, que le sang se ralentit en s'éloignant du
cœur, et par l'augmentation d'espace, et à cause des obstacles.
Bichat sentit confusément que le ralentissement progressif du
sang n'existe pas de cette sorte ; mais il est tombé, faute d'attention, dans une erreur plus grave, en établissant une comparaison trop rigoureuse entre nos organes circulatoires et un système de tuyaux inertes, ainsi que l'a fait voir M. le professeur
Gerdy.   Doé.

Page 136, ligne 6. *Homini tantum infra lævam papillam.* Chez
l'homme, le cœur se trouve aussi sur la ligne médiane ; mais sa
pointe étant tournée à gauche, y fait sentir ses pulsations.

Ligne 15. *In magnis animalibus triplex.* Dans tous les mammifères et les oiseaux, le cœur a quatre cavités, deux de chaque
côtés, oreillette et ventricule, qui sont adossées avec leurs analogues. Parmi les reptiles, les sauriens, les chéloniens et les ophidiens ont trois cavités, deux oreillettes et un ventricule. Les batraciens et les poissons n'ont qu'une oreillette et un ventricule.

LXXIX, page 150, ligne 15. *Idcirco magis avidi ciborum*
quibus ab alvo longius. La longueur du canal intestinal dans tous
les vertébrés est toujours en rapport avec l'espèce de nourriture.
Elle est, en général, beaucoup plus grande dans les herbivores
que dans les carnivores ; dans les omnivores elle tient le milieu

Généralement plus grande dans les mammifères, elle diminue successivement dans les oiseaux, les reptiles, les poissons, relativement à celle du corps.   V ERGNE.

Page 150, ligne 15. *Iidem minus solertes, quibus obesissimus venter.* Cette observation est juste dans beaucoup de cas, où l'accumulation de la graisse dans le mésentère tient à une irritation chronique du tube intestinal.   V.

Aves quoque geminos sinus habent quædam. Voyez la note, chap. LXXVIII.

Page 152, ligne 8. *Venter solidipedum.* Des deux portions de la surface interne de l'estomac des solipèdes, limitées par un pli dentelé, la gauche est lisse, la droite veloutée : ni l'une ni l'autre n'est dure et raboteuse.

Ligne 8. *Terrestrium aliis denticulatæ asperitatis.* Ce sont les papilles de la muqueuse.

Ligne 10. *Quibus neque dentes utrimque.* Dans tous les animaux c'est l'estomac qui digère. Dans ceux qui n'ont pas de dents l'organisation du ventricule y supplée.

Ligne 16. *Insatiabilia animalium, quibus a ventre protinus recto intestino transeunt cibi, ut lupis, etc.* Nous avons traduit *recto intestino* par *intestins non repliés* au lieu d'*intestin rectum*, sens qu'on a toujours donné à cette phrase. Nous croyons avoir saisi le véritable sens de l'auteur; puisque c'est le mot à mot de sa phrase, et qu'en outre la chose est très-vraie. Personne n'ignore que chez les animaux carnassiers les intestins ont beaucoup moins de longueur, sont moins repliés que dans les herbivores : il y a même des hommes chez qui la longueur du tube digestif a une moins grande dimension que chez d'autres, et nous ne serions pas éloignés de croire que cela ne se trouve que chez des individus qui mangent la viande de préférence à tout autre aliment. En outre, il n'y a aucun animal chez qui l'estomac aboutisse immédiatement au rectum. Ce serait donc prêter à Pline une erreur grossière que de lui faire dire que la chose est ainsi.

Ligne 18. *Ventres elephanto quatuor.* C'est-à-dire que l'estomac de l'éléphant présente cinq larges replis transversaux. V.

Ligne 22. *In juvencarum secundo ventre pilæ rotunditate nigricans totus, nullo pondere.* Pline désigne, par cette description,

18.

l'espèce de concrétion à laquelle on a donné le nom d'égagropile. Non-seulement on en rencontre dans le deuxième estomac du bœuf, mais encore dans le premier, ainsi que dans les deux estomacs et les intestins de plusieurs animaux ruminans. Ces pelotes résultent du feutrage des poils que les animaux ont avalés, et la forme sphérique est donnée par la pression à laquelle elles sont soumises dans les intestins.

LXXX, page 154, ligne 2. *Ventriculus atque intestina.* C'est le repli de la membrane péritonéale qu'on nomme grand épiploon.

Ligne 4. *Lien in sinistra parte.* Malgré le progrès des siècles, nous ignorons encore la nature et l'usage de la rate. M. Malpighi, l'un des premiers auteurs de la fine anatomie, au milieu du dix-septième siècle, enseigne que cet organe est formé principalement de cellules ou vésicules garnies intérieurement de différentes petites glandes, jointes ensemble, et dont six, sept ou huit forment une espèce de glande conglomérée, où paraissent se terminer les artères et les veines.

Sans parler d'une artère très-volumineuse, ni d'une veine non moins considérable que les anciens ont connues ; sans parler des nerfs nombreux fournis par le plexus soléaire, ni des vaisseaux lymphatiques qui sont en petit nombre, ni d'une enveloppe péritonéale très-adhérente, qui se réfléchit sur les vaisseaux spléniques, et va se confondre avec les épiploons, il entre dans la structure de la rate une membrane fibro-celluleuse, que les branches vasculaires entraînent avec elles, et dont la face interne fournit une multitude de filamens, qui se croisent et forment un réseau, assez compliqué dans l'intérieur de l'organe, où l'on trouve de plus des granulations blanchâtres, que Malpighi a appelées glandes.

Nos anatomistes n'ont pas su déterminer la nature de ces granulations. Ils n'ont point encore suffisamment débrouillé la composition ou la structure du réseau intérieur, que quelques-uns seulement considèrent comme un tissu ou corps érectile, et d'autres comme un facis, simulant un plexus nerveux, d'après les observations de M. Straus.

La rate qui se trouve chez la plupart des animaux ne paraît

distinctement chez l'homme qu'après le premier mois de la conception : elle se développe par une série de lobules qui paraissent être d'abord de simples renflemens des extrémités vasculaires, mais qui se réunissent bientôt après pour former une masse homogène, rougeâtre ou même d'un brun assez foncé. Quelquefois, un ou plusieurs de ces lobules restent distincts jusqu'à la naissance; et de là ces histoires nombreuses de rates multiples, observées à l'ouverture des cadavres.

Mille hypothèses ont été imaginées pour expliquer les fonctions de la rate. Après avoir été considérée, dans les siècles passés, comme l'organe de la bile noire ou mélancolie, du suc gastrique ou fluide nutritif, elle est regardée de nos jours comme un diverticule du système sanguin, comme une sorte de ganglion qui agit sur le sang de la même manière que les ganglions lymphatiques agissent sur la lymphe. DOÉ.

Page 154, ligne 8. *Ægocephalo avi.* Il est extrêmement probable que l'ægocéphale de Pline est une des espèces du genre limosa de Brisson, démembrement du genre *scolopax* de Linnæus; mais on ne saurait assurer que ce soit la barge ægocéphale (*limosa ægocephala; scolopax ægocephala*, L.), dont Buffon a donné la figure (pl. enl. 916) sous le nom de grande barge rouge.

Ligne 11. *Et per vulnus etiam exempto.* On peut, en effet, enlever impunément la rate aux chiens et autres animaux.

VERGNE.

LXXXI, page 156, ligne 2. *At... quaterni renes cervis.* Tous les mammifères n'ont que deux reins analogues, pour la structure intime, à ceux de l'homme. Mais ils peuvent être divisés en plusieurs mamelons. V.

Ligne 3. *Contra pennatis, squamosisque nulli.* Les oiseaux ont des reins situés derrière le péritoine, dans des enfoncemens de la face supérieure du bassin, mais ils sont de forme irrégulière, divisés en lobes par des scissures et non composés de deux substances distinctes, comme ceux des mammifères. Les reptiles ont aussi des reins dont la grandeur, la forme, la position varient dans les différens ordres, mais on n'y peut distinguer les deux substances : ils manquent en outre de calice ou de bassinet. V.

LXXXIII, page 158, ligne 2. *Infra alvum est a priore parte vesica, quæ nulli ova gignentium, præter testudinem.* Parmi les oiseaux, l'autruche et le casoar sont les seuls dont le cloaque soit organisé de manière à servir de vessie. Parmi les reptiles, les cheloniens et les batraciens en ont une. Elle manque dans les crocodiles, les lézards, les agames, genre de l'ordre des sauriens, et dans les ophidiens.   VERGNE.

Ligne 8. *Vesica membrana constat, quæ vulnerata cicatrice non solidescit.* C'est une erreur, les plaies de la vessie se cicatrisent très-bien.   V.

LXXXIV, page 158, ligne 15. *Hoc in reliquis animalibus vulvam.* On appelle vulve l'entrée du vagin dans toutes les femelles des mammifères ; toutes ont une matrice qui peut être simple, double, triple et quadruple, et à la fois compliquée.

Ligne 18. *Funebris (uterus), quoties versa spiritum inclusit.* Voici encore un passage pour lequel nous avons adopté un sens différent de celui que tous nos devanciers avaient suivi. En effet, on ne conçoit pas comment le renversement de la matrice peut arrêter la respiration et causer la mort par ce fait. Nous croyons, au contraire, que Pline veut dire tout simplement que de l'air s'introduit quelquefois dans ce viscère pendant le renversement, et cause la mort. Mais, comme il peut s'introduire de l'air sans produire des accidens mortels, nous serions plutôt portés à admettre la leçon, à l'appui de laquelle certains manuscrits semblent venir, et qui donne *funesta*. Du reste Hippocrate (*Maladies des femmes,* liv. I), Ætius (ch. LXXVIII *de Uteri inflatione*), nous ont déterminé à adopter le sens que nous avons suivi.

LXXXVIII, page 164, ligne 17. *Nervi orsi a corde.* C'est l'opinion d'Aristote. Dans ces temps reculés, qu'on peut considérer comme le premier âge, ou l'enfance de l'anatomie, ceux qui la cultivaient, n'ayant pas de lumières plus étendues que celles de nos bouchers, confondaient indifféremment les nerfs, les vaisseaux et les tendons. Il n'est donc pas étonnant qu'Aristote, le premier de tous les anatomistes, ait assigné aux nerfs cette origine.

Galien, au livre *de la Dissection des nerfs,* chap. I, démontre que les nerfs des sens et du mouvement dérivent du cerveau immédiatement ou médiatement. Depuis cette époque aucun anatomiste ne leur a donné une autre origine.

Les nerfs, méconnus au premier âge de l'anatomie, font aujourd'hui le principal objet de l'étude des anatomistes. Le Gallois, un des plus célèbres de ce siècle, considérait le système nerveux comme la trame première et la partie principale de la structure des animaux. Quelques naturalistes l'ont critiqué, d'après l'observation des animaux inférieurs, où paraît manquer absolument le système nerveux ; mais l'analogie ne suffit-elle pas pour nous persuader ? Conçoit-on l'existence d'un organisme animal, sans un mode quelconque de mouvement et de sentiment ? Et ce mode, quel qu'il soit, peut-il avoir lieu sans nerfs ?

Les anatomistes modernes les plus récens font trois classes de nerfs : 1° nerfs cérébraux, 2° nerfs rachidiens, 3° nerfs ganglionnaires. Les deux premières ont été long-temps réunies, et encore aujourd'hui on applique à l'une et à l'autre les mêmes considérations. D'ailleurs le système de ces deux sortes de nerfs est le plus anciennement connu et étudié, et celui qui a donné lieu au plus grand nombre d'observations. L'étude du système ganglionnaire n'est pas déjà bien ancienne, et nous possédons encore peu de documens sur ce sujet embrouillé. Je dois néanmoins citer l'*Anatomie analytique* de Manec, deuxième livraison ; Paris, 1829.

La sensibilité du système nerveux est hors de doute. Les nerfs sont éminemment sensibles : on croit que cette propriété réside dans la substance propre du nerf. Les opinions sont partagées sur la sensibilité de la substance du cerveau. Quelques physiologistes refusent cette propriété à tout l'organe. Haller pense que les parties profondes sont sensibles, tandis que les couches extérieures ne le sont pas.

Le système nerveux est formé de fibres qui courent dans une direction longitudinale. C'est surtout dans les nerfs que cette structure fibreuse est évidente. Ils sont composés pour la plupart d'un nombre plus ou moins grand de faisceaux visibles à l'œil nu, formés eux-mêmes de cordons ou faisceaux plus petits, lesquels résultent d'un assemblage de filamens très-déliés. Les faisceaux, les cordons et les filamens se ramifient de diverses manières et forment entre eux des anastomoses multipliées. Jamais un faisceau ne parcourt en ligne directe une grande étendue, mais le nombre des ramifications et des communications nerveuses est moins grand vers les extrémités qu'au milieu. L'épaisseur des faisceaux varie depuis un dixième de ligne jusqu'à une et plusieurs lignes. Tous ces filamens paraissent être composés d'une substance médullaire, ou pulpe, semblable à celle du cerveau, enveloppée d'une gaîne ou névrilème qui représente un tube de la même forme que le nerf lui-même. On s'accorde à dire que le névrilème n'est que du tissu cellulaire ; quelques anatomistes seulement disent aussi que la substance médullaire est de la même nature. Les travaux entrepris sur la composition du système nerveux semblent démontrer qu'elle est formée de globules divers, réunis par une matière à demi-fluide.

La figure de tous les nerfs est cylindrique. Les fils dont ils résultent s'entrelacent entre eux dans la structure intime des nerfs, et au dehors pendant leur trajet. Ces dernières communications se rapportent à trois formes principales : l'anastomose ou anse, le plexus et le ganglion.

L'anastomose se fait entre des branches séparées et distinctes, à peu près de même grosseur. Il se forme, en outre, des anses anastomotiques autour des vaisseaux. Tantôt elles proviennent des divers filets du même tronc, tantôt elles résultent de l'union entre des filets appartenant à des nerfs différens.

Les plexus sont des anastomoses disposées diversement, et formées par les cordons de plusieurs nerfs.

Les ganglions d'une structure plus complexe ont un volume plus considérable que les nerfs et les plexus. Ordinairement ronds, un peu aplatis, et d'une substance dense et ferme lorsqu'on l'incise, les uns ne paraissent être que les développemens des filets nerveux; les autres doivent être considérés comme des centres ou des points de réunion de plusieurs nerfs.

Le système nerveux de l'homme est plus constamment le même que celui des animaux. Vicq-d'Azyr avait d'abord soupçonné cette vérité dont Wentzel a donné la démonstration : il a observé que, dans les quadrupèdes, les deux moitiés du système nerveux répondent moins parfaitement l'une à l'autre, et que les déviations de structure sont moins rares que dans l'homme.

Le corps de l'animal est, dans les premiers temps de sa formation, composé de deux moitiés latérales très-distinctes. Cette
division se voit aussi très-bien dans le système nerveux. La séparation s'aperçoit sur la ligne médiane ; elle existe non-seulement pour le cordon rachidien, mais encore pour le cerveau et
pour toutes les branches nerveuses du système périphérique.
Les deux moitiés latérales se correspondent très-exactement
dans la plus grande partie du système nerveux, de sorte qu'il
y a, entre l'une et l'autre, sous le rapport de la situation, de
la forme et du volume, moins de différences que dans les autres
organes.

La structure et la disposition du système nerveux sont peu
sujettes à varier. Les nerfs ganglionnaires, ou système du grand
sympathique, varient plus souvent, et dans des degrés beaucoup
plus remarquables que les nerfs cérébraux et rachidiens.

On pense assez généralement que les nerfs rachidiens sortent
de la moelle épinière dont ils sont les prolongemens. On a même
présumé que la substance médullaire se trouvait en dehors sur
le cordon rachidien, pour que les nerfs qui en sortent eussent un
plus petit trajet à parcourir, et n'eussent pas de substance grise
à traverser ; mais un examen attentif fait reconnaître que tous
les nerfs communiquent plus ou moins avec la substance cendrée.
Vicq-d'Azyr a, depuis long-temps, indiqué ces connexions.
M. Gall a démontré que cette disposition est générale, et que la
naissance d'un nerf correspond toujours à la présence de la substance cendrée.

On a long-temps agité la question de savoir si les nerfs des
deux premières classes naissent du même côté des centres crânio-
rachidiens, que celui où ils se distribuent aux organes, ou bien
s'ils se croisent. M. G. Breschet (*Encyc. méthod. médec.*, tome x,
page 575) pense que l'opposition des sentimens sur ce point provient des différens degrés d'exactitude que l'on a apportés dans
les recherches. Cet habile anatomiste assure qu'il n'y a pas d'autre
entrecroisement que celui des faisceaux nerveux que l'on voit à
la partie supérieure du cordon rachidien.

Les nerfs se terminent presque partout de la même manière.
Il faut excepter le nerf optique, qui ne forme pas de branches

ni de ramifications : il s'épanouit et produit une expansion membraneuse. Le nerf auditif offre une terminaison analogue ; elle en diffère par son apparence plexiforme. Ce nerf se perd dans une membrane, mais ne la constitue pas essentiellement. La terminaison des autres nerfs est difficile à apprécier, car ils se confondent avec la substance propre des organes. On observe facilement que les nerfs deviennent très-mous dans leurs ramifications, et paraissent perdre leurs enveloppes en totalité ou en partie.

Le système nerveux, aux diverses époques de la vie, présente des différences très-remarquables, soigneusement notées dans les livres d'anatomie. Ce système existe un des premiers ; mais c'est une question aujourd'hui fort controversée de savoir si les diverses parties de l'appareil nerveux se développent simultanément ou les unes après les autres. Les auteurs les plus récens pensent que le développement est successif, que la moelle épinière naît la première, ensuite le cerveau, etc.   DOÉ.

XCIV, page 174, lignes 11 et 12. *Congeniti autem non desinunt, sicut nec feminis magnopere.* Aristote, dont Pline a emprunté tout ce qu'il rapporte sur les poils, dit (*Hist. des Anim.*, liv. III, chap. 11) que ceux qui sont apportés par l'homme en naissant, sont « les cheveux, les cils et les sourcils ; ceux qui viennent avec l'âge sont d'abord les poils des parties naturelles, puis ceux des aisselles, et enfin ceux du menton. » Mais Pline, dans la phrase en question, est en contradiction avec un autre passage qui se trouve quelques lignes plus bas (même chapitre) : *libidinosis congeniti, maturius defluunt.* Il y a donc ici une corruption du texte ; et dans Aristote on trouve deux passages (liv. III, chap. 11) qui semblent indiquer la correction à faire : « On ne voit ni enfant, ni femme, ni eunuque chauve ; seulement, à l'égard des eunuques, si on les rend tels avant l'âge de puberté, les poils que cet âge devait amener ne leur viennent jamais. » Le second passage est dans le liv. IX, chap. 79 ; et Aristote dit : « ... A l'égard des autres poils qu'on apporte en naissant, ils ne tombent point, car jamais un eunuque ne devient chauve. » D'après cette dernière citation, Hardouin avait conjecturé qu'il serait mieux de lire : « *Congeniti autem non desinunt eunuchis, nec feminis magnopere.* » Cette leçon, si elle ne renferme pas un sens conforme à ce qui se passe dans la nature, aurait au moins l'avantage de faire disparaître une contradiction évidente ; cependant nous n'avons pas voulu la risquer dans notre texte.

XCV, page 176, ligne 9. *Esse in maledictis jam antiquis strigem convenit : sed quæ sit avium, constare non arbitror.* Quoique Pline n'ait pas connu l'animal auquel les anciens donnaient le nom de strige, cela n'a point empêché les modernes de chercher à déterminer l'espèce et le nom de cet animal fabuleux. Brotier, s'appuyant de l'autorité d'Asselquist (*Voyage dans le Levant,* tome II, page 19), pense que c'est le hibou d'Orient, oiseau si vorace qu'il entre dans les maisons et déchire les enfans pendant la nuit, à ce que prétend cet auteur. Poinsinet de Sivry, dans une longue note où il accumule des soi-disant étymologies slavonnes et allemandes, s'exprime ainsi : « On demande quelle sorte d'oiseau est le strige ? je réponds que c'est le stryz des Slavons, c'est-à-dire notre grimpereau, qui est un oiseau de passage, et qu'on nomme aussi *torche-pot,* dénomination injurieuse, assez convenable aux nourrices d'emprunt, et qui semble être la source très-ancienne du sens vaguement injurieux attaché, selon Pline, à tout ce qui portait le nom *strix,* etc., etc. » Il est inutile de réfuter cette dernière opinion. L'autre est plus raisonnable, puisque l'on voit par *Festus* que les anciens désignaient sous ce nom un oiseau nocturne dont le cri et le vol avaient quelque chose d'effrayant : « *Striges,* dit-il, *aves nocturnas, ut ait Verrius, græci* στρίγγας *appellant : a quo maleficis mulieribus nomen inditum est, quas volaticas etiam vocant. Itaque solent his verbis eas veluti avertere græci :*

> Στρίγγ᾽ ἀπόπομπον, νυκτινόμαν, τὰν στρίγγα τ᾽ἀλαὸν,
> Ὄρνιν ἀνώνυμον ὠκυπόρους ἐπὶ νῆας ἔλαυνε.

Et l'on trouve dans le *Trompeur* de Plaute (acte III, scène II, vers 30) :

> Ei homines cœnas sibi coquunt : quum condiunt,
> Non condimentis condiunt, sed strigibus :
> Vivis convivis intestina qua exedunt,
> Hoc quidem homines, etc.

Ovide ne pouvait manquer de parler des striges, aussi l'a-t-il
fait avec toute l'exactitude d'un observateur qui les aurait exa-
minés avec soin ; voici la description qu'il en donne (*Fastes,*
liv. VI) :

> Sunt avidæ volucres. . . . . . .
> Grande caput, stantes oculi, rostra apta rapinæ,
>   Canities pennis, unguibus hamus inest.
> Nocte volant, puerosque petunt nutricis egentes,
>   Et vitiant cunis corpora rapta suis.
> Carpere dicuntur lactentia viscera rostris :
>   Et plenum poto sanguine guttur habent.
> Est illis strigibus nomen ; sed nominis hujus
>   Causa, quod horrenda stridere nocte solent.

Les anciens donnaient aussi, comme on le voit par le passage
rapporté plus haut, le nom de striges aux femmes qui s'occu-
paient de maléfices, et qu'ils qualifiaient aussi de *volaticæ :* on
désigne encore, en Italie, les sorcières par le nom de *streghe.* Du
reste, on peut consulter le *Lexic. const.*, au mot κερχναλέος,
et Scranus, *de Infantibus dentientibus aut strige vexatis.*

CIII, page 190, ligne 12. *Nemesios (quæ dea latinum nomen ne
in Capitolio quidem invenit).* Pline parle encore de Némésis
(liv. XXVIII, chap. 2) : *cujus Romæ simulacrum in Capitolio est,
quamvis latinum nomen non sit.* Cette déesse était celle qui pu-
nissait les indiscrétions. Elle avait pour attribut une équerre et
un mors, comme on le voit par deux anciens vers grecs.

CV, page 192, ligne 2. *Omnia animalia a dextris partibus
incedunt.* Selon Aristote (*de Animalium incessu,* cap. 2, 3, 9)
les principes du mouvement de translation *per locum* sont l'im-
pulsion et la traction. Les animaux se meuvent par tout le corps
à la fois ou par parties, comme dans la marche. Ce qui est mu
l'est toujours par le moyen de deux parties organiques dont
l'une comprime l'autre. Dans la marche de l'homme et des animaux, il y a des parties qui se reposent, tandis que d'autres se
meuvent ; car l'action de marcher, de voler ou de nager ne peut
avoir lieu sans flexion. Tout ce qui a des pieds se tient alterna-

tivement sur les deux jambes ; il est donc nécessaire de fléchir l'une tandis que l'autre avance, puisque les membres opposés sont égaux en longueur. Aussi est-il nécessaire que ce qui repose s'infléchisse dans le jarret, ou ce qui en tient lieu, si l'animal qui marche manque de genou.

Galien (*de Usu partium*) remarque que, lorsque l'homme marche, la jambe qui le soutient porte le double du poids qu'elle soutenait dans la station. Il ajoute que, dans le transport de la jambe, les muscles, qui fléchissent, agissent plus que ceux qui étendent, et que la force de leur tension empêche la chute du corps.

Fabrice d'Aquapendente (*de Motu locali animalium secundum totum*, 1618) enseigne que les mouvemens se font en haut et en bas, en avant et en arrière, à droite et à gauche : le mouvement composé, qui s'opère en rond, forme une septième espèce. Tous ces mouvemens sont opérés par les os à tête ronde, mais non par les os dont la rondeur est imparfaite. Les fléchisseurs agissent quand la jambe se porte en avant, et les extenseurs quand elle se tient debout ; ensorte qu'ils se reposent alternativement. Dans la marche, la translation est opérée par une jambe, l'appui est fourni par l'autre. Toute translation de la jambe se fait par une flexion et une extension. Dans cet acte, la jambe se fléchit et se porte en avant. Tandis que le transport d'une jambe s'opère, l'autre, qui est appliquée à terre, s'étend. Ainsi la marche consiste dans la translation et l'appui alternatifs des jambes : la translation s'opère par la flexion des articulations, et l'appui par leur extension ; enfin l'extension et la flexion proviennent de l'action des muscles. Telle est la série de ces phénomènes : contraction des muscles, flexion et extension des articulations, appui et marche.

Le célèbre Borelli a montré (*de Motu animalium*, c. 19, p. 1, prop. 156) que, lorsque le corps se porte en avant, il se meut à l'extrémité d'un rayon formé par la jambe qui le soutient ; qu'alors il obéit au mouvement réfléchi du pied qui presse le sol, comme la barque du batelier, lorsqu'elle s'éloigne du rivage qu'il presse de sa perche ; que la flexion de la tête et du corps en avant favorise ce mouvement, en portant la ligne de gravité au

delà du pied appuyé sur le sol ; qu'alors la chute, devenue immi-
nente, est prévenue par le transport rapide du pied de derrière
au delà de cette ligne.

Le philosophe Gassendi a observé, après Fabrice, les deux
mouvemens circulaires, en sens contraire, que le pied exécute
sur sa pointe avant le transport de la jambe ; et sur son talon,
après ce transport. (BARTHEZ, *Nouvel. mécaniq.*, in-4°, p. 52.)

Hamberger, ensuite, a établi que la résistance du sol est la
cause prochaine de la marche, de la course, du saut ; et que
la résistance de la terre pousse par la jambe, dont le pied s'étend,
la partie du bassin auquel elle est articulée (*ibidem*).

Barthez consacre, à l'explication de la marche, douze pages
in-4° de sa *Nouvelle mécanique animale*, qui contiennent un trésor
d'érudition, mais qui n'ajoutent rien aux richesses de la science.

M. J. Chabrier, ancien officier supérieur (*Bull. des sc. m.*,
tom. XIII, 71), lut, à l'Académie royale des Sciences, le
20 août 1827, un mémoire sur la locomotion, dans lequel, ayant
principalement en vue de faire concevoir le moyen le plus simple
que l'on puisse imaginer pour donner à l'homme la possibilité de
voyager au milieu des airs, comme les oiseaux, il a développé
une opinion différente de celle qui est généralement admise sur
le mode d'action des muscles, et qui n'a pas paru appuyée sur des
observations positives. Il condamne Borelli pour avoir pris en
considération la résistance du sol ; il ne pense pas qu'on doive
dans la mécanique animale employer la comparaison des ressorts, etc.

M. le docteur Gerdy, dont on attend avec impatience le *Traité
de Physiologie*, a publié, dans le Journal de physiologie expéri-
mentale, un mémoire sur le mécanisme de la marche de l'homme,
qui en offre la théorie la plus plausible.

Sa démonstration établit les dix points suivans :

1°. Le pied qui se sépare du sol, ne s'en sépare, même dans
le premier pas, qu'après s'être déchargé de sa part du poids du
corps.

2°. Le membre, appuyé sur le plan qui le soutient, se meut
d'arrière en avant, comme un rayon sur l'astragale.

3°. Il existe dans la marche une coïncidence remarquable entre le moment où la ligne de gravité sert de la base de sustentation que lui offrait le pied de derrière, et le moment où le pied de devant s'applique sur le sol.

4°. Le tronc est le théâtre de huit mouvemens différens : mouvement d'élevation et d'abaissement alternatifs ; translation oblique du corps à droite et à gauche alternativement ; rotation du bassin ; mouvement inverse des épaules ; inclinaison latérale des axes du bassin et de la colonne vertébrale, l'un sur l'autre ; effort d'élévation et de station dans les muscles vertébraux.

5°. Le balancement des bras est dû à la rotation des épaules et de la poitrine.

6°. Les changemens de direction dans la marche sont dus presque tous à une rotation plus ou moins considérable, ainsi qu'à un mouvement de conversion.

7°. La marche dans l'obscurité présente au moins deux genres différens de faux pas.

8°. La marche sur une surface glissante n'offre des chutes fréquentes que par la décomposition de la pression des pieds sur la surface.

9°. L'enfant qui se remue sur ses quatre membres à la fois, ne marche point sur ses pieds comme les quadrupèdes, mais se traîne sur ses genoux et ses jambes.

10°. La marche présente aux différens âges des modifications considérables : l'impuissance de la marche chez l'enfant et chez le vieillard est occasionée par la faiblesse des muscles principalement.   Doé.

Page 192, ligne 9. *Namque et hinc cognomina inventa, Planci, Plauti, Pansæ, Scauri.* Plancus et Plautus signifient pied-plat : Scaurus, celui qui a le talon tortu, et sur lequel la jambe porte à faux : Pausa, pied large : Varus, celui qui a les jambes arquées en dehors : Vacia, celui qui a les jambes arquées en dedans : Vatinius, celui qui a les jambes contournées.   Gueroult.

CIX, page 198, ligne 19. *Portentis.* Aristote, le père de l'histoire naturelle, considère les monstres comme des exceptions aux lois générales. Jusqu'à nos jours les naturalistes et les médecins mêmes avaient fait peu d'attention à cet objet, auquel

quelques contemporains veulent attacher une très-grande importance. Tout récemment on a prétendu faire de l'étude des monstres une zoologie nouvelle, parallèle à la zoologie des êtres ré-
guliers. On a jugé applicables à la classification des monstres, et
la méthode catégorique, et la nomenclature binaire de Linnée,
et généralement toutes les règles inventées par les naturalistes.

Le Pline français, Buffon, a, le premier, proposé une classification des monstruosités. Il dit qu'on peut réduire à trois classes
tous les monstres possibles : 1º les monstres par excès ; 2º les
monstres par défaut ; 3º ceux qui offrent quelques irrégularités
dans la grandeur, la situation respective et la structure des
parties.

Le philosophe Bonnet (*Considérat. sur les corps organisés*,
tom. VII, pag. 73) établit quatre classes de monstruosités : la
première renferme les vices de conformation extraordinaire de
quelques organes ; la deuxième, les vices où les organes ou les
membres ont une situation irrégulière ; la troisième les déviations
organiques par défaut ; la quatrième enfin les monstruosités par
excès, que les parties soient ou ne soient pas suivant le type
normal de l'espèce.

Blumenbach, dans son *Manuel d'histoire naturelle*, rapporte
aussi les déviations organiques ou monstruosités à quatre modifications principales : 1º changemens de forme ou forme irrégulière des parties individuelles ; 2º changemens de situation des
organes ; 3º vices par défaut ; 4º vices par excès.

Le professeur Huber établit neuf classes de monstruosités ;
Voigtel dix et Malacarne seize. Mais Treviranus (*Biolog.*, tom. III,
pag. 425) les réduit à deux : monstruosités qualitatives et quan-
titatives. J. Fr. Meckel, auteur d'une *Anatomie pathologique* estimée, revient à la division de Buffon, ajoutant seulement une
quatrième classe pour les hermaphrodites. MM. Chaussier et
Adelon (*Diction. des Sciences médicales*, tom. XXXI) la reprodui-
sent avec moins de changemens encore. Enfin, M. G. Breschet
(*Dict. de Méd.*, tom. VI), considérant les monstruosités comme
une classe de maladies, déviations organiques ou cacogénèses,
la divise en quatre ordres, subdivisés en un nombre prodigieux
de genres et d'espèces. L'ordre premier est celui des agénèses,

déviation organique avec diminution de la force formatrice ; le deuxième, des hypergénèses, déviation organique avec augmentation de la force formatrice ; le troisième, des diplogénèses, déviation organique avec réunion des germes ; le quatrième, des hétérogénèses, déviation organique avec qualités étrangères du produit de la génération.

Voilà par quel progrès l'esprit humain a tenté de soumettre à des règles les aberrations de la nature, lorsqu'elle paraît s'être affranchie de ses lois ordinaires.

Mais au moment que je trace ces lignes, de nouvelles classifications paraissent en foule, en sorte que dans l'énorme quantité de ces productions que chaque jour voit éclore, je ne sais à laquelle m'arrêter. Dieu veuille que ce fléau ne nous afflige pas davantage, et que le goût de la véritable science, que la jeunesse abandonne pour des découvertes frivoles et éphémères, renaisse parmi nous !

M. Geoffroy Saint-Hilaire, qui a fait tant de recherches sur les monstres (*Considérat. générales sur les monstres*, Paris, 1826), ne s'en tient pas à un stérile catalogue : son but est de s'en servir pour pénétrer plus avant dans le labyrinthe de l'anatomie physiologique. Ce peut être, en effet, un spectacle instructif que celui de l'organisation étudiée dans ses actes irréguliers. La nature, comme surprise dans des momens d'hésitation et d'impuissance, peut nous dévoiler quelques-uns de ses secrets.

Le principe de l'unité de composition organique, entre les mains de M. Geoffroy, reçoit un nouveau lustre de l'étude anatomique des monstruosités. Suivant lui, toutes les formes diverses, sous lesquelles se manifeste l'organisation, sortent d'un même type. Loin de regarder les monstres comme des exceptions aux lois générales, il les considère comme des ébauches qui ne seraient point achevées, comme des états représentant des degrés divers d'organisation.

Les diverses sortes de monstruosités connues jusqu'à présent sont tellement nombreuses, qu'à moins de faire un gros livre, je ne saurais faire de chacune une description détaillée. M. Geoffroy n'a pas poussé à bout ses recherches. L'*Anatomie comparée des monstruosités animales*, par M. Serres, entreprise sur le même plan, contient seulement les élemens de cette science. Entre les plus fameuses, je citerai celles des monstres qu'on nomme aujourd'hui hétéradelphes, hypognathes, hermaphrodites, hypérencéphales, polyops, acéphales, anencéphales, cyclopes, agènes, thlipsencéphales, notencéphales, rhinencéphales, podencéphales, aspalasomes, les monstres par inclusion, etc. La plupart de ces mots emportent leur signification.

Les anatomistes modernes n'ont pas seulement essayé de classer méthodiquement les monstres : ils ont tenté encore d'expliquer les lois suivant lesquelles ils supposent que leur formation a lieu, considérant les faits observables, relativement aux monstres, comme des expériences en quelque sorte préparées d'avance par la nature pour montrer aux physiologistes les principes de la composition organique.

La plus célèbre de ces lois est celle que M. Geoffroy a préconisée sous le nom de balancement, loi par laquelle le développement excessif d'une partie a toujours lieu aux dépens d'une autre. Une autre loi, aussi bien établie, est celle qui est relative à la plus grande fréquence des monstruosités dans les parties qui reçoivent leurs nerfs du trisplanchnique ou grand sympathique : tels les intestins, la vessie, les organes génitaux, les vaisseaux sanguins.

On a observé encore que le trouble des parties est borné dans certaines limites : on n'a, par exemple, jamais trouvé les poumons dans le crâne, ou le cerveau dans le bas-ventre, l'aorte abouchée à l'intestin, etc. Les animaux supérieurs peuvent produire des monstruosités qui ressemblent à des espèces inférieures; mais celles-ci ne produisent jamais de monstruosités qui ressemblent à un type plus élevé. Généralement la durée des monstres par excès est plus grande que celle des autres; plusieurs ont même vécu âge d'homme.

La comparaison des monstres de toutes sortes, dit M. Cuvier, a conduit M. Serres à ce résultat général, que les monstruosités semblables coïncident toujours avec des dispositions semblables du système sanguin.

Ainsi les acéphales complets sont privés de cœur, les anencéphales de carotides internes. Ceux qui n'ont pas d'extrémités postérieures n'ont pas d'artères fémorales ; et ceux qui manquent d'extrémités antérieures manquent aussi d'artères axillaires. Il y a une double artère descendante dans les monstres doubles par en bas, et une double aorte dans ceux qui le sont par en haut.

M. Serres assure même que les parties surnuméraires, quelle qu'en soit la position à la périphérie du corps, doivent toujours leur naissance à l'artère propre à l'organe qu'elles doublent ; qu'une partie antérieure sur-ajoutée, par exemple, même au dessous du menton, reçoit une artère axillaire qui rampe sous la peau du cou, pour aller vivifier ce membre insolite.

Il n'a trouvé aucune exception à cette règle dans les nombreuses monstruosités dont il a fait la dissection. De là résulte que ces sortes d'anomalies sont restreintes dans certaines limites : une tête, par exemple, ne se verra jamais implantée sur le sacrum, parce que ce trajet serait trop long et trop embarrassé pour les carotides ou les vertébrales surnuméraires.

Il en résulte aussi que ces organes surnuméraires ne peuvent être que des répétitions plus ou moins exactes des parties propres à l'animal, dans lequel on les observe ; qu'un monstre humain n'aura pas en plus des pieds de quadrupède ou d'oiseau, et réciproquement. Il n'est jamais arrivé qu'à des personnes peu versées dans la science anatomique, de pouvoir croire retrouver, dans un monstre, la combinaison de différentes parties propres à diverses classes ou à diverses espèces.

Toutes les monstruosités qu'a examinées M. Geoffroy lui ont fourni la preuve que l'organisation fondamentale se conserve toujours au milieu même des anomalies. Ainsi, dans les becs de lièvre, il ne s'agit que d'une solution des articulations, soit des os intermaxillaires entre eux, quand le bec de lièvre est simple ; soit de ces os avec les maxillaires, quand il est double : dans les fétus à trompe, c'est le défaut d'ossification ou de développement des os de la cavité nasale qui laisse les parties molles du nez en quelque sorte suspendues par le rapprochement ou la confusion des yeux, et représentant souvent, avec beaucoup d'exactitude, une trompe de tapir ou d'éléphant. Dans un monstre, né à Lille, qui avait non-seulement le cerveau hors du crâne, et porté comme par une espèce de pédicule podencéphale, mais les viscères de la poitrine et de l'abdomen en grande partie hors de leurs cavités, on retrouvait cependant les os du crâne sous le cerveau qu'ils auraient dû couvrir, et les os de la poitrine seulement écartés les uns des autres : ce déplacement du cerveau, du cœur, des poumons, du foie et de quelques autres viscères, avait produit sur ces organes et sur ceux qui étaient restés dans l'intérieur de grands changemens de configuration.

Dans les monstres du genre anencéphale, caractérisés par la privation du cerveau et de la moelle épinière, le système osseux est profondément modifié ; car, au lieu de se maintenir dans son état tubuleux, chacun de ses élémens, chaque anneau vertébral est ouvert. M. Geoffroy a reconnu, parmi les antiquités égyptiennes de M. Pasalacqua, un monstre de ce genre qui a été déterré à Hermopolis, dans des catacombes réservées aux animaux, au milieu d'un grand nombre de cadavres de singes. Il suppose que les mauvais présages attachés par la superstition aux produits monstrueux, ont fait reléguer celui-là loin des sépultures des hommes, et il croit en trouver la preuve dans un amulette trouvé auprès de la momie, honneur qui n'était fait qu'aux êtres de race humaine. Cet amulette, qui représente un singe cynocéphale, dont la pose est ordinairement celle d'un homme assis, avait servi de modèle à l'attitude donnée à la momie monstrueuse.

Au reste ce qui concerne la génération des monstres est encore enveloppé d'épaisses ténèbres. Les idées d'évolution incomplète, d'arrêt de développement, qui ont fait tant de bruit dans ces derniers temps, ne sont point applicables aux hétéradelphes, ou fétus accouplés, connus des anciens, et les plus fameux de tous, ni aux hypognathes, qui comprennent les monstres par inclusion, peut-être les plus surprenans, ni même aux aspalasomes, aux hypérencéphales, monstres par éventration.

Dans aucun de ces cas, non plus, on ne voit clairement la loi de balancement.   Doé.

LIVRE DOUZIÈME.

C. PLINII SECUNDI

HISTORIARUM MUNDI

LIBER XII.

ARBORUM NATURÆ.

Honor earum.

I. ANIMALIUM omnium, quæ nosci potuere, naturæ
generatim membratimque ita se habent. Restant neque
ipsa anima carentia (quandoquidem nihil sine ea vivit)
terra edita, ut inde eruta dicantur, ac nullum silea-
tur naturæ opus. Diu fuere occulta ejus beneficia,
summumque munus homini datum, arbores, silvæque
intelligebantur. Hinc primum alimenta, harum fronde
mollior specus, libro vestis. Etiamnum gentes sic degunt. Quo magis ac magis admirari subit, ab iis prin-
cipiis cædi montes in marmora, vestes ad Seras peti:
unionem in Rubri maris profundo, smaragdum in ima
tellure quæri. Ad hoc excogitata sunt aurium vulnera:
nimirum quoniam parum erat collo crinibusque gestari,
nisi infoderentur etiam corpori. Quamobrem sequi par

HISTOIRE NATURELLE

DE PLINE.

LIVRE XII.

HISTOIRE NATURELLE DES ARBRES.

Place honorable des arbres dans la nature.

I. Nous venons d'exposer, tant en général que dans ses détails anatomiques, la nature de tous les animaux que l'on a pu connaître. Il nous reste à parler des productions de la terre, qui ont également une âme, car rien ne peut vivre sans âme. Puis nous traiterons de ce qui se tire du sein même de la terre, pour ne rien omettre de tous les ouvrages de la nature. Ses bienfaits demeurèrent long-temps ignorés, et l'on regardait jadis les plantes et les forêts comme le plus grand don qu'elle eût pu faire au genre humain : aussi l'homme en a-t-il d'abord tiré sa nourriture, a-t-il rendu sa caverne plus moelleuse par leur feuillage, fait ses habits avec leur écorce. Quelques peuples vivent encore de la sorte. Ne doit-on pas s'étonner de plus en plus que, de cette simplicité première, on en soit au point de couper les montagnes pour en arracher le marbre ; de courir chez les

est ordinem vitæ, et arbores ante alia dicere, ac moribus primordia ingerere.

II. 1. Hæc fuere numinum templa, priscoque ritu simplicia rura etiam nunc deo præcellentem arborem dicant. Nec magis auro fulgentia atque ebore simulacra, quam lucos, et in iis silentia ipsa adoramus. Arborum genera numinibus suis dicata perpetuo servantur : ut Jovi esculus, Apollini laurus, Minervæ olea, Veneri myrtus, Herculi populus. Quin et Silvanos, Faunosque, et dearum genera silvis, ac sua numina, tamquam et cælo, adtributa credimus. Arbores postea blandioribus fruge succis hominem mitigavere. Ex iis recreans membra olei liquor, viresque potus vini : tot denique sapores annui sponte venientes : et mensæ (depugnetur licet earum causa cum feris, et pasti naufragorum corporibus pisces expetantur) etiamnum tamen secundæ. Mille præterea sunt usus earum, sine quis vita degi non possit. Arbore sulcamus maria terrasque admovemus : arbore exædificamus tecta : arbore et simulacra numinum fuere, nondum pretio excogitato belluarum cadaveri ;

Sères pour en rapporter des vêtemens ; enfin d'aller chercher des perles au fond de la mer Rouge, des émeraudes
dans les entrailles de la terre ? Voilà pourquoi l'on imagina de se percer les oreilles. C'était trop peu sans
doute pour l'homme de porter des pierreries au cou et
dans les cheveux, il fallait encore les incruster dans son
corps. Aussi, afin de suivre la marche de la vie, nous
allons parler des arbres, et peindre les mœurs des premiers siècles.

II. 1. Les arbres furent les premiers temples ; et nous
voyons aujourd'hui les campagnes, fidèles encore à la
simplicité de l'ancien culte, consacrer leur plus bel
arbre à la Divinité ; les images des dieux, brillantes d'or
et d'ivoire, ne nous inpirent pas plus de vénération que
les bois sacrés, et leur silence même. Les arbres demeurent toujours consacrés chacun à une divinité particulière : le chêne à Jupiter, le laurier à Apollon, l'olivier
à Minerve, le myrte à Vénus, le peuplier à Hercule.
Des Sylvains, des Faunes, et certaines déesses, ont été
attribués aux forêts, qui ont leurs dieux comme le ciel,
suivant la croyance vulgaire. Dans la suite, les arbres,
par leurs sucs plus agréables que les grains, ont donné
à l'homme une vie plus douce. C'est d'eux que nous recevons l'huile, qui délasse les membres ; le vin, qui ranime les forces ; enfin tous ces fruits savoureux qui
viennent chaque année spontanément ; aujourd'hui même
encore ils composent nos seconds services, quoique,
pour couvrir nos tables, nous fassions la guerre aux
hôtes des forêts, et que nous allions chercher les poissons
repus des cadavres des naufragés. Les arbres sont, en

atque ut, a diis nato jure luxuriæ, eodem ebore numinum ora spectarentur, et mensarum pedes. Produnt
Alpibus coercitas, et tum inexsuperabili munimento
Gallias, hanc primum habuisse causam superfundendi
se Italiæ, quod Helico ex Helvetiis civis earum, fabri-
lem ob artem Romæ commoratus, ficum siccam et uvam,
oleique ac vini præmissa remeans secum tulisset. Quapropter hæc vel bello quæsisse venia sit.

De peregrinis arboribus. Platanus quando primum in Italia,
et unde.

III. Sed quis non jure miretur, arborem umbræ gratia tantum ex alieno petitam orbe? Platanus hæc est,
mare Ionium in Diomedis insulam ejusdem tumuli gratia primum invecta, inde in Siciliam transgressa, atque
inter primas donata Italiæ, et jam ad Morinos usque
pervecta, ac tributarium etiam detinens solum, ut gentes
vectigal et pro umbra pendant. Dionysius prior, Siciliæ
tyrannus, regiam in urbem transtulit eas, domus suæ

outre, employés à mille usages indispensables à la vie. Avec les arbres nous sillonnons les mers et rapprochons les terres ; avec les arbres nous construisons des maisons ; les arbres furent même employés aux statues des divinités avant qu'on eût attaché du prix au cadavre des animaux, et qu'on se fût avisé, comme pour trouver chez les dieux l'autorisation du luxe, de reproduire leurs traits avec cet ivoire qui sert également à décorer les pieds de nos tables. On rapporte que les Gaulois, arrêtés par les Alpes, rempart jusqu'alors insurmontable, se déterminèrent pour la première fois à se répandre sur l'Italie, parce que Hélicon, artisan helvétien, ayant travaillé quelque temps à Rome, en avait rapporté des figues sèches et des raisins, de l'huile et du vin d'élite. Qu'on les excuse donc d'avoir recherché ces productions, même au prix de la guerre.

Des arbres exotiques, Époque de l'apparition du platane en Italie, et d'où il venait.

III. Mais qui ne sera surpris, à juste titre, qu'on ait fait venir d'un monde étranger un arbre qui n'est bon qu'à procurer de l'ombrage? c'est le platane, apporté d'abord, à travers la mer Ionienne, dans l'île de Diomède pour orner le tombeau de ce héros; de là il passa en Sicile, et c'est un des premiers arbres étrangers donnés à l'Italie. Déjà il est parvenu chez les Morins ; mais le terrain qu'il y occupe est sujet à un tribut, et des nations paient un impôt même pour de l'ombre. Denys l'Ancien, tyran de Sicile, le transporta dans sa capitale : ce fut la mer-

miraculum, ubi postea factum gymnasium : nec potuisse
in amplitudinem adolescere, ut alias fuisse in Italia, ac
nominatim Hispania , apud auctores invenitur.

Natura earum.

IV. Hoc actum circa captæ Urbis ætatem : tantum-
que postea honoris increvit , ut mero infuso enutriantur : compertum id maxime prodesse radicibus : docui-
musque etiam arbores vina potare.

Miracula ex his.

V. Celebratæ sunt primum in ambulatione Academiæ
Athenis cubitorum xxxiii a radice ramos antecedente.
Nunc est clara in Lycia gelidi fontis socia amœnitate,
itineri apposita, domicilii modo , cava octoginta atque
unius pedum specu, nemorosa vertice, et se vastis pro-
tegens ramis, arborum instar, agros longis obtinet um-
bris : ac ne quid desit speluncæ imagini, saxeæ intus
crepidinis corona muscosos complexa pumices : tam
digna miraculo, ut Licinius Mucianus ter consul, et
nuper provinciæ ejus legatus, prodendum etiam posteris
putarit, epulatum intra eam se cum duodevicesimo co-
mite : large ipsa toros præbente fronde, ab omni afflatu

veille de son palais, dans le lieu où, depuis, fut établi
le gymnase; mais ces platanes n'y parvinrent pas à une
grande hauteur. Quelques écrivains remarquent qu'il y
en avait aussi en Italie, et notamment en Espagne.

Nature des platanes.

IV. Ceci se passa vers le temps de la prise de Rome.
On donna dans la suite tant de prix aux platanes,
qu'aujourd'hui on les nourrit avec du vin pur. On a reconnu que cette liqueur fait beaucoup de bien aux racines, et nous avons instruit même les arbres à s'a-
breuver de vin.

Faits merveilleux qui s'y rapportent.

V. Les premiers platanes dont on ait beaucoup parlé
ornaient, dans Athènes, la promenade de l'Académie ;
leurs racines, plus longues que les branches, avaient
trente-trois coudées. Il existe aujourd'hui en Lycie un
platane célèbre, dont le charme s'unit à celui d'une
fraîche fontaine. Placé sur le chemin, il offre pour
asile une grotte de quatre-vingt-un pieds, creusée dans
le tronc ; il a pour cime une forêt, et, s'entourant
de vastes rameaux qui semblent autant d'arbres, il
couvre la campagne d'une ombre immense. Afin que
rien ne manque à l'image d'une grotte, l'intérieur est
garni d'un rang de pierres-ponces revêtues de mousse.
Cet arbre est si merveilleux, que Lucinius Mucianus, trois
fois consul, et dernièrement lieutenant en Lycie, a cru

securum, optantem imbrium per folia crepitus, lætio-
rem, quam marmorum nitore, picturæ varietate, la-
quearium auro, cubuisse in eadem. Aliud exemplum
Caii principis, in Veliterno rure mirati unius tabulata,
laxeque ramorum trabibus scamna patula, et in ea epu-
lati, quum ipse pars esset umbræ, quindecim convivarum
ac ministerii capace triclinio, quam cenam appellavit ille
nidum. Est Gortynæ in insula Creta juxta fontem platanus una, insignis utriusque linguæ monumentis, numquam folia dimittens : statimque ei Græciæ fabulositas
superfuit, Jovem sub ea cum Europa concubuisse : ceu
vero non alia ejusdem generis esset in Cypro. Sed ex
ea primum in ipsa Creta (ut est natura hominum no-
vitatis avida) platani satæ regeneravere vitium : quandoquidem commendatio arboris ejus non alia major est,
quam solem æstate arcere, hieme admittere. Inde in
Italiam quoque ac suburbana sua, Claudio principe,
Marcelli Æsernini libertus, sed qui se potentiæ causa
Cæsaris libertis adoptasset, spado Thessalicus prædives,
ut merito dici posset is quoque Dionysius, transtulit id
genus. Durantque etiam in Italia portenta terrarum,
præter illa scilicet, quæ ipsa excogitavit Italia.

devoir transmettre à la postérité, qu'il mangea dans cette grotte avec dix-huit personnes, que le feuillage lui fournissait abondamment des lits, qu'il y était à l'abri de tous les vents, et prêtait l'oreille sans entendre le bruit de la pluie qui frappait le feuillage, plus content que de l'éclat des marbres, des couleurs variées de la peinture, de la dorure des lambris, et qu'il y passa la nuit. Caligula admira, dans le territoire de Vélitres, un platane dont les branches formaient un plancher, avec des bancs très-larges disposés à l'entour. Il dîna avec quinze convives dans cette salle; et, quoiqu'il occupât bien sa part de l'ombre, il y eut assez de place pour les gens nécessaires au service. Il appela ce repas le festin du nid. A Gortyne, dans l'île de Crète, il existe auprès d'une fontaine un platane que les Grecs et les Romains ont célébré dans leurs écrits. Il ne perd jamais ses feuilles; aussi n'échappa-t-il pas aux fables de la Grèce, et Jupiter, sous cet arbre, avait eu commerce avec Europe; comme s'il n'existait pas dans l'île de Cypre d'autres platanes de même espèce! Grâce à la nature humaine, toujours avide de nouveauté, il fournit d'abord à la Crète des rejetons qui reproduisirent ce défaut; car cet arbre n'a pas de mérite plus grand que celui d'arrêter la chaleur du soleil en été, et de la laisser passer en hiver. Du temps de l'empereur Claude, cette espèce fut transportée de Crète en Italie par un affranchi de Marcellus Æserninus, mais qui, par ambition, s'était fait mettre au nombre des affranchis de l'empereur. Cet eunuque thessalien la fit planter dans sa maison de campagne, et pourrait avec raison être appelé un autre Denys. On

Chamæplatani. Quis primum viridaria tondere instituerit.

VI. 2. Namque et chamæplatani vocantur coactæ brevitatis : quoniam arborum etiam abortus invenimus. Hoc quoque ergo in genere, pumilionum infelicitas dicta erit. Fit autem et serendi genere, et recidendi. Primus C. Matius ex equestri ordine, divi Augusti amicus, invenit nemora tonsilia intra hos LXXX annos.

Malum Assyrium quomodo seratur.

VII. 3. Peregrinæ et cerasi, Persicæque, et omnes quarum Græca nomina aut aliena : sed quæ ex his incolarum numero esse cœpere, dicentur inter frugiferas. In præsentia externas persequemur, a salutari maxime orsi. Malus Assyria, quam alii vocant Medicam, venenis medetur. Folium ejus est unedonis, intercurrentibus spinis. Pomum ipsum alias non manditur : odore præcellit foliorum quoque, qui transit in vestes una conditus, arcetque animalium noxia. Arbor ipsa omnibus horis pomifera est, aliis cadentibus, aliis maturescentibus,

voit encore en Italie de ces prodiges exotiques, indépendamment de ceux que l'Italie elle-même a inventés.

Chamé-platanes. Nom de l'homme qui eut l'idée de tailler les bosquets.

VI. 2. Tel est le chamé-platane (platane nain), que sa petitesse forcée a fait ainsi nommer ; car nous avons trouvé moyen de faire avorter même les arbres. J'aurai donc aussi, dans le règne végétal, parlé de la disgrâce des nains. On se les procure, et par la manière de les planter, et par celle de les tailler. Caïus Matius, chevalier romain en faveur auprès d'Auguste, imagina le premier, il y a quatre-vingts ans, de tondre les bosquets.

Comment se plante le pommier d'Assyrie.

VII. 3. Les cerisiers, les pêchers, et tous les arbres dont les noms sont grecs ou d'une autre langue, sont exotiques. Lorsque je traiterai des arbres à fruit, je parlerai de ceux d'entre eux qui ont commencé à se naturaliser chez nous. Occupons-nous, pour le moment, des arbres étrangers, en commençant par le plus salutaire de tous. Le pommier d'Assyrie (citronnier), que d'autres nomment médique, est un excellent antidote. Sa feuille ressemble à celle de l'unédon (arbousier), qu'on armerait de quelques piquans. Le fruit ne se mange pas. L'arbre se distingue aussi par l'odeur de ses feuilles, qui se communique aux étoffes avec les-

aliis vero subnascentibus. Tentavere gentes transferre ad
sese propter remedii præstantiam fictilibus in vasis, dato
per cavernas radicibus spiramento: qualiter omnia trans-
itura longius seri arctissime transferrique meminisse
conveniet, ut semel quæque dicantur. Sed nisi apud
Medos, et in Perside, nasci noluit. Hæc est autem,
cujus grana Parthorum proceres incoquere diximus esculentis, commendandi halitus gratia. Nec alia arbor
laudatur in Medis.

Indiæ arbores.

VIII. 4. Lanigeras Serum in mentione gentis ejus
narravimus: item Indiæ arborum magnitudinem. Unam
e peculiaribus Indiæ Virgilius celebravit ebenum, nusquam alibi nasci professus. Herodotus eam Æthiopiæ
intelligi maluit, in tributi vicem regibus Persidis e materie ejus centenas phalangas tertio quoque anno pensitasse Æthiopas, cum auro et ebore prodendo. Non
omittendum id quoque: vicenos dentes elephantorum
grandes, quoniam ita significavit, Æthiopas ea de causa

quelles on l'enferme, et qu'elle garantit des insectes nuisibles. Il porte des fruits dans toutes les saisons : tandis
que les uns tombent, d'autres mûrissent, et d'autres
commencent à se former. Des nations ont essayé, à cause
de son efficacité contre les poisons, de le transporter
chez elles, dans des vases d'argile, où l'on donnait de
l'air aux racines par des trous : car, soit dit une fois
pour toutes, les arbres qu'on veut faire voyager loin
doivent être étroitement plantés dans les caisses qui
servent à les transporter. Au reste, le citronnier a refusé jusqu'ici de naître ailleurs que chez les Mèdes et
dans la Perse. Ce sont les graines de citron que les
grands, chez les Parthes, font cuire dans leurs ragoûts
(comme nous l'avons dit), afin de se donner une haleine
agréable. Nul autre arbre dans la Médie ne mérite une
distinction particulière.

Arbres de l'Inde.

VIII. 4. Les arbres à laine des Sères ont été décrits
dans la notice que nous avons donnée sur cette nation.
Nous avons aussi parlé de la grandeur des arbres de
l'Inde. De tous ceux qui appartiennent spécialement à
cette contrée, Virgile n'a parlé que de l'ébénier. Il assure qu'il ne naît pas ailleurs. Hérodote croit plutôt
que c'est un arbre d'Éthiopie. Il écrit en effet que tous
les trois ans les Éthiopiens envoyaient en tribut au roi
de Perse cent bûches de ce bois, avec de l'or et de l'ivoire;
et n'omettons pas non plus cette circonstance; car, suivant les expressions de l'historien, les Éthiopiens payaient

pendere solitos. Tanta ebori auctoritas erat, Urbis nostræ trecentesimo decimo anno : tunc enim auctor ille historiam eam condidit Thuriis in Italia. Quo magis mirum est, quod eidem credimus, qui Padum amnem vidisset, neminem ad id tempus Asiæ Græciæque, aut sibi cognitum. Æthiopiæ forma, ut diximus, nuper allata Neroni principi, raram arborem Meroen usque a Syene fine imperii, per DCCC XCVI M passuum, nullamque nisi palmarum generis esse docuit. Ideo fortassis in tributi auctoritate tertia res fuerit ebenus.

Quando primum Romæ visa ebenus. Quæ genera ejus.

IX. Romæ eam Magnus Pompeius in triumpho Mithridatico ostendit. Accendi Fabianus negat : uritur tamen odore jucundo. Duo genera ejus : rarum id, quod melius, arboreum, trunco enodi, materie nigri splendoris, ac vel sine arte protinus jucundi : alterum fruticosum cytisi modo, et tota India dispersum est.

en tribut vingt grandes dents d'éléphant. Le prix de
l'ivoire était donc déjà bien élevé vers l'an 3io de Rome;
car c'est à cette époque qu'il écrivait son histoire à Thu-
rium, en Italie. N'est-il pas surprenant qu'on ajoute foi
à cet auteur, quand il dit que personne jusqu'alors,
parmi les habitans de la Grèce ou de l'Asie, du moins à sa
connaissance, n'avait vu les rives du Pô? La carte d'Éthiopie nouvellement apportée, comme nous l'avons dit plus
haut, à l'empereur Néron, nous a instruits que depuis
Syène, qui borne notre empire, jusqu'à Méroé, c'est-à-
dire dans l'étendue de huit cent quatre-vingt-seize milles,
la végétation est rare, et qu'il n'existe presque pas
d'autres arbres que ceux du genre des palmiers. C'est
peut-être pour cela que l'ébène, parmi les tributs, tenait le troisième rang.

**Quand Rome vit l'ébène pour la première fois. Diverses espèces
d'ébène.**

IX. Le grand Pompée fit voir l'ébène à Rome dans
son triomphe sur Mithridate. Fabianus dit que ce bois
ne s'enflamme point; il se consume pourtant, en répen-
dant une odeur agréable. Il y a deux sortes d'ébé-
niers : le meilleur et le plus rare est un arbre dont le
tronc n'a point de nœuds, et dont le bois n'a pas besoin
du secours de l'art pour être beau; l'autre est un arbrisseau qui ressemble au cytise, et qui est commun dans
toute l'étendue des Indes.

Spina Indica.

X. 5. Ibi et spina similis, sed deprehensa vel lucernis, igni protinus transiliente. Nunc eas exponam, quas
mirata est Alexandri Magni victoria, orbe eo patefacto.

Ficus Indica.

XI. Ficus ibi exilia poma habet. Ipsa se semper serens, vastis diffunditur ramis : quorum imi adeo in
terram curvantur, ut annuo spatio infigantur, novam-
que sibi propaginem faciant circa parentem in orbem,
quodam opere topiario. Intra sepem eam æstivant pas-
tores, opacam pariter et munitam vallo arboris, decora
specie subter intuenti, proculve, fornicato ambitu. Superiores ejusdem rami in excelsum emicant, silvosa
multitudine, vasto matris corpore, ut lx passus plerique orbe colligant, umbra vero bina stadia operiant.
Foliorum latitudo peltæ effigiem Amazonicæ habet : hac
causa fructum integens, crescere prohibet. Rarusque
est, nec fabæ magnitudinem excedens : sed per folia
solibus coctus prædulci sapore, dignus miraculo arboris : gignitur circa Acesinen maxime amnem.

Épine indienne.

X. 5. Il y a aussi dans les Indes une sorte d'épine qui lui ressemble, mais qui s'en distingue, parce que, exposée même à la flamme d'une lampe, elle laisse aussitôt passer la lumière. Nous allons maintenant parler des arbres qui firent l'admiration d'Alexandre-le-Grand lorsque ce monde lui fut ouvert par la victoire.

Figuier indien.

XI. Le figuier y porte des fruits très-petits. Cet arbre, se multipliant toujours par lui-même, étend de vastes branches, dont les plus basses se courbent vers la terre, au point qu'elles y prennent racine dans l'espace d'un an, et qu'elles forment une nouvelle plantation autour du tronc principal, comme si elles avaient été disposées par l'art du jardinier. Les bergers se retirent l'été dans cette enceinte, ombragée à la fois et fortifiée par l'arbre même, et qui, à l'intérieur ou de loin, est agréable à l'œil, par les arcades de sa circonférence. Les branches supérieures se portent en haut, et leur multitude forme une forêt au dessus de l'énorme tige maternelle, de manière à ce que l'ensemble s'arrondisse en un cercle de soixante pas, et dont l'ombre couvre deux stades. La largeur de la feuille représente un bouclier d'amazone ; et, en cachant le fruit, elle l'empêche de croître. Les figues sont peu nombreuses, et n'excèdent pas la grosseur d'une fève ; mais, cuites par le soleil à travers le feuillage, elles sont très-douces, et dignes de

Arbor pala : pomum ariena.

XII. 6. Major alia : pomo et suavitate præcellentior, quo sapientes Indorum vivunt. Folium alas avium imitatur, longitudine trium cubitorum, latitudine duum. Fructum cortice mittit, admirabilem succi dulcedine, ut uno quaternos satiet. Arbori nomen palæ, pomo arienæ. Plurima est in Sydracis, expeditionum Alexandri termino. Est et alia similis huic, dulcior pomo, sed interaneorum valetudini infesta. Edixerat Alexander, ne quis agminis sui id pomum attingeret.

Indicarum arborum formæ sine nominibus. Liniferæ Indiæ arbores.

XIII. Genera arborum Macedones narravere, majore ex parte sine nominibus. Est et terebintho similis cetera, pomo amygdalis, minore tantum magnitudine, præcipuæ suavitatis. In Bactris utique hanc aliqui terebinthum esse proprii generis potius, quam similem ei, putaverunt. Sed unde vestes lineas faciunt, foliis moro similis, calyce pomi, cynorrhodo. Serunt eam in campis, nec est gratior villarum prospectus.

l'arbre merveilleux qui les produit. Ce figuier se trouve spécialement aux environs du fleuve Acésine.

L'arbre pala : le fruit ariéna.

XII. 6. Il y en a un autre plus grand, qui l'emporte par la grosseur et la douceur de son fruit, dont les sages de l'Inde se nourrissent. La feuille imite une aile d'oiseau. Elle a trois coudées de long et deux de large. Le fruit sort de l'écorce, est d'un goût exquis, et un seul suffit pour rassasier quatre personnes. Cet arbre se nomme pala, et son fruit ariéna. Il est en grand nombre dans la Sydracie, terme des expéditions d'Alexandre. Il existe encore un autre arbre semblable à celui-ci, dont le fruit est plus doux, mais cause la dysenterie. Alexandre avait expressément défendu à son armée d'y toucher.

Description d'arbres indiens anonymes. Arbres indiens qui portent du lin.

XIII. Les Macédoniens parlaient de plusieurs autres arbres, sans assigner de nom au plus grand nombre d'entre eux. Il en est un qui ressemble au térébinthe pour tout le reste, mais dont le fruit, moins gros qu'une amande, a une saveur exquise. Quelques-uns ont pensé que cet arbre, qui se trouve dans la Bactriane, est plutôt le térébinthe qu'un autre qui lui soit semblable. Celui d'où l'on tire les habits de lin ressemble au mûrier par ses feuilles, et au cynorrhodon (églantier) par la cou-

XIV. 7. Oliva Indiæ sterilis, præterquam oleastri
fructu. Passim vero quæ piper gignunt, juniperis nostris
similes : quamquam in fronte Caucasi solibus opposita
gigni tantum eas aliqui tradidere. Semina a junipero
distant parvulis siliquis, quales in faseolis videmus. Hæ,
priusquam dehiscant, decerptæ, tostæque sole, faciunt
quod vocatur piper longum : paulatim vero dehiscentes
maturitate, ostendunt candidum piper : quod deinde
tostum solibus, colore rugisque mutatur. Verum et iis
sua injuria est, atque cæli intemperie carbunculantur,
fiuntque semina cassa et inania, quod vocant brechma,
sic Indorum lingua significante abortum. Hoc ex omni
genere asperrimum est, levissimumque, et pallidum.
Gratius nigrum : lenius utroque candidum. Non est hujus arboris radix, ut aliqui existimavere, quod vocant
zimpiberi, alii vero zingiberi, quamquam sapore simile.
Id enim in Arabia atque Troglodytica in villis nascitur,
parvæ herbæ, radice candida. Celeriter ea cariem sentit, quamvis in tanta amaritudine. Pretium ejus in libras, vi. Piper longum facillime adulteratur Alexan-

ronne de son fruit. On le plante en pleine terre, et il
donne un aspect des plus agréables aux campagnes.

Poivriers. Des diverses espèces de poivre. Brechma. Zingiberi et
zimpiberi.

XIV. 7. Les oliviers de l'Inde sont stériles, excepté
les oliviers sauvages. Les arbres qui portent le poivre y
sont communs, et ressemblent à nos genévriers : quelques-uns prétendent cependant qu'ils ne croissent que
sur la partie du mont Caucase qui est le plus exposée
au soleil. Leurs graines diffèrent du genièvre par leurs
petites gousses, semblables à celles des faséoles. Si on
cueille ces gousses avant qu'elles s'ouvrent, elles donnent, séchées au soleil, ce qu'on nomme poivre-long. Si,
au contraire, elles s'ouvrent peu à peu en mûrissant,
elles donnent le poivre blanc, qui, desséché ensuite
au soleil, se ride et change de couleur. Elles éprou-
vent aussi des altérations ; elles sont brouies par les
intempéries de l'air, et leurs fruits deviennent alors creux
et vides, ce que les Indiens nomment *brechma*, terme
qui, dans leur langue, indique l'avortement. Le poivre
est, dans ce cas, très-âcre, très-léger et pâle. Le poivre
noir est d'un goût plus agréable; le blanc est moins piquant que les deux autres. Ce n'est pas la racine du poivrier, comme quelques écrivains l'ont pensé, qui porte
le nom de *zimpiberi*, ou, suivant d'autres, celui de
zingiberi, quoique la saveur soit la même, car le gingembre croît dans l'Arabie et dans le pays des Troglodytes. C'est une racine blanche qui appartient à une

drino sinapi. Emitur in libras, x , xv. Album , x , vii ;
nigrum, x, iv. Usum ejus adeo placuisse mirum est. In
aliis quippe suavitas cepit , in aliis species invitavit :
huic nec pomi nec baccæ commendatio est aliqua : sola
placere amaritudine, et hanc in Indos peti. Quis illa
primus experiri cibis voluit? aut cui in appetenda aviditate esurire non fuit satis ? Utrumque silvestre genti-
bus suis est , et tamen pondere emitur , ut aurum vel
argentum. Piperis arborem jam et Italia habet majorem
myrto , nec absimilem. Amaritudo grano eadem quæ
piperi musteo creditur esse. Deest tosta illa maturitas ,
ideoque et rugarum colorisque similitudo. Adulteratur
juniperi baccis mire vim trahentibus. In pondere quidem multis modis.

Caryophyllon. Lycium, sive pyxacanthum chironium.

XV. Est etiamnum in India piperis grani simile ,
quod vocatur garyophyllon, grandius fragiliusque. Tradunt in Indico luco id gigni. Advehitur odoris gratia.

plante herbacée. Malgré sa saveur, d'une grande àcreté, cette racine se moisit en peu de temps. Elle se vend six deniers la livre. Le poivre-long est très-aisé à falsifier avec le sinapi d'Alexandrie. Ce poivre se vend quinze deniers la livre; le poivre blanc en coûte sept, et le poivre noir seulement quatre. Il est, du reste, étonnant que l'usage du poivre ait tant d'attrait. Il y a des choses qui se font désirer par leur suavité, d'autres par leur beauté; le poivre n'a aucun titre à cette faveur, comme fruit ni comme baie; il ne plaît que par son âcreté, et c'est elle qu'on va chercher jusqu'aux Indes. Qui le premier osa l'essayer dans ses alimens, ou qui, pour se procurer l'appétit, n'eut pas assez de la diète? Le poivre et le gingembre sont regardés comme des productions sauvages dans le pays où ils croissent, et pourtant on les vend au poids, de même que l'or et l'argent. L'Italie a maintenant des poivriers qui sont un peu plus grands que le myrte, et lui ressemblent assez. On croit que leur fruit a l'âcreté du poivre des Indes nouvellement cueilli. Mais ne mûrissant pas, comme lui, sous un soleil qui le torréfie, il n'a non plus ni les mêmes rides, ni la même couleur. On falsifie le poivre en y mêlant des baies de genièvre, qui en contractent très-bien l'âcreté. On se sert de plusieurs artifices pour le rendre plus pesant.

Caryophylle. Lycium ou pyxacanthe chironien.

XV. Il y a aussi dans l'Inde une graine aromatique semblable au poivre, mais plus grosse et plus fragile, que l'on nomme garyophyllon (girofle). On dit qu'elle

Fert et in spinis piperis similitudinem, præcipua amaritudine, foliis parvis 'densisque, cypri modo, ramis
trium cubitorum, cortice pallido, radice lata, lignosaque,
buxei coloris. Hac in aqua cum semine excepta in æreo
vase medicamentum fit, quod vocatur lycion. Ea spina
et in Pelio monte nascitur, adulteratque medicamentum. Item asphodeli radix, aut fel bubulum, aut absinthium, vel rhus, vel amurca. Lycion aptissimum medicinæ, quod est spumosum. Indi in utribus camelorum
aut rhinocerotum id mittunt. Spinam ipsam in Græcia
quidam pyxacanthum Chironium vocant.

Macir.

XVI. 8. Et macir ex India advehitur, cortex rubens
radicis magnæ, nomine arboris suæ : qualis sit ea, incompertum habeo. Corticis melle decocti usus in medi-
cina ad dysentericos præcipuus habetur.

Saccharon.

XVII. Saccharon et Arabia fert, sed laudatius India:
est autem mel in arundinibus collectum, gummium

croît dans une forêt sacrée de l'Inde. On ne l'apporte
qu'à cause de son parfum. L'Inde produit encore un
arbre épineux qui porte un fruit semblable au poivre, et
d'une grande âcreté. Ses feuilles sont petites et ramassées,
comme celles du cypre; ses branches ont trois coudées
de longueur; son écorce est pâle; sa racine est aplatie,
ligneuse, et de la couleur du buis. De cette racine in-
fusée dans l'eau avec la graine, dans un vase de cuivre,
on fait un médicament appelé lycion. La même épine
croît sur le mont Pélion, et sert à falsifier ce remède.
On emploie également à cet effet la racine d'asphodèle,
le fiel de bœuf, l'absinthe, le rhus (sumac) et le marc
d'huile. Le lycion le plus convenable à la médecine est
écumeux. Les Indiens l'envoient dans des outres de peaux
de chameaux ou de rhinocéros. Quelques personnes
donnent, en Grèce, le nom de pyxacanthe chironien à
l'épine elle-même.

Macir.

XVI. 8. Le macir s'apporte aussi des Indes : c'est
l'écorce rouge d'une grande racine qui porte le même
nom que son arbre. Mais quel est cet arbre ? c'est ce
que je n'ai pu découvrir. Cette racine, bouillie avec du
miel, est principalement employée contre la dysenterie.

Sucre.

XVII. L'Arabie produit du sucre, mais celui des
Indes est préféré. C'est une espèce de miel qui s'amasse

modo candidum dentibus fragile , amplissimum nucis avellanæ magnitudine, ad medicinæ tantum usum.

Arbores Arianæ gentis. Item Gedrosiæ : item Hyrcaniæ.

XVIII. Contermina Indis gens Ariana appellatur, cujus spina lacrymarum pretiosa, myrrhæ similis , accessu propter aculeos anxio. Ibi et frutex pestilens raphani , folio lauri , odore equos invitante , qui pæne equitatu orbavit Alexandrum primo introitu : quod et in Gedrosis accidit. Item laurino folio et ibi spina tradita est , cujus liquor aspersus oculis , cæcitatem infert omnibus animalibus. Necnon et herba præcipui odoris referta minutis serpentibus , quarum ictu protinus moriendum esset. Onesicritus tradit in Hyrcaniæ convallibus ficis similes esse arbores, quæ vocentur occhi , ex quibus defluat mel horis matutinis duabus.

Item Bactriæ. Bdellium, sive brochon, sive malacham, sive maldacon. Scordacti. In omnibus odoribus aut condimentis dicuntur adulterationes, experimenta , pretia.

XIX. 9. Vicina et Bactriana, in qua bdellium nominatissimum. Arbor nigra est , magnitudine oleæ, folio

sur des roseaux. Il est blanc comme de la gomme, et se casse sous la dent. Les plus gros morceaux sont de la grosseur d'une aveline. La médecine seule en fait usage.

Arbres de l'Ariane, de la Gédrosie, de l'Hyrcanie.

XVIII. Dans l'Ariane, province limitrophe des Indes, on trouve un arbre épineux, et par cela même d'un abord difficile, d'où découle une liqueur précieuse, semblable à la myrrhe. Il y a dans la même contrée un arbrisseau vénéneux dont la racine ressemble au raifort, et la feuille à celle du laurier, dont l'odeur attire les chevaux, ce qui fut cause que, dès son entrée en cette province, Alexandre perdit presque toute sa cavalerie; accident qui se renouvela dans la Gédrosie. Il se trouve aussi dans l'Ariane une autre plante épineuse qui a la feuille du laurier, et dont le suc, répandu sur les yeux, fait perdre la vue à tous les animaux. On y rencontre aussi une herbe d'une odeur singulière, couverte de petits serpens, dont la morsure fait mourir sur-le-champ. Onésicrite dit que, dans les vallées d'Hyrcanie, on trouve des espèces de figuiers nommés occhi, dont il découle du miel, tous les matins, pendant deux heures.

Arbres de la Bactriane. Bdellium ou brochon, autrement malacham ou maldacon. Scordactes. Falsifications qu'on fait subir aux aromates et aux épices; vérification des denrées; leur prix.

XIX. 9. Non loin de là, dans la Bactriane, se trouve le bdellion très-renommé. L'arbre qui le produit est noir,

roboris, fructu caprifici naturaque. Gummi alii brochon
appellant, alii malacham, alii maldacon. Nigrum vero
et in offas convolutum, adrobolon. Esse autem debet
translucidum, simile ceræ, odoratum, et quum fricatur,
pingue, gustu amarum citra acorem. In sacris vino per-
fusum, odoratius. Nascitur et in Arabia, Indiaque, et
Media, ac Babylone. Aliqui peraticum vocant ex Media
advectum. Fragilius hoc et crustosius, amariusque: at Indicum humidius et gumminosum. Adulteratur amygdala
nuce. Cetera ejus genera cortice et scordasti. Ita vocatur arbor æmulo gummi. Sed deprehenduntur (quod
semel dixisse et in ceteros odores satis sit) odore, colore, pondere, gustu, igne. Bactriano nitor siccus,
multique candidi ungues. Præterea suum pondus, quod
gravius esse aut levius non debeat. Pretium sincero in
libras x terni.

Persidis arbores.

XX. Gentes supra dictas Persis attingit, Rubro mari
(quod ibi Persicum vocavimus) longe in terra æstus
agente, mira arborum natura. Namque erosæ sale, in-
vectis derelictisque similes, sicco litore radicibus nudis

de la grandeur d'un olivier, à feuilles de chêne ; mais,
par sa nature et par son fruit, il tient du figuier sauvage. Sa gomme est appelée par les uns brochon, par
les autres malacha, et quelquefois maldacon. Le bdellion noir, rassemblé en masses, est l'adrobolon. Au
reste, cette gomme doit être translucide, couleur de
cire et odorante, surtout quand on la frotte ; grasse,
amère au goût, mais sans aigreur. Employée dans les
sacrifices, on l'arrose de vin, ce qui augmente son parfum. Elle naît aussi dans l'Arabie, dans l'Inde, dans la
Médie et à Babylone. Quelques-uns appellent pératique
le bdellion qu'on apporte de Médie. Il est plus fragile,
plus écailleux et plus amer que les autres ; celui des Indes
est plus humide et gommeux. On le falsifie avec des amandes, et les autres espèces avec l'écorce du scordaste,
arbre dont la gomme ressemble au bdellion ; mais la
falsification, de même que celle des autres parfums,
ce que nous dirons une fois pour toutes, se découvre
par l'odeur, la couleur, le poids, le goût et le feu. Le
bdellion de la Bactriane est sec, luisant, et parsemé de
taches blanches comme celles de l'ongle. Il se reconnaît
en outre à un certain poids dont il ne s'écarte jamais
en plus ou en moins. Il coûte trois deniers la livre.

Arbres de Perse.

XX. La Perse avoisine les régions dont nous venons
de parler ; et la mer Rouge, que nous avons désignée
plus haut sous le nom de golfe Persique, poussant ses
marées au loin sur les terres, y détermine des proprié-

polyporum modo amplexæ steriles arenas spectantur.
Eædem mari adveniente fluctibus pulsatæ, resistunt immobiles. Quin et pleno æstu operiuntur totæ : apparet-
que rerum argumentis asperitate aquarum illas ali. Magnitudo miranda est , species similis unedoni, pomum
amygdalis extra , intus contortis nucleis.

Persici maris insularum arbores. Gossympinum arbor.

XXI. 10. Tylos insula in eodem sinu est, repleta
silvis, qua spectat Orientem, quaque et ipsa æstu maris
perfunditur. Magnitudo singulis arboribus fici, flos suavitate inenarrabili , pomum lupino simile, propter as-
peritatem intactum omnibus animalibus. Ejusdem insulæ excelsiore suggestu lanigeræ arbores alio modo,
quam Serum. His folia infecunda : quæ, ni minora essent, vitium poterant videri. Ferunt cotonei mali amplitudine cucurbitas , quæ maturitate ruptæ ostendunt
lanuginis pilas, ex quibus vestes pretioso linteo faciunt.

tés singulières dans les végétaux ; car on voit des arbres, rongés par le sel, qui paraissent avoir été apportés et délaissés sur le rivage, et qui, lorsque la plage est à sec, embrassent de leurs racines nues, à la manière des polypes, les sables stériles. Lorsque la marée revient, ils résistent, immobiles, au choc des vagues. Ils sont quelquefois entièrement couverts par les eaux, et la chose elle-même prouve que l'amertume de ces eaux les nourrit. Ils sont d'une grandeur surprenante, ils ressemblent à des arbousiers ; leur fruit est, au dehors, comme celui de l'amandier ; mais, à l'intérieur, leur noyau est contourné.

Arbres des îles de la mer Persique. Le gossympin.

XXI. 10. L'île de Tylos, située dans le même golfe, est remplie de forêts du côté de l'orient, partie qui est couverte des eaux de la mer dans le temps du flux. Les arbres qu'on y voit sont de la grandeur du figuier. Leurs fleurs ont une odeur ravissante ; leur fruit est semblable au lupin ; mais il est si âpre, qu'aucun animal n'en veut manger. Dans la partie la plus élevée de l'île, on trouve des arbres qui produisent du duvet différent de celui des Sères. Leurs feuilles ne produisent rien, et l'on pourrait les confondre avec celles de la vigne, si elles n'étaient plus petites. Ces arbres produisent des courges de la grosseur d'un coing, qui se rompent en mûrissant, et donnent des pelottes laineuses dont on fabrique des toiles précieuses pour faire des vêtemens.

11. Arbores vocant gossympinos: fertiliore etiam Tylo minore, quæ distat x m pass.

Chynas arbor. Ex quibus arboribus lina in Oriente fiant.

XXII. Juba circa fruticem lanugines esse tradit, linteaque ea Indicis præstantiora. Arabiæ autem arbores, ex quibus vestes faciant, cynas vocari, folio palmæ simili. Sic Indos suæ arbores vestiunt. In Tylis autem et alia arbor floret albæ violæ specie, sed magnitudine quadruplici, sine odore, quod miremur in eo tractu.

Quo in loco arborum nulla folia decidant.

XXIII. Est et alia similis, foliosior tamen, roseique floris : quem noctu comprimens, aperire incipit solis exortu, meridie expandit. Incolæ dormire eum dicunt. Fert eadem insula et palmas, oleasque, ac vites, et cum reliquo pomorum genere ficos. Nulli arborum folia ibi decidunt. Rigaturque gelidis fontibus, et imbres accipit.

11. On nomme ces arbres gossympins. La petite île de Tylos, éloignée de dix mille pas de celle du même nom dont nous avons parlé, est encore plus fertile en cette sorte de production.

Le chynas. De quels arbres on fait des tissus en Orient.

XXII. Juba rapporte que sur un certain arbrisseau se trouve un duvet dont on fait des toiles plus belles que celles des Indes. Il ajoute que les arbres d'Arabie qui fournissent des vêtemens se nomment cynes, et qu'ils ont la feuille comme les palmiers. Les Indiens tirent pareillement de leurs arbres de quoi se vêtir. On trouve dans les îles de Tylos un autre arbre semblable au violier, mais quatre fois plus grand, et sans odeur, ce qui est surprenant dans ce climat.

Lieux où les arbres ne perdent point leur feuillage.

XXIII. On y trouve également un autre arbre semblable au précédent, mais plus chargé de feuilles. Sa fleur a l'apparence d'une rose : elle se ferme la nuit, commence à s'ouvrir au lever du soleil, et s'épanouit à midi ; ce qui fait dire aux insulaires que cette fleur a la faculté de dormir. Cette île produit aussi des palmiers, des oliviers, des vignes, des figuiers, et généralement toute sorte de fruits. Aucun arbre n'y perd ses feuilles. Le pays est arrosé par des fontaines dont l'eau est très-froide, et par des pluies assez fréquentes.

Quibus modis constent arborum fructus.

XXIV. Vicina his Arabia flagitat quamdam generum distinctionem, quoniam fructus iis constat radice, frutice, cortice, succo, lacryma, ligno, surculo, flore, folio, pomo.

De costo.

XXV. 12. Radix et folium Indis est maximo pretio. Radix costi gustu fervens, odore eximio, frutice alias inutili. Primo statim introitu amnis Indi in Patale insula, duo sunt ejus genera : nigrum, et quod melius, candicans. Pretium in libras x. vi.

De nardo. Differentiæ ejus xii.

XXVI. De folio nardi plura dici par est, ut principali in unguentis. Frutex est gravi et crassa radice, sed brevi ac nigra, fragilique, quamvis pingui, situm redolente, ut cyperi, aspero sapore, folio parvo densoque. Cacumina in aristas se spargunt : ideo gemina dote nardi spicas ac folia celebrant. Alterum ejus genus apud Gangem nascens, damnatur in totum, ozænitidis nomine, virus redolens. Adulteratur et pseudonardo herba, quæ ubique nascitur crassiore atque latiore folio, et

Des produits utiles des arbres.

XXIV. Non loin se trouve l'Arabie, qui réclame quelque intérêt pour ses productions, consistant en diverses espèces de racines, de branches, d'écorces, de sucs, de gommes, de bois, de rejetons, de fleurs et de fruits.

Du costus.

XXV. 12. La racine du costus et les feuilles du nard sont fort estimées dans les Indes. Cette racine a une saveur brûlante et une excellente odeur ; le reste de la plante est inutile. A l'embouchure du fleuve Indus, dans l'île de Patale, il y a deux sortes de costus, le noir et le blanc : ce dernier est le meilleur. Son prix est de six deniers la livre.

Du nard : douze variétés de cette plante.

XXVI. Quant aux feuilles du nard, il convient d'en traiter un peu au long, parce qu'elles sont la base des parfums. Le nard est un arbrisseau dont la racine, épaisse, pesante, courte et noire, aisée à rompre, bien qu'elle soit grasse, joint à une saveur âpre, une odeur aussi désagréable que celle du cyperus. Ses feuilles sont petites et touffues. Son sommet se termine en barbe, et cette partie est aussi estimée que les feuilles. Il y a une autre sorte de nard qui n'est d'aucun usage, et qui croît auprès du Gange, on le nomme ozænitide, à

colore languido in candidum vergente. Item sua radice
permixta ponderis causa, et gummi, spumaque argenti,
aut stibio, ac cypero, cyperive cortice. Sincerum quidem levitate deprehenditur, et colore rufo, odorisque
suavitate, et gustu maxime siccante os, sapore jucundo.
Pretium spicæ in libras x. c. Folii divisere annonam : ab
amplitudine hadrosphærum vocatur majoribus foliis, x. l.
Quod minore folio est, mesosphærum appellatur : emitur x. lx. Laudatissimum microsphærum e minimis folium : pretium ejus x. lxxv. Odoris gratia omnibus major recentibus. Nardo color qui inveteraverit, nigriori
melior. In nostro orbe proxime laudatur Syriacum, mox
Gallicum, tertio loco Creticum, quod aliqui agrium vocant, alii phu, folio olusatri, caule cubitali, geniculato,
in purpura albicante, radice obliqua villosaque, et imi-
tante avium pedes. Baccharis vocatur nardum rusticum,
de quo dicemus inter flores. Sunt autem ea omnia herbæ
præter Indicum. Ex iis Gallicum et cum radice velli-
tur, abluiturque vino. Siccatur in umbra, alligatur fa-
sciculis in charta, non multum ab Indico differens,
Syriaco tamen levius. Pretium x. iii. In his probatio
una, ne sint fragilia, et arida potius, quam sicca folia.
Cum Gallico nardo semper nascitur herba, quæ hirculus
vocatur, a gravitate odoris et similitudine, qua maxime
adulteratur. Distat, quod sine cauliculo est, et quod

cause de sa mauvaise odeur. Le nard se falsifie avec une herbe très-commune, nommée faux-nard, dont la feuille est plus large et plus épaisse, et dont la couleur peu prononcée tire sur le blanc. Pour rendre le nard plus pesant, on y mêle de sa racine, de la gomme, de la litharge, de l'antimoine, du cyperus, ou de l'écorce de cyperus. On reconnaît le nard pur à sa légèreté, à sa couleur rousse, à sa bonne odeur et à sa saveur agréable, à la propriété qu'il a de dessécher la bouche. Les épis se vendent cent deniers la livre. Les feuilles font varier le prix de cette denrée : l'adrosphæron, ou nard à grandes feuilles, se vend cinquante deniers la livre ; le mésosphæron, c'est-à-dire à moyennes feuilles, coûte soixante deniers ; enfin le plus renommé, le microsphæron, ou à petites feuilles, vaut soixante-quinze deniers. L'odeur du nard, quelle qu'en soit l'espèce, est plus agréable quand il est nouveau ; s'il a vieilli, le plus noir est préférable. Parmi ceux qui croissent dans notre empire, le plus renommé est celui de Syrie ; vient ensuite celui des Gaules, puis celui de Crète, que quelques-uns appellent nard sauvage, et d'autres phu. Cette troisième espèce a la feuille comme celle de l'olusatrum, la tige haute d'une coudée, garnie de nœuds, et de couleur pourpre pâle. Sa racine est tortue, couverte de poil, et ressemble au pied d'un oiseau. On appelle baccharis le nard des champs ; nous en parlerons en traitant des fleurs. Tous ces différens nards sont des herbes, à l'exception de celui des Indes. Le nard des Gaules s'arrache avec sa racine ; on le lave ensuite dans du vin. Après l'avoir fait sécher à l'ombre, on le met en petites

minoribus foliis, quodque radicis neque amaræ, neque odoratæ.

Asaron.

XXVII. 13. Nardi vim habet et asarum : quod et ipsum aliqui silvestre nardum appellant. Est autem ederæ foliis, rotundioribus tantum mollioribusque, flore purpureo, radice Gallici nardi : semen acinosum, saporis calidi ac vinosi. Montibus in umbrosis bis anno floret. Optimum in Ponto, proximum in Phrygia, tertium in Illyrico. Foditur quum folia mittere incipit, et in sole siccatur, celeriter situm trahens, ac senescens. Inventa nuper et in Thracia herba est, cujus folia nihil ab Indico nardo distant.

Amomum : amomis.

XXVIII. Amomi uva in usu est, Indica vite labrusca :

bottes dans du papier. Il diffère peu de celui des Indes ; mais il est plus léger que celui de Syrie, et se vend trois deniers la livre. Le seul moyen de les connaître, c'est qu'elles ne soient pas fragiles et desséchées, mais seulement sèches. On trouve toujours auprès du nard des Gaules une herbe qui lui ressemble, et que son odeur forte et analogue à celle du bouc a fait surnommer hircule : on s'en sert pour le falsifier. Elle en diffère en ce qu'elle n'a point de tige, que ses feuilles sont plus petites, et que sa racine n'est ni amère ni odorante.

Asaron.

XXVII. 13. L'asarum a les mêmes propriétés que le nard ; aussi quelques-uns l'appellent-ils nard sauvage. Ses feuilles ressemblent à celles du lierre, mais elles sont plus rondes et plus flexibles. Sa fleur est pourpre, sa racine est semblable à celle du nard gaulois, et sa graine, remplie de suc, a une saveur chaude et vineuse. Il croît sur les montagnes ombragées, et fleurit deux fois l'an. La première qualité se recueille dans le Pont, la seconde dans la Phrygie, et la troisième en Illyrie. On l'arrache quand ses feuilles commencent à paraître, on le séche au soleil, autrement il se gâte bientôt et contracte une mauvaise odeur. On a trouvé depuis peu dans la Thrace une herbe dont les feuilles sont tout-à-fait semblables à celles du nard des Indes.

L'amome ; l'amomide.

XXVIII. La grappe d'amomum est d'un fréquent

ut alii existimavere, frutice myrtuoso, palmi altitudine: carpiturque cum radice, manipulatim leniter componitur, protinus fragile. Laudatur quam maxime Punici mali foliis simile, nec rugosis, colore rufo. Secunda bonitas pallido. Herbaceum pejus, pessimumque candidum, quod et vetustate evenit. Pretium uvæ in libras x. LX; friato vero amomo x. XLVIII. Nascitur et in Armeniæ parte, quæ vocatur Otene, et in Media, et in Ponto. Adulteratur foliis Punicis, et gummi liquido, ut cohæreat convolvatque se in uvæ modum. Est et quæ vocatur amomis, minus venosa atque durior, ac minus odorata : quo apparet, aut aliud esse, aut colligi immaturum.

Cardamomum.

XXIX. Simile his et nomine et frutice cardamomum, semine oblongo. Metitur eodem modo et in Arabia. Quatuor ejus genera : viridissimum ac pingue, acutis angulis, contumax frianti, quod maxime laudatur : proximum e rufo candicans : tertium brevius atque nigrius. Pejus tamen varium et facile tritu, odorisque

usage : c'est le fruit d'une vigne sauvage des Indes, ou, comme d'autres le prétendent, le produit d'un arbrisseau qui ressemble au myrte, et n'a qu'un palme de hauteur. On l'enlève avec sa racine, et on l'assemble en faisceau avec précaution, car il se brise aisément. Celui dont on fait le plus de cas a les feuilles, comme le pommier punique (grenadier?), rousses et sans rides. On accorde le second rang à celui qui est pâle ; celui qui ressemble à de l'herbe est encore inférieur ; enfin, le blanc est le pire de tous, et cette couleur lui vient en vieillissant. En grappe, il vaut soixante deniers la livre ; mais quand il est égrené il ne se vend que quarante-huit. Cet arbrisseau croît dans la partie de l'Arménie qu'on nomme Otène, dans la Médie et dans le Pont. On le falsifie avec des feuilles de grenadier, qu'on y adapte à l'aide de la gomme liquide, en les roulant en forme de grappe. Il y a un autre aromate appelé amomide, mais moins veineux, plus dur et moins odorant; ce qui montre que c'est une espèce différente, ou que c'est l'amome cueilli avant sa maturité.

Le cardamome.

XXIX. Le cardamome leur ressemble à tous deux par son nom et par sa figure : sa graine est oblongue. On le recueille de la même manière en Arabie. Il y en a de quatre sortes. En première ligne on distingue celui qui, gras et d'une couleur verte très-prononcée, a les angles aigus, et est difficile à briser. Le second est d'un blanc roux; le troisième est plus petit et

parvi : qui verus, costo vicinus esse debet. Hoc et apud Medos nascitur. Pretium optimi in libras x. duodecim.

De thurifera regione.

XXX. Cinnamomo proxima gentilitas erat, ni prius Arabiæ divitias indicari conveniret, causasque, quæ cognomen illi felicis ac beatæ dedere. Principalia ergo in illa thus, et myrrha : hæc et cum Troglodytis communis.

14. Thura, præter Arabiam, nullis, ac ne Arabiæ quidem universæ. In medio ejus fere sunt Atramitæ, pagus Sabæorum, capite regni Sabota, in monte excelso, a quo octo mansionibus distat regio eorum thurifera, Saba appellata. (Hoc significare Græci mysterium dicunt.) Spectat ortus solis æstivi, undique rupibus invia, et a dextra mari scopulis inaccesso. Id solum e rubro lacteum traditur. Silvarum longitudo est, schœni xx latitudo dimidium ejus. Schœnus patet Eratosthenis ratione, stadia xl hoc est, passuum quinque millibus : aliqui xxxii stadia singulis schœnis dedere. Attolluntur colles alti, decurruntque et in plana arbores sponte natæ. Terram argillosam esse convenit, raris fontibus

plus brun ; le quatrième enfin, et le pire, a des couleurs diverses, peu d'odeur et beaucoup de friabilité. Le bon cardamome doit avoir une odeur approchant de celle du costus. On le trouve aussi dans la Médie. Le meilleur se vend douze deniers la livre.

Du pays de l'encens.

XXX. L'affinité de nom nous engagerait à parler dès à présent du cinnamome, si nous ne trouvions plus convenable de traiter auparavant des richesses de l'Arabie, et des causes qui l'ont fait surnommer fertile et heureuse. Ses principales productions sont l'encens et la myrrhe : cette dernière se trouve aussi dans le pays des Troglodytes.

14. L'encens appartient exclusivement à l'Arabie, encore ne le trouve-t-on pas dans toute cette contrée. Vers le milieu du pays sont les Atramites, qui habitent un canton des Sabéens, et dont la capitale est Sabota. Cette ville est bâtie sur une haute montagne, à huit journées de la province où croît l'encens, lieu qu'on nomme Saba ; ce qui, chez les Grecs, signifie mystère. Ce canton, situé au levant d'été, est environné de rochers inaccessibles, et à droite la mer, par ses écueils, le rend inabordable. On dit que ce terroir est d'un rouge laiteux. Les forêts qui produisent l'encens ont vingt schœnes de longueur et moitié de largeur. Le schœne, au rapport d'Ératosthène, contient quarante stades, c'est-à-dire cinq mille pas ; d'autres ne lui ont donné que trente-deux stades. De hautes collines s'y élèvent.

ac nitrosis. Attingunt et Minæi, pagus alius, per quos evehitur uno tramite angusto. Hi primi commercium thuris fecere, maximeque exercent : a quibus et Minæum dictum est. Nec præterea Arabum alii thuris arborem vident, ac ne horum quidem omnes. Feruntque MMM non amplius esse familiarum, quæ jus per successiones id sibi vindicent. Sacros vocari ob id, nec ullo congressu feminarum, funerumque, quum incidant eas arbores aut metant, pollui : atque ita religione merces augeri. Quidam promiscuum jus iis populis esse tradunt in silvis : alii per vices annorum dividi.

Quæ arbores thus ferant.

XXXI. Nec arboris ipsius quæ sit facies, constat. Res in Arabia gessimus, et romana arma in magnam partem ejus penetravere : Caius etiam Cæsar, Augusti filius, inde gloriam petiit, nec tamen ab ullo (quod equidem sciam) Latino arborum earum tradita facies. Græ-

Les arbres, nés spontanément, se prolongent dans la plaine. On convient généralement que cette terre est argileuse, et que les fontaines, qui s'y trouvent en petit nombre, sont nitreuses. A peu de distance est le pays des Minéens, autre canton à travers lequel on apporte l'encens par un seul chemin fort étroit. Ce peuple fut le premier qui en fit commerce, et maintenant encore il s'en occupe presque exclusivement, ce qui fait que l'encens a été appelé minéen. Il n'est pas permis aux autres Arabes de voir l'arbre de l'encens, et les Sabéens eux-mêmes n'ont pas tous cette faveur. On prétend qu'il n'y a que trois mille familles qui, par droit de succession, s'arrogent ce privilège. On dit, pour cette raison, qu'ils sont sacrés; et quand ils sont sur le point de tailler leurs arbres ou d'en faire la récolte, ils se gardent bien de se souiller par le commerce des femmes ou en assistant aux funérailles, attendant de cette observation religieuse l'augmentation de leurs richesses. Quelques-uns disent que tous ceux de cette nation ont toujours un égal droit sur ces forêts; d'autres assurent qu'ils en jouissent annuellement, chacun à leur tour.

Arbres qui portent l'encens.

XXXI. On ne s'accorde point sur la forme de l'arbre. Nous avons combattu en Arabie, et les armes romaines ont pénétré dans une grande partie de ce pays: Caïus César, fils d'Auguste, s'y est même acquis de la gloire, et cependant nul auteur latin, du moins à ma connaissance, ne nous a donné la description de cet

corum exempla variant. Alii folio piri, minore dumtaxat,
et herbidi coloris prodidere. Alii lentisco similem sub-
rutilo. Quidam terebinthum esse, et hoc visum Antigono
regi allato frutice. Juba rex iis voluminibus, quæ scripsit
ad C. Cæsarem, Augusti filium, ardentem fama Arabiæ,
tradit contorti esse caudicis, ramis aceris maxime Pon-
tici, succum amygdalæ modo emittere: talesque in Carmania apparere, et in Ægypto satas studio Ptolemæo-
rum regnantium. Cortice lauri esse constat : quidam et
folium simile dixere. Talis certe fuit arbor Sardibus. Nam
et Asiæ reges serendi curam habuerunt. Qui mea ætate
legati ex Arabia venerunt, omnia incertiora fecerunt,
quod jure miremur, virgis etiam thuris ad nos commean-
tibus : quibus credi potest, matrem quoque terete et enodi
fruticare trunco.

Quæ natura thuris, et quæ genera.

XXXII. Meti semel anno solebat, minore occasione
vendendi. Jam quæstus alteram vindemiam affert. Prior
atque naturalis vindemia circa Canis ortum flagrantis-

arbre. Quant aux récits des Grecs, ils varient : les uns
disent que ses feuilles ressemblent au poirier, quoique
un peu plus petites, et de couleur herbacée ; les autres,
qu'il est semblable au lentisque, et d'un roux tant soit peu
ardent ; d'autres enfin, que c'est une sorte de térébinthe,
et que le roi Antigone fut de cet avis quand on lui en
apporta un arbrisseau. Dans les ouvrages que le roi Juba
composa pour satisfaire l'ardeur que la célébrité de l'Arabie avait inspirée à Caïus César, fils d'Auguste, ce monarque rapporte que l'arbre de l'encens a le tronc tortueux, que ses branches ressemblent à celles de l'érable
du Pont, qu'il jette une gomme semblable à celle de l'a-
mandier ; qu'on voit enfin de tels arbres dans la Carmanie, ainsi qu'en Égypte, où ils ont été plantés par les
soins des rois Ptolémées. Il est certain qu'il ressemble au
laurier par son écorce, quelques-uns disent aussi par sa
feuille : du moins, tels étaient les arbres qu'on voyait à
Sardes ; car les rois d'Asie ne négligèrent pas non plus
d'en faire planter. Les ambassadeurs qui, de mon temps,
sont venus d'Arabie n'ont fait que rendre, sur ce sujet,
nos connaissances plus obscures encore. Cette incertitude
est surprenante, car on nous apporte même des branches
d'encens, par lesquelles on peut juger que le tronc de
l'arbre est uni et sans aucun nœud.

Nature de l'encens ; ses espèces.

XXXII. La vente en étant autrefois moins suivie, on
ne faisait qu'une récolte par an ; aujourd'hui l'appât du
gain en fait faire deux. La première et la plus naturelle de

simo æstu, incidentibus qua maxime videatur esse prægnans, tenuissimusque tendi cortex. Laxatur hic plaga,
non adimitur. Inde prosilit spuma pinguis. Hæc concreta
densatur, ubi loci natura poscat, tegete palmea exci-
piente, aliubi area circumpavita. Purius illo modo, sed
hoc ponderosius. Quod in arbore hæsit, ferro depec-
titur, ideo corticosum. Silva divisa certis portionibus
mutua innocentia tuta est : neque ullus saucias arbores
custodit : nemo furatur alteri. At hercules Alexandriæ,
ubi thura interpolantur, nulla satis custodit diligentia
officinas. Subligaria signantur opifici : persona adjicitur
capiti, densusve reticulus : nudi emittuntur. Tanto minus fidei apud nos pœna, quam apud illos silvæ habent.
Autumno legitur ab æstivo partu. Hoc, purissimum, candidum. Secunda vindemia est vere, ad eam hieme corticibus incisis. Rufum hoc exit, nec comparandum priori.
Illud carpheotum, hoc dathiatum vocant. Creditur et
novellæ arboris candidius, sed veteris odoratius. Quidam et in insulis melius putant gigni. Juba in insulis
negat nasci.

Quod ex eo rotunditate guttæ pependit, masculum

ces récoltes se fait, au lever de la Canicule, dans les plus
violentes chaleurs, par une incision à la partie qui paraît
la mieux nourrie, la plus mince et la plus tendue de l'é-
corce. On dilate la plaie en l'ouvrant, mais sans rien enlever. Il s'en échappe une écume onctueuse qui s'épaissit et
se coagule, reçue sur une natte de palmier, si la nature
du lieu le permet, ou sur une aire battue autour de
l'arbre. L'encens qui tombe sur les nattes est plus pur,
l'autre est plus pesant. Ce qui reste adhérent à l'arbre
se racle avec le fer : aussi est-il rempli d'écorce. La
forêt, divisée en un certain nombre de parties, est
en sûreté sous la bonne foi réciproque. Personne ne
garde les arbres incisés, le vol étant sans exemple.
Mais dans la ville d'Alexandrie, où on falsifie l'encens, la plus active surveillance peut à peine garantir les laboratoires. On appose un cachet sur le cale-
çon de l'ouvrier ; on lui couvre le visage d'un masque
ou d'un réseau très-épais ; on le fait sortir nu : tant il
est vrai que la rigueur des lois donne moins de sûreté
dans nos villes que la seule bonne foi dans ces forêts. On
ramasse en automne les productions de l'été. Celui-ci,
très-pur, est blanc. La seconde récolte a lieu au printemps, par suite des incisions faites en hiver. Cet encens
est roux, et n'est pas comparable à l'autre. On l'appelle
dathiate, et le premier se nomme carphéote. On prétend
que l'encens d'un jeune arbre est plus blanc, mais que
celui d'un vieil arbre a plus d'odeur. Quelques-uns disent
que l'encens des îles est le meilleur ; Juba prétend que
les îles n'en fournissent point.

L'encens qui reste suspendu sous la forme arrondie

vocamus, quum alias non fere mas vocetur, ubi non sit femina. Religioni tributum, ne sexus alter usurparetur. Masculum aliqui putant a specie testium dictum. Præcipua autem gratia est mammoso, quum hærente lacryma priore consecuta alia miscuit se. Singula hæc manum implere solita invenio, quum minore diripiendi aviditate lentius nasci liceret. Græci stagoniam et atomum tali modo appellant : minorem autem orobiam. Micas concussu elisas mannam vocamus. Etiamnum tamen inveniuntur guttæ, quæ tertiam partem minæ, hoc est xxviii denariorum pondus æquent. Alexandro magno in pueritia sine parsimonia thura ingerenti aris, pædagogus Leonides dixerat, ut illo modo, quum devicisset thuriferas gentes, supplicaret. At ille Arabia potitus, thure onustam navem misit ei, exhortatus ut large deos adoraret.

Thus collectum Sabota camelis convehitur, porta ad id una patente. Degredi via capitale leges fecere. Ibi decimas deo, quem vocant Sabin, mensura, non pondere sacerdotes capiunt. Nec ante mercari licet: inde impensæ

de gouttes est appelé mâle, quoique ordinairement ce
nom ne s'emploie pas lorsqu'il n'existe point de femelle.
C'est par un principe religieux qu'on lui a donné ce
nom, pour qu'il ne fût pas désigné par l'autre sexe.
Quelques-uns pensent que c'est à sa ressemblance avec
un testicule que cet encens doit cette dénomination. On
estime surtout celui qui a la forme de mamelle, ce qui
arrive quand une première larme, arrêtée pendant qu'elle
coule, est suivie d'une autre qui se mêle avec elle. Chaque
grain était, dit-on, capable de remplir la main, lorsqu'on était moins avide de cueillir l'encens, et qu'on le
laissait croître plus lentement. Les Grecs nomment ces
boules stagonies et atomes; ils appellent orobie l'encens
dont les globules sont menus. Nous appelons manne
les parcelles qui se détachent par le frottement. Au
reste, on trouve encore aujourd'hui des gouttes d'encens qui pèsent le tiers d'une mine, c'est-à-dire
vingt-huit deniers. Un jour qu'Alexandre-le-Grand,
jeune encore, prodiguait l'encens dans un sacrifice,
Léonide, son gouverneur, lui dit d'attendre, pour en
user de la sorte, qu'il eût subjugué les pays qui produisent ce parfum. Devenu maître de l'Arabie, ce con-
quérant envoya à Léonide un vaisseau chargé d'encens,
en l'exhortant à ne plus l'épargner sur les autels des
dieux.

La récolte entière se transporte à Sabota sur des
chameaux. Une seule porte est ouverte pour cet usage.
S'écarter de la route est un crime capital aux yeux de
la loi. Les prêtres y prélèvent, pour le dieu qu'ils
nomment Sabis, la dîme, non au poids, mais à la me-

publicæ tolerantur. Nam et benigne certo itinerum numero deus hospites pascit. Evehi non potest, nisi per
Gebanitas : itaque et horum regi penditur vectigal. Caput
eorum Thomna abest a Gaza nostri litoris in Judæa op-
pido $\overline{\text{XLIV}}$ xxxvi millia passuum, quod dividitur in man-
siones camelorum lxv. Sunt et quæ sacerdotibus dantur
portiones, scribisque regum certæ. Sed præter hos et
custodes, satellitesque, et ostiarii, et ministri populantur. Jam quacumque iter est, aliubi pro aqua, aliubi pro
pabulo, aut pro mansionibus, variisque portoriis pendunt,
ut sumptus in singulos camelos denarium dclxxxviii ad
nostrum litus colligat : iterumque imperii nostri publi-
canis penditur. Itaque optimi thuris libra x. vi pretium
habet; secunda x. v; tertia x. iii. Apud nos adulteratur
resinæ candidæ gemma perquam simili : sed deprehenditur, quibus dictum est, modis. Probatur candore, amplitudine, fragilitate, carbone, ut statim ardeat. Item ne
dentem recipiat potius, quam in micas frietur.

De myrrha.

XXXIII. 15. Myrrham in iisdem silvis permixtam arborem nasci tradidere aliqui, plures separatim : quippe

sure : la vente ne peut commencer avant cette forma-
lité. Cette dîme acquitte les dépenses publiques ; car le
dieu défraie généreusement les voyageurs pendant un
certain nombre de journées. L'encens ne peut s'exporter que par le pays des Gébanites : aussi paie-t-on un
tribut à leur roi. De Thomna, leur capitale, à Gaza,
sur notre côte en Judée, la distance est de quatre
millions quatre cent trente-six mille pas, ce qui fait
soixante-cinq journées de marche pour les chameaux.
Outre le tribut, il y a la part des prêtres et celle des
secrétaires du roi, sans compter ce qui revient encore
aux gardiens, aux soldats, aux douaniers, aux divers
employés, et pendant toute la route on paie, tantôt pour
l'eau, tantôt pour le fourrage ; ici pour le gîte, là pour
quelque péage : en sorte que les frais sont de six cent
quatre-vingt-huit deniers pour chaque chameau, jusqu'à
nos frontières ; là, il faut payer encore aux fermiers de
l'empire : aussi l'encens d'élite se vend-il six deniers la
livre, celui de seconde qualité cinq, et le moindre trois
deniers. Chez nous on falsifie l'encens avec des larmes
de résine blanche, qui lui ressemble parfaitement ; mais
on reconnaît la fraude aux moyens que nous avons in-
diqués. Le bon encens est blanc, gros, cassant ; il s'enflamme promptement sur un charbon ; et, dès qu'on le
met sous la dent, il se réduit en poussière.

De la myrrhe.

XXXIII. 15. L'arbre qui produit la myrrhe, suivant
quelques auteurs, croît dans les mêmes forêts que l'en-

multis in locis Arabiæ gignitur, ut apparebit in generibus. Convehitur et ex insulis laudata, petuntque eam etiam ad Troglodytas Sabæi transitu maris. Sativa quoque provenit, multum silvestri prælata. Gaudet rastris atque ablaqueationibus, melior radice refrigerata.

De arboribus quæ ferunt eam.

XXXIV. Arbori altitudo ad quinque cubita, nec sine spina, caudice duro et intorto, crassiore, quam thuris, et ab radice etiam, quam reliqua sui parte. Corticem lævem, similemque unedoni : scabrum alii, spinosumque dixere. Folium olivæ, verum crispius, et aculeatum : Juba olusatri. Aliqui similem junipero, scabriorem tantum spinisque horridam, folio rotundiore, sed sapore juniperi. Nec non fuere, qui e thuris arbore utrumque nasci mentirentur.

Natura et genera myrrhæ.

XXXV. Inciduntur bis et ipsæ, iisdemque temporibus, sed a radice usque ad ramos qui valent. Sudant

cens ; mais, selon le plus grand nombre, ces deux arbres sont rarement réunis. La myrrhe croît en effet dans plusieurs contrées de l'Arabie, comme on le verra quand nous décrirons ses diverses espèces. Il en vient de fort bonne des îles, et même les Sabéens en vont chercher au delà des mers, dans le pays des Troglodytes. L'arbre est susceptible de culture. Le hoyau lui est favorable ; et le déchaussement lui fait du bien, en rafraîchissant ses racines.

Arbres qui produisent la myrrhe.

XXXIV. Cet arbre a jusqu'à cinq coudées de haut, et est épineux ; son tronc, dur et tortueux, est plus gros que celui qui produit l'encens, et même près de sa racine plus que dans le reste de son étendue. L'écorce, selon les uns, est lisse, et semblable à celle de l'arbousier ; selon les autres, elle est raboteuse et garnie d'épines. La feuille est celle de l'olivier, mais plus inégale et piquante. Juba le compare à l'olusatrum, quelques-uns au genevrier ; mais il est, selon eux, plus raboteux et hérissé d'épines, et sa feuille, d'une saveur analogue, est plus ronde. D'autres ont avancé faussement que l'encens et la myrrhe venaient tous deux d'un même arbre.

Nature de la myrrhe, et ses espèces.

XXXV. On fait à ces arbres des incisions deux fois l'année, comme à ceux de l'encens, et dans les mêmes

autem sponte prius quam incidantur, stacten dictam,
cui nulla præfertur. Ab hac sativa , et in silvestri quoque melior æstiva. Non dant ex myrrha portiones deo ,
quoniam et apud alios nascitur. Regi tamen Gebanitarum quartas partes ejus pendunt. Cetero passim a vulgo
coemptam in folles conferciunt , nostrique unguentarii
digerunt haud difficulter odoris atque pinguedinis argumentis.

16. Genera complura : Troglodytica silvestrium prima.
Sequens minæa, in qua et atramitica est, et ausaritis
Gebanitarum regno. Tertia dianitis. Quarta collatitia.
Quinta sembracena , a civitate regni Sabæorum mari
proxima. Sexta, quam dusaritin vocant. Est et candida
uno tantum loco, quæ in Messalum oppidum confertur.
Probatur Troglodytica pinguedine, et quod aspectu aridior est, sordidaque ac barbara, sed acrior ceteris. Sembracena prædictis caret vitiis, ante alias hilaris, sed viribus tenuis; in plenum autem probatio est minutis glebis, nec rotundis, in concretu albicantis succi et tabe-
scentis ; utque fracta candidos ungues habeat, gustu leniter amara. Secunda bonitas intus varia. Pessima, intus
nigra : pejor, si etiam foris. Pretia ex occasione emen-

saisons ; mais on les fait depuis la racine jusqu'aux branches qui ont assez de force. Ils rendent d'eux-mêmes, avant toute incision, la liqueur appelée stacté, qui est la myrrhe la plus précieuse. On donne le second rang à celle qui vient des arbres cultivés, et dans l'espèce sauvage elle-même la meilleure est celle qui découle en été. On ne paie pas la dîme au dieu pour cette production, parce qu'elle croît aussi en d'autres contrées; mais on en donne en tribut la quatrième partie au roi des Gébanites. On entasse dans des sacs de cuir la myrrhe achetée en différens lieux; mais nos parfumeurs la séparent aisément, à cause de son odeur et de son onctuosité.

16. Il y en a plusieurs espèces : celle du pays des Troglodytes est la meilleure myrrhe sauvage. On place au second rang la minéenne, l'atramitique et l'ausarite, dans le royaume des Gébanites. La dianite est la troisième. Celle qui se trouve mélangée est la quatrième. Celle de Sambrace, ville maritime du royaume des Sabéens, est la cinquième. Enfin, celle qu'on nomme dusarite est la sixième. On trouve aussi de la myrrhe blanche, mais dans un seul endroit, d'où on la transporte dans la ville de Messale. La myrrhe du pays des Troglodytes se connaît en ce qu'elle est grasse, et qu'elle paraît sèche, sale et grossière, tout en ayant plus d'âcreté que les autres. Celle de Sambrace n'a point les défauts apparens de la précédente; elle est au contraire fort belle, mais elle manque de force. En général on reconnaît la bonne myrrhe aux morceaux menus, non arrondis, qui se forment par l'épaississement d'un

tium varia. Stactæ vero a xiii ad xl. Sativæ summum,
x. xi. Erythræeæ, ad xvi. Hanc volunt Arabicam intelligi.
Troglodyticæ nucleo, xvi ejus; vero, quam odorariam
vocant, xiv. Adulteratur lentisci glebis, et gummi. Item
cucumeris succo amaritudinis causa : sicut ponderis ,
spuma argenti. Reliqua vitia deprehenduntur sapore :
gummis, dente lentescens. Fallacissime autem adulteratur Indica myrrha, quæ ibi de quadam spina colligitur.
Hoc solum pejus India affert, facili distinctione : tanto
deterior est.

De mastiche.

XXXVI. 17. Ergo transit in mastichen, quæ et ex alia
spina fit in India, itemque in Arabia : lainam vocant.
Sed mastiche quoque gemina est : quoniam et in Asia
Græciaque reperitur herba radice folia emittens, et

suc blanchâtre qui se dessèche peu à peu, et, quand on la
brise, elle présente des taches blanches comme celles de
l'ongle. Elle est, au goût, légèrement amère. La seconde qualité est, à l'intérieur, de couleurs variées. La
moins estimée est noire en dedans, et vaut encore
moins si elle l'est également au dehors. Le prix de la
myrrhe varie suivant le concours des acheteurs. La
stacté se vend depuis treize jusqu'à quarante deniers
la livre. La myrrhe provenant de culture coûte au plus
onze deniers. On vend jusqu'à seize l'érythréenne, que
certains auteurs regardent comme la myrrhe d'Arabie.
La troglodytique en grains coûte aussi seize deniers;
celle qui sert de base aux parfums en coûte quatorze.
On falsifie la myrrhe avec le mastic provenant du
lentisque, et la gomme. On y mêle aussi du suc de
concombre sauvage pour la rendre plus amère, et de
la litharge pour ajouter à son poids. Les autres défauts se reconnaissent par la saveur; et la gomme, à
ce qu'elle s'amollit sous la dent; mais la myrrhe se falsifie de la manière la plus perfide avec celle des Indes,
production d'un arbre épineux de ces contrées. C'est
la seule chose mauvaise que nous fournissent les Indes;
mais elle est facile à reconnaître, tant elle est inférieure.

Du mastic.

XXXVI. 17. Cette myrrhe dégénère donc en mastic
semblable à celui que produit un autre arbre épineux
dans l'Inde et dans l'Arabie : on le nomme laïna. Mais
il y a une autre espèce de mastic; car on trouve en

carduum similem malo , seminis plenum : lacrymaque
erumpit incisa parte summa , vix ut dignosci possit a
mastiche vera. Nec non et tertia in Ponto est, bituminis
similior. Laudatissima autem Chia candida , cujus pretium in libras xx, nigræ vero xii. Chia e lentisco traditur
gigni gummi modo : adulteratur, ut thura, resina.

De ladano et stobolo.

XXXVII. Arabia etiamnum et ladano gloriatur : forte
casuque hoc et injuria fieri odoris, plures tradidere. Ca-
pras maleficum alias frondibus animal, odoratorum vero
fruticum appetentius, tamquam intelligant pretia, ger-
minum caules prædulci liquore turgentes, distillantemque
ab his (casus mixtura) succum improbo barbarum villo
abstergere : hunc glomerari pulvere, incoqui sole : et
ideo in ladano caprarum pilos esse : sed hoc non alibi
fieri, quam in Nabatæis , qui sunt ex Arabia conter-
mini Syriæ.

Recentiores ex auctoribus strobon hoc vocant : tra-

Asie et en Grèce une herbe dont la racine porte des feuilles, qui produit un chardon arrondi comme une pomme, et rempli de graines. Sa partie supérieure, quand on y fait une incision, laisse sortir une larme qu'il est difficile de ne pas confondre avec le vrai mastic. On rencontre dans le Pont une troisième espèce de mastic, mais qui ressemble davantage au bitume. Le mastic blanc de l'île de Chio est le meilleur de tous : il coûte vingt deniers la livre, et le noir en coûte douze. On prétend que le mastic de Chio est une sorte de gomme qui provient du lentisque. On le falsifie, comme l'encens, avec de la résine.

Du ladane : du stobole.

XXXVII. L'Arabie, encore aujourd'hui, se fait gloire de produire le ladanum. Plusieurs auteurs ont rapporté qu'il est dû au hasard, et à un accident qui porte atteinte à l'arbre odoriférant. Les chèvres, qui d'ailleurs font beaucoup de mal aux feuilles des arbres, sont très-friandes de plantes parfumées, comme si elles en connaissaient tout le prix : elles broutent les nouveaux jets des branches qui contiennent cette douce liqueur ; alors ce suc précieux, se distillant sur leurs barbes immondes, s'y attache, et, au moyen de la poussière, se durcit en forme de boules qui se cuisent au soleil : de là vient qu'on trouve des poils de chèvre dans le ladanum. On ajoute que cette production appartient exclusivement au territoire des Arabes nabatéens, voisins de la Syrie.

Les écrivains plus modernes appellent ce parfum stro-

23.

duntque silvas Arabum pastu caprarum infringi, atque
ita succum villis inhaerescere : verum autem ladanum
Cypri insulae esse (ut obiter quaeque genera odorum
dicantur, quamvis non terrarum ordine): similiter hoc
et ibi fieri tradunt, et esse oesypum hircorum barbis ge-
nibusque villosis haerens, sed ederae flore deroso, pasti-
bus matutinis, quum est rorulenta Cypros. Deinde nebula sole discussa, pulverem madentibus villis adhae-
rescere, atque ita ladanum depecti.

Sunt qui herbam in Cypro, ex qua id fiat, ledam appellant (etenim illi ledanum vocant): hujus pingue in-
sidere itaque attractis funiculis : herbam eam convolvi,
atque ita offas fieri. Ergo in utraque gente bina genera,
terrenum et factitium. Id quod terrenum est, friabile :
factitium, lentum.

Necnon et fruticem esse dicunt in Carmania, et super
Aegyptum per Ptolemaeos translatis plantis : aut (ut alii)
generante et id thuris arbore : colligique, ut gummi,
inciso cortice, et caprinis pellibus excipi. Pretia sunt
laudatissimo in libras, asses XL. Adulteratur myrti baccis, et aliis animalium sordibus. Sinceri odor debet esse
ferus, et quodam modo solitudinem redolens : ipsum visu
aridum, tactu statim mollescere, accensum fulgere,
odore jucundo gratum. Myrtata deprehenduntur crepi-

bos. Ils disent que, dans l'Arabie, les chèvres, en broutant les arbres qui le produisent, font un grand dégât, par suite duquel ce suc s'attache à leurs poils ; mais que le vrai ladanum vient de l'île de Cypre (pour parler, en passant, de tous les aromates, sans m'attacher à l'ordre des pays) ; qu'il se forme dans cette île de la même manière ; que c'est une espèce de suint qui s'attache à la barbe des boucs et aux poils de leurs genoux, quand ces animaux broutent les fleurs de lierre, dès le matin, lorsque cette île est couverte de la rosée ; que la poussière enfin s'y mêlant, quand le soleil a dissipé l'humidité, produit le ladanum, qu'on enlève à l'aide d'un peigne.

L'arbuste qui procure cette substance, dans l'île de Cypre, est, par quelques-uns, nommé léda (aussi disent-ils lédanum). Ils prétendent que la viscosité se dépose sur des ficelles traînées sur la plante ; qu'on roule les feuilles, et qu'on fait ensuite des pains. Ainsi il y a donc, tant en Arabie qu'en Cypre, deux sortes de ladanum : l'un contient de la terre, l'autre est artificiel ; le premier est friable, le second est gluant.

D'autres prétendent que le ladanum est le produit d'un arbrisseau de la Carmanie, et qu'il fut planté, au delà de l'Égypte, par les Ptolémées. Il se tire, selon d'autres, de l'arbre même qui donne l'encens, se recueille, comme les gommes, par incisions, et se reçoit sur des peaux de chèvres. La livre du meilleur ladanum se vend quarante as. On le falsifie avec des baies de myrte, et avec des saletés enlevées à d'autres animaux que des chèvres. Le bon ladanum doit avoir une odeur sauvage, et sentir en quelque sorte le désert. Il doit

tantque in igne. Præterea sincero calculi potius e rupibus inhærent, quam pulvis.

Enhæmon.

XXXVIII. In Arabia et olea dotatur lacryma, qua
medicamentum conficitur, Græcis enhæmon dictum,
singulari effectu contrahendis vulnerum cicatricibus. In
maritimis eæ fluctibus æstuque operiuntur. Nec baccæ
nocetur, quum constet et in foliis salem relinqui. Hæc
sunt peculiaria Arabiæ : et pauca præterea communia,
alibi dicenda, quoniam in iis vincitur. Peregrinos ipsa
mire odores et ad exteros petit. Tanta mortalibus suarum
rerum satietas est, alienarumque aviditas.

Bratus arbor.

XXXIX. Petunt igitur in Elymæos arborem bratum,
cupresso fusæ similem, exalbidis ramis, jucundi odoris
accensam, et cum miraculo Historiis Claudii Cæsaris præ-
dicatam. Folia ejus inspergere potionibus Parthos tradit.

paraître sec, s'amollir dès qu'on le touche, et, s'il est allumé, briller en dégageant une odeur agréable. Les espèces qui contiennent du myrte se reconnaissent par leur pétillement au feu. Remarquons, en outre, que dans le bon ladanum on trouve plutôt de petites parcelles de rochers que de la poussière.

Enhème.

XXXVIII. En Arabie, les oliviers laissent couler un suc dont on prépare un médicament que les Grecs appellent enhémon, et qui, employé à cicatriser les plaies, produit un effet merveilleux. Sur les côtes, ces arbres sont couverts par les vagues dans le temps de la marée; ce qui ne nuit pas aux olives, quoique la mer laisse du sel sur les feuilles. Voilà les arbres que produit en particulier l'Arabie. Il y en a quelques autres qui lui sont communs avec d'autres pays où ils sont préférables, ce qui fait que nous en parlerons ailleurs. Les Arabes font le plus grand cas des aromates étrangers, et ils vont les chercher aux contrées lointaines : tant l'homme a de dégoût pour ce qu'il possède, et d'avidité pour ce qui n'est pas à sa portée!

Le brate.

XXXIX. Ils vont donc chercher dans l'Élymaïde un arbre nommé brate, qui ressemble à un cyprès dont les rameaux s'étendraient près de terre. Ses branches ont une couleur blanchâtre, et son bois, quand on le brûle,

Odorem esse proximum cedro, fumumque ejus contra ligna alia remedio. Nascitur ultra Pasitigrin in finibus oppidi Sittacæ in monte Zagro.

Strobum arbor.

XL. Petunt et in Carmanos arborem strobum ad suffitus, perfusam vino palmeo accendentes. Hujus odor redit a cameris ad solum jucundus, sed adgravans capita, citra dolorem tamen. Hoc somnum ægris quærunt. His commerciis Carras oppidum aperuere, quod est illis nundinarium. Inde Gabbam omnes petere solebant, dierum xx itinere, et Palæstinam Syriam : postea Characem peti cœptum, ac regna Parthorum ex ea causa, auctor est Juba. Mihi ad Persas etiam prius ista portasse, quam in Syriam aut Ægyptum, videntur, Herodoto teste, qui tradit singula millia talentum thuris annua pensitasse Arabas regibus Persarum.

Ex Syria revehunt styracem, acri odore ejus in focis

dégage un parfum très-agréable. C'est un des arbres
dont l'empereur Claude parle, dans ses Histoires, comme
d'une chose merveilleuse. Il dit que les Parthes mettent
de ses feuilles dans leurs boissons ; que son odeur approche de celle du cèdre, et que sa fumée est un remède
contre l'exhalaison des autres bois. Cet arbre croît sur
le mont Zagrus , au delà du Pasitigre, près de la ville
de Sittace.

Le strobe.

XL. Ils vont aussi chercher dans la Carmanie un
arbre nommé strobus , qu'ils emploient comme parfum,
en l'exposant au feu après l'avoir arrosé de vin de palmier. L'odeur, qui d'abord se porte au plafond des salles
où on en fait usage, descend jusqu'à terre en répandant
une odeur agréable, qui néanmoins rend la tête pesante, mais sans y causer de douleur. Ils s'en servent
pour procurer le sommeil aux malades. Ils avaient établi
un commerce de leurs parfums dans la ville de Carre,
qui était pour eux un lieu de foire. De là ils avaient
coutume de se rendre tous à Gabba, qui en est à vingt
journées. Ils allaient ensuite en Palestine. Au rapport
de Juba , ils étendirent, plus tard, leur trafic jusqu'à
Charax et dans le royaume des Parthes. Pour moi, je
pense qu'ils portèrent toutes ces denrées en Perse avant
de les exporter en Syrie ou en Égypte, et je m'appuie
du témoignage d'Hérodote , qui dit que les Arabes
payaient chaque année au roi de Perse un tribut d'encens du poids de mille talens.

De Syrie ils rapportent du styrax, dont l'odeur pi-

abigentes suorum fastidium. Cetero, non alia ligni genera sunt in usu, quam odorata : cibosque Sabæi co-
quunt thuris ligno, alii myrrhæ; oppidorum vicorumque
non alio, quam ex aris, fumo atque nidore. Ad hunc
ergo sanandum urunt styracem in pellibus hircinis suf-
fiuntque tecta. Adeo nulla est voluptas, quæ non assi-
duitate fastidium pariat. Eumdem et ad serpentes fugan-
das urunt, in odoriferis silvis frequentissimas.

De felicitate Arabiæ.

XLI. 18. Non sunt eorum cinnamomum aut casia : et
tamen Felix appellatur Arabia, falsa et ingrata cogno-
minis, quæ hoc acceptum superis ferat, quum plus ex
eo inferis debeat. Beatam illam fecit hominum etiam in
morte luxuria, quæ diis intellexerat genita, adhibens
urendis defunctis. Periti rerum asseverant, non ferre
tantum annuo fetu, quantum Nero princeps novissimo
Poppææ suæ die concremaverit. Æstimentur postea toto
orbe singulis annis tot funera, acervatimque congesta
honori cadaverum, quæ diis per singulas micas dantur.
Nec minus propitii erant mola salsa supplicantibus, immo
vero (ut palam est) placatiores. Verum Arabiæ etiam-

quante chasse le dégoût que leur causent leurs parfums ; car ils ne brûlent, pour l'usage ordinaire,
que des bois odoriférans. Les Sabéens font cuire leurs
alimens avec du bois d'encens, d'autres avec du bois
de myrrhe ; de sorte que, dans les villes et les villages,
il n'y a pas de fumée ni d'odeur différente de celle des
autels. C'est pour empêcher que toutes ces odeurs ne
leur soient nuisibles, qu'ils brûlent le styrax dans des
peaux de bouc, et qu'ils en font des fumigations dans
leurs maisons. Tant il est vrai qu'il n'est aucun plaisir
qui, par sa continuité, ne cause du dégoût. Ils brûlent
aussi le styrax pour chasser les serpens, qui sont fort
communs dans les forêts odoriférantes.

De l'Arabie heureuse.

XLI. 18. Le cinnamome et la casia (cannelle) ne
sont pas des productions de l'Arabie, et cependant on
la nomme *heureuse*. Trompée et ingrate, elle se croit
redevable de ce surnom aux dieux du ciel, quand elle
le doit plutôt à ceux des enfers. Elle doit son bonheur à
ce que l'homme, plaçant le luxe jusque dans le trépas,
emploie à brûler les morts ce qu'il savait avoir été produit pour les immortels. Des gens instruits assurent que
cette province ne donne pas, dans une année, autant de
parfums que Néron en brûla le dernier jour des funérailles de Poppée, son épouse. Qu'on estime ensuite le
nombre de cérémonies funèbres qui se font tous les ans
dans tout l'univers, et les monceaux d'encens prodi-
gués en l'honneur des cadavres, tandis qu'on le brûle

num felicius mare est : ex illo namque margaritas mittit. Minimaque computatione millies centena millia sestertium annis omnibus India et Seres, peninsulaque illa imperio nostro adimunt. Tanto nobis deliciæ et feminæ constant! Quota enim portio ex illis ad deos quæso jam, uti ad inferos, pertinet ?

De cinnamo. De xylocinnamo.

XLII. 19. Cinnamomum et casias fabulose narravit antiquitas, principsve Herodotus, avium nidis, et privatim phœnicis, in quo situ Liber pater educatus esset, ex inviis rupibus arboribusque decuti, carnis quam ipsæ inferrent pondere, aut plumbatis sagittis. Item casiam circa paludes propugnante unguibus diro vespertilionum genere, aligerisque serpentibus : his commentis augentes rerum pretia. Comitata vero fabula est, ad meridiani solis repercussus inenarrabilem quemdam universitatis halitum e tota peninsula exsistere, tot generum auræ spirante concentu, Magnique Alexandri classibus Arabiam odore primum nuntiatam in altum. Omnia falsa, siquidem cinnamomum, idemque cinnamum, nascitur

grain à grain sur les autels des dieux. Étaient-ils donc moins clémens quand on leur offrait un gâteau salé ? Certes, il est évident qu'ils étaient au contraire plus propices. Au reste, la mer de l'Arabie est encore plus heureuse, car c'est d'elle que nous viennent les perles. L'Inde, le pays des Sères, et presque toute cette presqu'île, enlèvent à notre empire au moins cent millions de sesterces par an : tant les délices et les femmes nous coûtent cher ! Or, je le demande, de tous ces objets, quelle est la part que nous destinons aux dieux du ciel et à ceux des enfers ?

Cinname : xylocinname.

XLII. 19. Une fable de l'antiquité, et principalement d'Hérodote, c'est que, dans le pays où Bacchus fut nourri, le cinnamome et la casia, placés à la cime inaccessible des arbres et des rochers, dans les nids de certains oiseaux, et du phénix en particulier, tombent de ces retraites qu'ébranle la flèche plombée du chasseur, ou le poids même des viandes qu'y transportent ces oiseaux. On prétend également que la casia vient auprès de certains marais, et qu'elle est gardée par une sorte de chauve-souris armées de griffes dangereuses, et par des serpens volans. Ces fictions n'ont d'autre but que d'augmenter le prix des denrées. On a ajouté une autre fable : c'est qu'à la chaleur des rayons du soleil de midi, il s'élève sur toute la presqu'île une exhalaison délicieuse provenant des aromates de cette contrée, ce qui fit reconnaître l'Arabie à la flotte d'Alexandre.

in Æthiopia Troglodytis connubio permixta. Ili mercan-
tes id a conterminis, vehunt per maria vasta ratibus,
quas neque gubernacula regant, neque remi trahant vel
impellant, non vela, non ratio ulla adjuvet, quum omnium instar ibi sint, homo tantum et audacia. Præterea
hibernum mare exigunt circa brumam, Euris tum maxime
flantibus. Ili recto cursu per sinus impellunt, atque a
promontorii ambitu Argeste deferunt in portum Gebanitarum, qui vocatur Ocelis. Quamobrem illi maxime
id petunt, produntque vix quinto anno reverti negotia-
tores, et multos interire. Contra revehunt vitrea, et
ahena, vestes, fibulas cum armillis ac monilibus. Ergo
negotiatio illa feminarum maxime fide constat.

Ipse frutex duum cubitorum altitudine amplissimus,
palmique minimus, IV digitorum crassitudinis, statim
a terra sex digitis surculosus, arido similis. Quum viret,
non odoratus, folio origani, siccitate gaudens, sterilior
imbre, cæduæ naturæ. Gignitur in planis quidem, sed
densissimis in vepribus, rubisque, difficilis collectu. Metitur non nisi permiserit deus (Jovem hunc intelligunt
aliqui : Assabinum illi vocant.) : XLIV boum, caprarum-
que, et arietum extis impetratur venia cædendi. Non

encore en pleine mer. Toutes choses contraires à la vérité, car le cinnamome ou cinname croît dans le
pays des Éthiopiens, alliés aux Troglodytes par des
mariages. Ces derniers achètent ces productions chez
leurs voisins, les transportent, à travers l'immensité des
mers, sur des radeaux qui n'ont ni gouvernail, ni rames,
ni voiles, ni autre agrès, l'homme seul et son audace
tenant lieu de tout. Ils traversent la mer pendant l'hiver.
à l'époque du solstice, quand l'Eurus souffle avec le
plus de violence. Ils se dirigent en droite ligne à travers les golfes ; et, après avoir doublé le promon-
toire d'Arabie, le vent nommé Argeste les fait arriver
au port des Gébanites, appelé Océlis. C'est le but le
plus fréquent de leurs courses, et l'on prétend qu'ils
peuvent à peine revenir après cinq ans, non sans perdre
beaucoup de monde. Ceux qui échappent aux accidens
du trajet remportent des ouvrages de verre, des vases
de cuivre, des étoffes, des agrafes, des bracelets, des
colliers. Ainsi donc ce commerce est soumis aux ca-
prices des femmes.

L'arbrisseau dont nous parlons n'excède jamais deux
coudées en hauteur, et n'a pas moins d'un palme. Sa
grosseur est de quatre doigts. A peine à six doigts de
terre, il pousse des branches, et semble desséché. Quand
il est vert, il n'a point d'odeur ; sa feuille tient de celle
de l'origan, il aime la sécheresse, souffre de la pluie,
et doit être taillé souvent. Il croît dans les plaines, mais
au milieu des ronces et des épines, et il est difficile de
l'y cueillir. On ne le coupe point sans la permission du
dieu (nommé Jupiter par les uns, Assabinus par les au-

tamen aut ante ortum solis, aut post occasum licet. Sarmenta hasta dividit sacerdos, deoque partem ponit : reliquum mercator in massas condit. Est et alia fama cum Sole dividi, ternasque partes fieri : dein sorte gemina discerni : quodque soli cesserit relinqui, ac sponte conflagrare.

Præcipua bonitas virgultorum tenuissimis partibus, ad longitudinem palmi. Secunda proximis breviore mensura, atque ita ordine. Vilissimum, quod radicibus proximum, quoniam ibi minimum corticis, in quo summa gratiæ. Qua de causa præferuntur cacumina, ubi plurimus cortex. Ipsum vero lignum in fastidio est, propter origani acrimoniam : xylocinnamomum vocatur. Pretium est in libras xx. Quidam cinnami duo genera tradidere, candidius, nigriusque. Quondam præferebatur candidum, nunc contra nigrum laudatur, atque etiam varium præferunt candido. Certissima tamen æstimatio ne sit scabrum, atque ut inter sese tritum tarde frietur. Damnatur in primis molle, aut cui labitur cortex.

Jus ejus a Gebanitarum rege solo proficiscitur : is edicto mercatu vendit. Pretia quondam fuere in libras

tres). Ce n'est qu'au moyen des entrailles de quarante-quatre victimes, bœufs, chèvres ou béliers, qu'on obtient cette faveur; encore faut-il que ce ne soit ni avant le lever ni après le coucher du soleil. Le prêtre partage les branches avec une pique, et met en réserve une part pour le dieu. Les marchands s'emparent du reste, qu'ils disposent en paquets. D'autres prétendent qu'on partage en outre avec le soleil; en faisant trois parts; et qu'après avoir consulté deux fois le sort, on abandonne au soleil la portion qui lui est échue, portion qui s'enflamme d'elle-même.

La meilleure qualité du cinnamome est à la pointe des branches, dans la longueur d'un palme. La seconde est au dessous, mais dans une moindre étendue, et ainsi de suite. Ce qui touche aux racines est le moins estimé; car dans cette partie l'écorce, qui fait son principal mérite, est moins abondante : voilà pourquoi on préfère la cime, partie qui contient le plus d'écorce. Quant au bois lui-même, on en fait peu de cas, parce qu'il a toute l'âcreté de l'origan : on l'appelle xylocinnamome. Son prix est de vingt deniers la livre. Quelques-uns disent qu'il y a deux sortes de cinname, le noir et le blanc. On préférait autrefois le blanc, on recherche maintenant le noir, et celui même qui varie de couleur est plus estimé que le blanc. Le meilleur se reconnaît à ce qu'il n'est point raboteux, et se brise difficilement quand on le frotte sur lui-même. Celui qui est mou, et dont l'écorce se détache sans peine, est le pire de tous.

Son prix est réglé seulement par le roi des Gébanites, qui en fait annoncer la vente publique. Son prix était

denarium millia. Auctum id parte dimidia est, incensis,
ut ferunt, silvis ira barbarorum. Id acciderit ob iniqui-
tatem præpotentium, an forte, non satis constat. Austros
ibi tam ardentes flare, ut æstatibus silvas accendant,
invenimus apud auctores. Coronas ex cinnamo interra-
sili auro inclusas, primus omnium in templis Capitolii
atque Pacis dicavit imperator Vespasianus Augustus.
Radicem ejus magni ponderis vidimus in palatii templo,
quod fecerat divo Augusto conjux Augusta, aureæ pa-
teræ impositam : ex qua guttæ editæ annis omnibus in
grana durabantur, donec id delubrum incendio con-
sumptum est.

Casia.

XLIII. Frutex et casia est, juxtaque cinnami campos
nascitur : sed in montibus crassiore sarmento, tenui cute
verius, quam cortice, quem contra atque in cinnamo,
levari et exinaniri pretium est. Amplitudo frutici trium
cubitorum. Color triplex. Quum primum emicat, candidus pedali mensura : dein rubescit addito semipede :
ultra nigricans. Hæc pars maxime laudatur, ac deinde
proxima : damnatur vero candida. Consecant surculos
longitudine binum digitorum : mox præsuunt recentibus

autrefois de mille deniers la livre ; mais il a augmenté
de la moitié de cette somme, la fureur des barbares
ayant, dit-on, brûlé quelques forêts. On ignore toutefois
si c'est à la méchanceté des riches, ou au hasard, qu'on
doit attribuer cet accident. En effet, des auteurs rapportent qu'en Éthiopie les vents du midi sont si chauds,
que, dans l'été, ils enflamment quelquefois les forêts.
Vespasien est le premier qui ait dédié, dans le temple
du Capitole et dans celui de la Paix, des couronnes
faites de cinname, incrustées dans de l'or ciselé. J'ai
vu sur le mont palatin, dans un temple élevé à Auguste
par son épouse, une coupe d'or qui contenait une
racine de cinname d'un grand poids : il en sortait
chaque année quelques gouttes qui se durcissaient en
forme de grains, et ce phénomène ne cessa que par l'in-
cendie du temple.

Casia.

XLIII. La casia est aussi un arbrisseau qu'on trouve
aux environs des lieux qui donnent le cinname ; mais
il croît sur les montagnes, ses branches sont plus
grosses. Il est revêtu d'une peau mince, plutôt que
d'une écorce ; et, contraire en cela au cinname, il n'a
de prix que quand cette enveloppe est légère et creuse.
Cet arbuste, haut de trois coudées, a trois couleurs
distinctes : à sa sortie de terre, il est blanc dans la
longueur d'un pied ; ensuite il est rouge l'espace d'un
demi-pied, et le reste est noir. C'est cette partie qu'on
préfère. Vient ensuite la rouge ; mais on ne fait aucun

24.

coriis quadrupedum ob id interemptarum, ut iis putrescentibus vermiculi lignum erodant, et excavent corticem tutum amaritudine. Probatur recens maxime, et quæ sit odoris mollissimi, gustuque quam maxime fervens potius, quam lento tepore leniter mordens, colore purpuræ, quæque plurima minimum ponderis faciat, brevi tunicarum fistula, et non fragili. Lactam vocant talem barbaro nomine. Alias est balsamodes, ab odore simili appellata, sed amara, ideoque utilior medicis, sicut nigra unguentis. Pretia nulli diversiora. Optimæ in libras x. l, ceteris x. v.

20. His addidere mangones, quam daphnoiden vocant, isocinnamon cognominatam : pretiumque ei faciunt x. ccc. Adulteratur styrace, et propter similitudinem corticum, lauri tenuissimis surculis. Quin et in nostro orbe seritur : extremoque in margine imperii, qua Rhenus adluit, vivit in alveariis apum sata. Color abest ille torridus sole, et ob id simul idem odor.

Cancamum. Tarum.

XLIV. Ex confinio casiæ cinnamique, et cancamum

cas de la blanche. Les rejetons se coupent à la longueur de deux doigts, ensuite on les coud dans les peaux, encore fraîches, de bêtes tuées exprès, afin que les vers qui s'y engendrent rongent tout le bois, et forment une cavité dans l'écorce, garantie par son amertume. On recherche la plus nouvelle, qui doit être d'une odeur très-suave, d'une saveur qui produit plutôt une sensation brûlante qu'une chaleur douce et prolongée, d'une couleur purpurine, d'une extrême légèreté dans ses tuyaux courts et difficiles à rompre. C'est cette espèce que les barbares nomment lacta. Il y en a une autre qui, à cause de son odeur de baume, est appelée balsamode ; mais elle est amère, ce qui fait qu'on l'emploie de préférence en médecine, de même qu'on recherche la noire pour les parfums. Nulle denrée n'a des prix plus disproportionnés : la meilleure coûte cinquante, les autres cinq deniers la livre.

20. On trouve en outre dans le commerce une autre écorce qu'on appelle daphnoïde, et dont le surnom est isocinname : son prix est de trois cents deniers. On la falsifie avec du styrax et avec les menues branches du laurier, à cause de leur ressemblance. On peut faire croître l'arbrisseau dans notre climat, et il réussit sur les confins de l'empire, le long du Rhin, où il a été planté dans les terrains destinés aux abeilles ; mais il n'a ni la couleur ni l'odeur que lui donne un soleil brûlant.

Cancame. Tarum.

XLIV. Près des contrées où croissent la casia et

ac tarum invehitur, sed per Nabatæos Troglodytas, qui considere ex Nabatæis.

Serichatum. Gabalium.

XLV. 21. Eo comportatur et serichatum, et gabalium, quæ intra se consumunt Arabes , nostro orbi tantum nominibus cognita, sed cum cinnamo casiaque nascentia. Pervenit tamen aliquando serichatum, et in unguenta additur ab aliquibus. Permutatur in libras x. vi.

Myrobalanus.

XLVI. Myrobalanum Troglodytis , et Thebaidi , et Arabiæ, quæ Judæam ab Ægypto disterminat, commune est, nascens unguento, ut ipso nomine apparet. Quo item indicatur et glandem esse arboris , heliotropio, quam dicemus inter herbas, simili folio. Fructus magnitudine avellanæ nucis. Ex his in Arabia nascens Syriaca appellatur, et est candida : contra in Thebaide nigra. Præfertur illa bonitate olei, quod exprimitur : sed copia Thebaica. Inter hæc Troglodytica vilissima est. Sunt qui Æthiopicam iis præferant, glandem nigram, nec pinguem , nucleoque gracili, sed liquore, qui exprimitur, odoratiori, nascentem in campestribus. Ægyptiam pin-

le cinname se trouvent le cancame et le tarum, qu'on apporte en traversant le pays des Nabatéens-Troglodytes, colonie des Nabatéens.

Serichatum. Gabalium.

XLV. 21. On en tire encore le serichatum et le gabalium, que les Arabes réservent pour eux. Ces denrées ne nous sont connues que de nom, mais elles croissent avec le cinname et la casia. Le serichatum nous parvient pourtant quelquefois, et on le fait entrer dans la composition des parfums. Il se vend six deniers la livre.

Myrobalan.

XLVI. Dans le pays des Troglodytes, dans la Thébaïde et dans la partie de l'Arabie qui sépare la Judée de l'Égypte, le myrobalan est commun, et y croît pour les parfums, comme son nom le fait connaître, en indiquant aussi que c'est le gland d'un arbre dont la feuille ressemble à celle de l'héliotrope, dont nous parlerons en traitant des herbes. Ce fruit est de là grosseur d'une aveline. Celui qu'on récolte en Arabie prend le nom de syriaque : il est blanc; au contraire, celui de la Thébaïde est noir. On préfère le premier pour la qualité de son huile; mais le second en rend une plus grande quantité. Celui du pays des Troglodytes est le moins estimé de tous. Quelques-uns préfèrent celui d'Éthiopie; c'est un gland noir peu onctueux, dont le noyau est petit.

guiorem esse, et crassiore cortice rubentem : et quamvis in palustribus nascatur, breviorem sicciorcmque. E diverso Arabicam viridem ac tenuiorem, et quoniam sit montuosa, spissiorcm. Longe autem optimam Petræam, ex quo diximus oppido, nigro cortice, nucleo candido. Unguentarii autem tantum cortices premunt: medici nucleos, tundentes adfusa eis paulatim calida aqua.

Phœnicobalanus.

XLVII. 22. Myrobalano in unguentis similem proximumque usum habet palma in Ægypto, quæ vocatur adipsos, viridis, odore mali cotonei, nullo intus ligno. Colligitur autem paulo ante, quam incipiat maturescere. Quod si relinquatur, phœnicobalanus vocatur, et nigrescit, vescentesque inebriat. Myrobalano pretium in libras x. bini. Institores et fæcem unguenti hoc nomine appellant.

De calamo odorato : de junco odorato.

XLVIII. Calamus quoque odoratus in Arabia nascens, communis Indis atque Syriæ est, iu qua vincit omnes, a nostro mari centum L stadiis. Inter Libanum mon-

mais qui donne une huile plus parfumée : il croît dans les plaines. Celui d'Égypte passe pour être plus gras, pour avoir l'écorce rouge et plus épaisse ; et quoiqu'il naisse dans les marais, on le dit plus court et plus sec. Celui d'Arabie passe au contraire pour être plus vert et plus menu ; et comme il croît sur les montagnes, il est plus compacte. Le meilleur de tous vient, dit-on, de Petra, ville dont nous avons eu occasion de parler : il a l'écorce noire et le noyau blanc. Les parfumeurs n'expriment que l'écorce du myrobalan ; mais les médecins en emploient les noyaux, qu'ils pilent, en les arrosant peu à peu d'eau chaude.

Phénicobalan.

XLVII. 22. Le palmier d'Égypte, nommé adipsos, sert aussi aux parfums, et vient après le myrobalan : son fruit est vert, d'une odeur de coing, et sans noyau. On le cueille un peu avant qu'il commence à mûrir. Ceux qu'on laisse sur l'arbre, et qu'on appelle phénicobalans, deviennent noirs, et enivrent ceux qui en mangent. Le prix du myrobalan est de deux deniers la livre. Les trafiquans donnent le même nom à la lie du parfum qu'on en tire.

Du calamus odorant ; du jonc odorant.

XLVIII. Le calamus odorant qui naît en Arabie se trouve aussi dans les Indes et en Syrie ; celui de cette dernière contrée est le meilleur de tous, et croît à cent

tem, aliumque ignobilem, non (ut quidam existimavere) Antilibanum, in convalle modica juxta lacum,
cujus palustria æstate siccantur, tricenis ab eo stadiis
calamus et juncus odorati gignuntur. Sane enim dicamus et de junco, quamvis alio herbis dicato volumine,
quoniam tamen hic unguentorum materia tractatur.
Nihil ergo a ceteris sui generis differunt aspectu : sed
calamus præstantior odore, statim e longinquo invitat,
mollior tactu, meliorque qui minus fragilis : et qui as-
sulose potius, quam raphani modo frangitur. Inest fis-
tulæ araneum, quod vocant florem. Præstantior est,
cui numerosius. Reliqua probatio, ut niger sit. Damnatur aliubi. Melior, quo brevior, crassiorque, et lentus
in frangendo. Calamo pretium in libras, xɪ; junco, xv.
Traduntque juncum odoratum et in Campania inveniri.

Hammoniacum.

XLIX. Discessimus a terris Oceanum spectantibus
ad convexas in nostra maria.

23. Ergo Æthiopiæ subjecta Africa Hammoniaci lacrymam stillat in arenis suis (inde nomine etiam Ham-

cinquante stades de la mer Méditerranée. Entre le Liban
et une autre montagne peu connue (non l'Antiliban ,
comme quelques-uns l'ont pensé), dans une vallée d'une
étendue médiocre, et à trente stades d'un lac dont les
parties marécageuses se dessèchent en été, naissent le
calamus et le jonc aromatiques. Puisque nous traitons ici
des parfums, nous croyons convenable de parler aussi du
jonc, quoique un autre livre soit consacré aux herbes.
Ces deux plantes ne diffèrent en rien, pour l'aspect,
de toutes celles de ce genre ; mais le roseau a une
odeur plus agréable, et qui, de fort loin, flatte l'odorat. Il est plus mou au toucher. Le meilleur est le
moins fragile, et celui qui se brise par éclats plutôt
que de se rompre à la manière du raifort. Il y a dans
l'intérieur du roseau une espèce de bourre qu'on appelle la fleur, et chaque tuyau est d'autant plus estimé qu'il en contient davantage. Le meilleur caractère
du roseau est d'être noir : on le rejette cependant ailleurs. Le plus estimé est celui qui, plus court, plus
gros, est souple quand on veut le rompre. La livre du
calamus aromatique coûte onze deniers, et celle du jonc
quinze. On dit qu'il se trouve aussi du jonc de cette espèce dans la Campanie.

Hammoniac.

XLIX. Quittons les régions qui regardent l'Océan,
pour venir à celles que borde notre mer.

23. La partie de l'Afrique qui est au dessous de l'É-
thiopie voit découler sous forme de larmes , dans ses

monis oraculo, juxta quod gignitur arbor) : quam metopion vocant, resinæ modo aut gummi. Genera ejus duo : thrauston, masculi thuris similitudine, quod maxime probatur : alterum pingue et resinosum, quod phyrama appellant. Adulteratur arenis, velut nascendo adprehensis. Igitur quam minimis glebis probatur, et quam purissimis. Pretium optimi in libras, asses xl.

Sphagnos.

L. Sphagnos infra eos situs in Cyrenaica provincia maxime probatur, alii bryon vocant. Secundum locum obtinet Cyprius, tertium Phœnicius. Fertur et in Ægypto nasci : quin et in Gallia : nec dubitaverim. Sunt enim hoc nomine cani arborum villi, quales in quercu maxime videmus, sed odore præstantes. Laus prima candidissimis, atque altissimis : secunda rutilis, nulla nigris. Et in insulis petrisque nati improbantur : omnesque quibus palmarum, atque non suus odor est.

Cypros.

LI. 24. Cypros in Ægypto est arbor ziziphi foliis,

sables, le suc de l'hammoniac (qui a donné son nom
à l'oracle d'Hammon, dans le voisinage duquel croît
cette espèce d'arbre). Il prend le nom de métopion, et
a l'aspect de la résine ou de la gomme. Il y en a deux
espèces : le thrauston, semblable à l'encens mâle, et qui
est le plus estimé ; l'autre, grasse et résineuse, s'appelle
phyrama. On la falsifie avec du sable, qui paraît mé-
langé naturellement avec elle. Voilà pourquoi les plus
petits morceaux et les plus purs sont les plus estimés.
La meilleure vaut quarante as la livre.

Sphagnos.

L. Au dessous de ce pays, dans la Cyrénaïque, se
trouve le meilleur sphagnos, que d'autres nomment
bryon ; celui de l'île de Cypre est de seconde qualité ; en
troisième lieu vient le bryon de Phénicie. Il en croît aussi,
dit-on, en Égypte, et même dans les Gaules, ce dont je
ne doute pas, car on donne le nom de bryon à des flocons
blancs attachés à des arbres, semblables à ceux que nous
voyons surtout sur les chênes, mais dont l'odeur est
excellente. On estime surtout les plus blancs, et qui se
trouvent au sommet des arbres. On donne le second rang
aux rouges. On n'estime pas les noirs. Il en est de même
de ceux qui croissent dans les îles et sur les pierres, et de
ceux qui exhalent une odeur de palmier, et non leur odeur
caractéristique.

Cypre.

LI. 24. Le cypre est un arbre d'Égypte que distin-

semine coriandri , candido , odorato. Coquitur hoc in oleo , premiturque postea , quod cyprus vocatur. Pretium ei in libras , x. v. Optimum e Canopica in ripis Nili nata : secundum Ascalone Judææ : tertium Cypro insula, odoris suavitate. Quidam hanc esse dicunt arborem quæ in Italia ligustrum vocetur.

Aspalathos, sive erysisceptrum.

LII. In eodem tractu aspalathos nascitur, spina candida , magnitudine arboris modicæ , flore rosæ. Radix unguentis expetitur. Tradunt in quocumque frutice curvetur arcus cælestis, eamdem quæ sit aspalathi, suavitatem odoris exsistere : sed si in aspalatho, inenarrabilem quamdam. Quidam eum erysisceptrum vocant, alii sceptrum. Probatio ejus in colore rufo vel igneo, tactuque spisso, et odore castorei. Permutatur in libras x. v.

Marum.

LIII. In Ægypto nascitur et maron, pejus quam Lydium, majoribus foliis ac variis. Illa brevia ac minuta, et odorata.

guent des feuilles analogues à celles du ziziphe (jujubier), une graine semblable à celle de la coriandre,
blanche et odorante. On la fait cuire dans l'huile, et
ensuite, par expression, on en obtient le parfum dit
cypre, qui se vend cinq deniers la livre. Le cypre de
Canope, sur les rives du Nil, fournit le meilleur; vient
ensuite celui d'Ascalon, en Judée; en troisième lieu
celui de l'île de Cypre, qui est d'une odeur suave. Quelques-uns identifient le cypre avec l'arbre qui porte, en
Italie, le nom de ligustrum.

Aspalathe ou érysisceptre.

LII. Dans les mêmes parages croît l'aspalathe, dont
l'épine est blanche, la fleur semblable à la rose, et la
taille à celle d'un arbuste. La racine est recherchée
pour les parfums. On dit que tout arbrisseau sur lequel
s'arrondit l'arc-en-ciel exhale l'odeur de l'aspalathe,
mais que celle de l'aspalathe est, dans ce cas, d'une
douceur au dessus de toute expression. Quelques-uns
nomment cet arbre érysisceptre, d'autres sceptre. La
bonne qualité se reconnaît à une couleur rousse ou
semblable au feu, à son grain compacte et à son odeur,
qui est celle du castoréum. On le vend cinq deniers la
livre.

Maron.

LIII. Le maron croît en Égypte ; mais celui de ce
pays n'égale pas celui de la Lydie. Ce dernier a les
feuilles plus grandes et de diverses couleurs. Le premier
les a menues, courtes et odorantes.

De balsamo, opobalsamo, xylobalsamo.

LIV. 25. Sed omnibus odoribus præfertur balsamum, uni terrarum Judææ concessum, quondam in duobus tantum hortis, utroque regio, altero jugerum xx non amplius, altero pauciorum. Ostendere arbusculam hanc Urbi imperatores Vespasiani. Clarumque dictu, a Pompeio Magno in triumpho arbores quoque duximus. Servit nunc hæc, et tributa pendit cum sua gente, in totum alia natura, quam nostri externique prodiderant. Quippe viti similior est, quam myrto. Malleolis seri dicitur, nuper vincta, ut vitis : et implet colles vinearum modo, quæ sine adminiculis se ipse sustinent. Tondetur similiter fruticans, ac rastris nitescit, properatque nasci, intra tertium annum fructifera. Folium proximum rutæ, perpetua coma. Sæviere in eam Judæi, sicut in vitam quoque suam. Contra defendere Romani, et dimicatum pro frutice est. Seritque nunc eum fiscus : nec umquam fuit numerosior, aut procerior. Proceritas intra bina cubita subsistit.

Arbori tria genera. Tenui et capillacea coma, quod vocant eutheriston. Alterum scabro aspectu, incurvum,

Baume; opobalsamum, xylobalsamum.

LIV. 25. A tous les parfums cependant on préfère le
baume, que la Judée seule a le privilège de produire;
jadis même on ne le recueillait que dans deux jardins
royaux, dont l'un avait vingt arpens au plus, et l'autre
un peu moins. Nos empereurs Vespasien et Titus ont
fait voir cet arbre à Rome; car, chose remarquable depuis l'exemple du grand Pompée, nous avons mené des
arbres dans nos triomphes. Le baume est donc aujour-
d'hui, ainsi que le peuple compatriote, notre esclave,
notre tributaire. Sa nature est tout autre que ne l'avaient
écrit les auteurs latins et étrangers; en effet, il ressemble à la vigne plutôt qu'au myrte. On plante, dit-on,
cet arbre par marcottes, et, jeune encore, on le lie
comme la vigne; il couvre les coteaux, à la manière
des vignes qui se soutiennent sans tuteurs. On taille de
même ses branches; le binage lui donne de la vigueur.
Sa croissance est rapide, et la troisième année il donne
des fruits. Ses feuilles ressemblent beaucoup à la rue, et
sont toujours vertes. Les Juifs déployèrent leur fureur
contre cet arbre comme contre leur propre existence;
les Romains, au contraire, les défendirent, et l'on combattit pour un arbuste. Aujourd'hui le fisc exploite la
culture du baume, et jamais ces arbres ne furent si remarquables par le nombre et par la hauteur. Leur taille
ne dépasse jamais deux coudées.

On en distingue trois espèces : la première, petite et
caractérisée par un feuillage aussi délié que des cheveux,

fruticosum, odoratius : hoc trachy appellant. Tertium eumeces, quia est reliquis procerius, lævi cortice. Huic secunda bonitas, novissima eutheristo. Semen est vino proximum gustu, colore rufum, nec sine pingui : pejus in grano, quod levius atque viridius. Ramus crassior, quam myrto. Inciditur vitro, lapide, osseisve cultellis. Ferro lædi vitalia odit. Emoritur protinus, eadem amputari supervacua patiens. Incidentis manus libratur artifici temperamento, ne quid ultra'corticem violet.

Succus e plaga manat, quem opobalsamum vocant, suavitatis eximiæ, sed tenui gutta ploratu, lanis parva colligitur in cornua. Ex his novo fictili conditur, crassiori similis oleo, et in musto candida. Rubescit deinde, simulque durescit e translucido. Alexandro Magno res ibi gerente, toto die æstivo unam concham impleri justum erat. Omni vero fecunditate e majore horto congios senos, minore singulos, quum duplo rependebatur argentum. Nunc etiam singularum arborum largior vena, ter omnibus percutitur æstatibus, postea deputatur.

se nomme euthériste ; la seconde, raboteuse, courbe, féconde en branches, et plus odorante, s'appelle trachy ; la troisième espèce porte, à cause de sa grandeur, le nom d'eumèces : son écorce est lisse. C'est la seconde en bonté ; l'euthériste, sous ce rapport, n'a que le troisième rang. La graine du baume a un goût analogue au vin. Elle est rousse et un peu grasse ; verte et pesante, elle est moins estimée. Les branches de l'arbre sont plus grosses que celles du myrte. On obtient le baume en faisant des incisions à l'écorce de l'arbre, à l'aide de verre, de pierre ou de couteaux en os. Il est dangereux d'attaquer avec le fer la matière vivante, l'arbre meurt aussitôt. En revanche, on peut l'émonder sans péril : il faut donc que la main qui pratique l'incision attaque l'écorce avec adresse et ménagement, pour ne point pénétrer au delà.

De la plaie s'échappe un suc dit opobalsamum, d'une douceur extraordinaire, mais qui n'arrive que par larmes très-petites, que l'on reçoit sur de la laine pour le mettre dans de petites cornes, d'où on le transvase dans un pot de terre neuf. Il ressemble à une huile épaisse, et est blanc quand il est nouveau ; bientôt il devient rouge, acquiert de la dureté et perd de sa transparence. Quand Alexandre faisait la guerre en Judée, la quantité de baume qu'on pouvait recueillir dans tout un jour d'été n'arrivait qu'à remplir une coquille ; et même, dans les meilleures années, le plus grand des deux jardins ne rendait que six conges de liquide, et le moindre un seul : aussi payait-on le baume deux fois son poids en argent.

Et sarmenta quoque in merce sunt. ᴅᴄᴄ II - S amputatio ipsa surculusque veniit intra quintum devictæ annum. Xylobalsamum vocatur, et coquitur in unguentis: pro succo ipsum substituere officinæ. Corticis etiam ad medicamenta pretium est. Præcipua autem gratia lacrymæ, secunda semini, tertia cortici, minima ligno. Ex hoc buxosum est optimum, quod est odoratissimum: e semine autem maximum et ponderosissimum, mordens gustu, fervensque in ore. Adulteratur Petræo hyperico: quod coarguitur magnitudine, inanitate, longitudine, odoris ignavia. sapore piperis.

Lacrymæ probatio, et sit pinguis, tenuis, ac modice rufa, et in fricando odorata. Secundus candido colos, pejor viridis, crassusque, pessimus niger: quippe ut oleum senescit. Ex omni incisura maxime probatur, quod ante semen fluxit. Et alias adulteratur seminis succo, vixque maleficium deprehenditur gustu amariore: esse enim debet lenis, non subacidus, odore tantum austerus. Vitiatur et oleo rosæ, cypri, lentisci, balani, terebinthi, myrti, resina, galbano, cera cypria, prout quæque res fuit. Nequissime autem gummi, quoniam inarescit in manu inversa, et in aqua sidit : quæ probatio

Aujourd'hui on incise trois fois, dans l'été, chaque arbre à baume, après quoi on le taille.

Les petites branches, ainsi coupées, et les rejetons, entrent aussi dans le commerce : cinq ans après la conquête on les vendait sept cents sesterces. Le xylobalsamum (tel est leur nom) sert dans les parfums, et a été substitué au baume même dans les laboratoires. L'écorce est aussi estimée en médecine. Dans l'ordre des évaluations, il faut nommer d'abord le baume en larmes, puis la graine de baume, puis l'écorce, enfin le bois. Ce dernier, pour être de première qualité, doit avoir la couleur du buis, et répandre beaucoup d'odeur. La graine la plus estimée est celle qui réunit la pesanteur et le piquant à la propriété d'échauffer le palais. On y mélange l'hypérique de Petra, que l'on en distingue à sa grosseur, au vide qu'il offre en dedans, à sa longueur, à la faiblesse de son odeur, et à son goût de poivre.

Le baume en larmes se reconnaît à son grain fin, à son aspect gras, à sa nuance un peu rousse, et au parfum qu'il exhale par la friction. Au second rang vient le baume blanc. On estime moins celui qui est vert et dont le grain est moins fin. Le moins bon est le noir, qui rancit, comme l'huile, en vieillissant. De tous les baumes, le meilleur est celui qui découle avant l'entière maturité de la graine. Du reste, on falsifie le baume en larmes avec le suc de cette graine même; et l'on reconnaît, avec beaucoup de peine, l'altération à une saveur amère : car le baume a une saveur douce sans la moindre acidité, et son odeur n'est que prononcée. D'autres falsifications s'opèrent à l'aide des huiles de rose, de

gemina est. Debet sincerum et inarescere : sed hoc e gummi arescere addita fragili crusta evenit. Et gustu deprehenditur. Carbone vero, quod cera resinaque adulteratum est, nigriore flamma. Nam melle mutatum statim in manu contrahit muscas. Præterea sinceri densatur in tepida aqua gutta sidens ad ima vasa, adulterata olei modo innatat : et si metopio vitiata est, circulo candido cingitur. Summa probatio est, ut lac coagulet, in veste maculas non faciat. Nec manifestior alibi fraus : quippe millibus denarium, sextarii empti vendente fisco trecentis denariis, veneunt : in tantum expedit augere liquorem. Xylobalsamum pretium in libras x. v.

Styrax.

LV. Proxima Judææ Syria supra Phœnicen styracem gignit, circa Gabala, et Marathunta, et Casium Seleuciæ montem. Arbor est eodem nomine, cotoneo malo similis, lacrymæ et austero jucundioris, intus simili-

cypre, de lentisque, de balan*, de térébinthe, de myrte;
à l'aide aussi de la résine, du galbanum, de la cire
de cypre, selon l'occasion. La plus adroite de ces pré-
parations est celle qu'on fait avec la gomme, car alors
la substance obtenue sèche aussi sur le revers de la main,
et tombe au fond de l'eau : or, ces deux caractères distinguent le baume vrai. Celui-ci doit sécher sans aucun
changement, tandis que l'autre sèche en se couvrant d'une
pellicule fragile. La fraude se reconnaît aussi à la différence
des saveurs. Sur des charbons ardens, la cire et la résine
produisent une flamme plus noire. Celui qui est altéré
par du miel attire les mouches dès qu'il est sur la main.
De plus, le vrai baume, jeté dans l'eau tiède, s'épaissit et va au fond du vase ; falsifié, il surnage comme
de l'huile; et si c'est par le métopium, un cercle blanc
se forme autour de la substance. La plus décisive des
preuves est la propriété, dans le vrai baume, de faire
cailler le lait et de ne pas tacher les étoffes. Nulle part
la fraude n'est plus évidente ; car le setier, acheté
trois cents deniers au fisc, en fournit mille aux marchands : tant ils trouvent d'avantage à augmenter la
quantité du liquide. Le xylobalsamum se vend cinq deniers la livre.

Styrax.

LV. Les parages de la Syrie, qui confinent à la
Judée et qui se trouvent au dessus de la Phénicie,
dans les environs de Gabale, de Marathus, et du mont
Casius en Séleucie, produisent le styrax. L'arbre homonyme a la taille du cognassier. La liqueur qu'il donne

tudo arundinis, succo prægnans. In hanc circa Canis
ortus advolant pennati vermiculi erodentes : ob id in
scobe sordescit. Styrax laudatur post supra dicta ex Pi-
sidia, Sidone, Cypro, Cilicia, Creta minime. Ex Amano
Syriæ medicis, sed unguentariis magis. Colos in quacumque natione præfertur rufus, et pinguiter lentus :
deterior furfurosus, et cano situ obductus. Adulteratur
cedri resina vel gummi, alias melle, aut amygdalis ama-
ris : omniaque ea deprehenduntur gustu. Pretium optimo, x. viii. Exit et in Pamphylia, sed acrior, minus-
que succosus.

Galbanum.

LVI. Dat et galbanum Syria in eodem Amano monte
e ferula, quam ejusdem nominis resinæ modo stagoni-
tin appellant. Quod maxime laudant, cartilaginosum,
purum ad similitudinem hammoniaci, minimeque li-
gnosum. Sic quoque adulteratur faba, aut sacopenio.
Sincerum si uratur, fugat nidore serpentes. Permutatur
in libras, x. v. Medicinæ hoc tantum.

est d'un goût agréable, quoique un peu âpre. Son bois, creux intérieurement comme le roseau, renferme beaucoup de suc. Vers le lever de la Canicule, cet arbre est attaqué par de petits vers volans qui le rongent ; de sorte que la liqueur, par la vermoulure, se trouve gâtée. Après le styrax de Syrie, on vante celui de la Pisidie, de Sidon, de Cypre, de la Cilicie ; celui de la Crète est mauvais. Le mont Amane, en Syrie, fournit un styrax employé en médecine, et plus encore en parfumerie. Quelle que soit la patrie du styrax, ses qualités sont d'être gras, visqueux et de couleur rousse. On estime peu celui qui a l'aspect du son, et que couvre une espèce de moisissure blanche. On le falsifie avec de la résine ou de la gomme de cèdre, ou bien encore avec du miel, ou des amandes amères. Toutes ces fraudes se reconnaissent au goût. Le styrax de première qualité vaut huit deniers la livre. La Pamphylie en produit aussi ; mais son suc, plus âcre, est moins abondant.

Galbanum.

LVI. C'est encore en Syrie, sur le même mont Amane, qu'on trouve le galbanum, résine fournie par une férule, dite stagonitis, du nom de sa résine. On vante surtout celui qui est cartilagineux, clair comme la gomme hammoniaque, et sans mélange de bois. On le falsifie aussi à l'aide de fèves ou de sacopénium. L'odeur du vrai galbanum, brûlé, chasse les serpens. Il se vend cinq deniers la livre. Il n'est d'usage qu'en médecine.

De panace.

LVII. 26. Panacem et unguentis eadem gignit, nascentem et in Psophide Arcadiæ, circaque Erymanthi fontes, et in Africa, et in Macedonia : ferula sui generis quinque cubitorum, foliis primo quaternis, mox senis in terra jacentibus, ampla magnitudine rotundis, in cacumine vero oleagineis, semine in muscariis dependente, ut ferulæ. Excipitur succus inciso caule messibus, radice in autumno : laudatur candor ejus coacti. Sequens pallido statera. Niger color improbatur. Pretium optimo in libras x. bini.

Spondylion.

LVIII. Ab hac ferula differt, quæ vocatur spondylion, foliis tantum, quia sunt minora, platani divisura. Non nisi in opacis gignitur. Semen eodem nomine silis speciem habet, medicinæ tantum utile.

De malobathro.

LIX. Dat et malobathron Syria, arborem folio convoluto, arido colore : ex quo exprimitur oleum ad un-

Panax.

LVII. 26. Le panax, usité dans la parfumerie, vient aussi de la Syrie : on en tire de Psophis, en Arcadie, des environs des sources de l'Érymanthe, enfin de l'Afrique et de la Macédoine. Une férule d'espèce particulière le produit. Cette plante a cinq coudées, et jette d'abord quatre feuilles, puis six, qui sont couchées à terre, très-grandes, rondes; vers le sommet elles ressemblent à des feuilles d'olivier. Comme dans la férule, la graine se trouve, dans des bouquets, à la cime. On obtient la liqueur par une incision pratiquée à la tige en été, en automne à la racine. Le meilleur, lorsqu'il est épaissi, doit être blanc. On vante moins celui qui tire sur le pâle. Le noir ne vaut rien. La première qualité se vend deux deniers la livre.

Spondylium.

LVIII. Entre cette férule et le spondylium, il n'y a d'autre différence que la feuille, plus petite, et découpée comme celle du platane. Le spondylium ne vient que dans les lieux ombragés. Sa graine, qui porte le même nom et qui a l'aspect de seseli, n'est d'usage qu'en médecine.

Malobathre.

LIX. La Syrie nous donne encore le malobathre, arbre dont la feuille, roulée, est d'une couleur altérée

guenta : fertiliore ejusdem Ægypto. Laudatius tamen ex
India venit. In paludibus ibi gigni tradunt lentis modo,
odoratius croco, nigricans, scabrumque, quodam salis
gustu. Minus probatur candidum. Celerrime situm in
vetustate sentit. Sapor ejus nardo similis esse debet sub
lingua. Odor vero in vino suffervefacti antecedit alios.
In pretio quidem prodigio simile est a x. singulis ad
x. ccc. pervenire libras : oleum autem ipsum in libras,
x. lx.

De omphacio.

LX. 27. Oleum et omphacium est. Fit duobus generibus, et totidem modis, ex olea, et vite : olea adhuc
alba expressa : deterius ex drupa : ita vocatur priusquam cibo matura sit, jam tamen colorem mutans. Differentia, quod hoc viride est, illud candidum. E vite
fit psythia aut amminea, quum sint acini ciceris magnitudine, ante Canis ortum. In prima lanugine demetitur
uva, ejusque melligo. Reliquum corpus sole coquitur.
Nocturni rores caventur. In fictili condita melligo colligitur : subinde Cyprio ære servatur. Optima, quæ rufa,
acriorque, et aridior. Pretium omphacio in libras x. vi.
Fit et alio modo, quum in mortariis uva immatura teri-
tur : siccataque in sole, postea digeritur in pastillos.

par la dessiccation. On en tire une huile pour la parfumerie. L'Égypte fournit de cette huile plus que la Syrie. Cependant la meilleure vient des Indes. L'arbre y croît, dit-on, dans des marais, comme la lentille d'eau. Noirâtre, raboteux, il exhale plus d'odeur que le safran, et a une saveur salée. Le malobathre blanc est le moins estimé. Il se moisit très-vite en vieillissant. Pour être bon, il doit faire sentir à la langue un goût analogue à celui du nard. Bouilli dans le vin, il surpasse tous les autres parfums. Le malobathre s'élève à des prix exorbitans, puisqu'il varie d'un denier à trois cents la livre : la livre d'huile se vend soixante deniers.

Omphacium.

LX. 27. L'omphacium est aussi une huile. On l'obtient de deux façons et de deux arbres, de l'olive et de la vigne. L'omphacium d'olive se fait en exprimant ce fruit encore blanc. La drupe (tel est le nom du fruit encore trop vert pour être mangeable, mais déjà coloré) en donne de moins bonne qualité. Cette seconde espèce est verte, et la première est blanche. L'omphacium de raisin se fait de ceux que donne la vigne psythienne ou amminéenne, quand les grains ont la grosseur d'un pois chiche, avant le lever de la Canicule. On cueille le raisin aussitôt qu'il commence à se couvrir de duvet, et on exprime le melligo (suc mielleux); on laisse sécher le reste au soleil. Il faut, la nuit, le tenir à couvert de la rosée. Le melligo doit être placé dans un pot de terre, et gardé ensuite dans du cuivre. Le meilleur est

Bryon, œnanthe, massaris.

LXI. 28. Eodem et bryon pertinet, uva populi albæ. Optima circa Gnidum aut Cariam, in sitientibus aut siccis, asperisque : secunda in Lyciæ cedro. Eodem et œnanthe pertinet : est autem vitis labruscæ uva : colligitur, quum floret, id est, quum optime olet : siccatur in umbra substrato linteo, atque in cados conditur. Præcipua ex Parapotamia : secunda ab Antiochia, atque Laodicea Syriæ : tertia ex montibus Medicis. Hæc utilior medicinæ. Quidam omnibus præferunt eam, quæ in Cypro insula nascitur. Nam quæ in Africa fit, ad medicos tantum pertinet, vocaturque massaris. Omnibus autem ex alba labrusca præstantior, quam e nigra.

Elate, vel spathe.

LXII. Est præterea arbor ad eadem unguenta pertinens, quam alii elaten vocant, quod nos abietem, alii palmam, alii spathen. Laudatur hammoniaca maxime, mox Ægyptia, dein Syriaca, dumtaxat in locis sitienti-

roux, âcre et sec. L'omphacium coûte six deniers la
livre. On le fait encore en pilant, dans un mortier,
le raisin non mûr, le séchant au soleil, et le rédui-
sant en pastilles.

Bryon, énanthe, massaride.

LXI. 28. Le bryon, espèce de grappe du peuplier
blanc, doit aussi avoir place ici. Le meilleur se tire des
environs de Gnide et de la Carie, surtout des lieux arides
et rocailleux. Au second rang vient celui du cèdre de
Lycie. Parlons aussi de l'énanthe : tel est le nom donné
au raisin de vigne sauvage lorsqu'il est en fleur ; c'est
l'instant où il exhale l'odeur la plus agréable. On le sèche
à l'ombre sur un linge, puis on l'enferme dans des ton-
neaux. Le meilleur vient de la Parapotamie ; la seconde
qualité, d'Antioche et de Laodicée, en Syrie ; la troisième, des monts de la Médie : celle-ci est la meilleure
de toutes en médecine. A ces trois espèces, quelques-uns
préfèrent celle de l'île de Cypre. L'énanthe d'Afrique,
dit massaris, n'est bon qu'en médecine. Généralement,
la vigne sauvage blanche en donne de meilleur que la
vigne noire.

Élate, spathe.

LXII. La parfumerie emploie encore les produits d'un
arbre dit, par les uns, élaté, que nous appelons abies
(sapin) ; par d'autres, palmier ; par d'autres encore,
spathe. On vante surtout celui du désert d'Ammon ; puis
viennent ceux d'Égypte, et enfin ceux de la Syrie. Dans

bus odorata, pingui lacryma, quæ in unguenta additur
ad domandum oleum.

Cinnamum, comacum.

LXIII. In Syria gignitur et cinnamum, quod comacum appellant. Hic est succus nuci expressus, multum
a succo vero cinnami differens, vicina tamen gratia. Pretium in libras, asses quadraginta.

des lieux secs seulement il est odorant, en larmes grasses, qu'on ajoute dans les parfums pour épaissir l'huile.

Cinname, comaque.

LXIII. La Syrie produit aussi le cinname, autrement comaque : c'est une huile tirée, par expression, d'une noix particulière. Ce suc diffère beaucoup du vrai cinname, et cependant n'est guère moins agréable. On le vend quarante as la livre.

NOTES

DU LIVRE DOUZIÈME. *

CHAP. I, page 294, ligne 7. *Restant neque ipsa anima carentia, etc.* Cette opinion qui déclare les plantes douées d'une âme n'est pas particulière au naturaliste romain. Presque tous les sages de la Grèce croyaient les plantes organisées comme le sont les animaux ; ils leur accordaient une volonté, des désirs, et pensaient qu'elles éprouvaient de la douleur ou du plaisir. Ces idées, quoique inadmissibles, étaient d'accord avec le génie du peuple grec, génie éminemment poétique, qui tendait toujours à relever la condition des êtres vivans, quels qu'ils fussent. Empedocle d'Agrigente, en suivant ce système, n'en a pas moins entrevu quelques vérités importantes. Il enseignait que la graine était l'œuf des plantes, que les racines étaient leurs têtes et leur bouche, que leurs sexes étaient distincts ; enfin que les feuilles avaient de l'analogie avec les écailles des poissons et les poils des quadrupèdes. Aristote rejeta tout-à-fait l'opinion qui voulait que les végétaux fussent organisés comme les animaux ; il soutenait que les premiers en différaient essentiellement, étant privés d'organes qui pussent leur permettre de se connaître eux-mêmes ou de connaître ce qui existe hors d'eux ; Théophraste, disciple de ce grand philosophe, refusa des sens aux plantes, mais il leur accorda des muscles, des os et des artères. Pline (liv. XVI, chap. 73) a adopté les idées de Théophraste. Il est presque inutile de dire que les Grecs n'ont plus aujourd'hui de sectateurs parmi nous sur ce point de doctrine végétale. On ne discute plus que pour fixer irrévocablement la ligne qui sépare les règnes organique et inorganique ; et c'est vers les der-

---

* Toutes les notes de ce livre et des suivans, jusques et compris le vingt-septième, qui complète la botanique et la matière médicale, sont dues à M. FÉE, professeur d'histoire naturelle et de botanique.

niers échelons des êtres qu'ont lieu ces recherches. On est loin de s'accorder sur la fixation des limites de l'animalité; quelques êtres ambigus sont rangés tantôt dans l'une et tantôt dans l'autre des deux grandes divisions du règne organique. Ainsi les champignons sont des animaux, suivant quelques naturalistes allemands; les conferves sont dans le même cas, suivant plusieurs observateurs français, etc., etc.

2. — Page 294, ligne 11. *Summumque munus homini datum, arbores, silvæque intelligebantur.* Pline aurait dû dire que les forêts étaient les plus anciens présens des dieux, au lieu de les dire les plus grands de leurs présens. On sait que les pays qui ne sont point encore habités par l'homme sont envahis par d'immenses forêts, et une végétation long-temps continuée doit donner un semblable résultat. Dans une terre vierge, couverte de végétaux de toute espèce, les arbres, dont la durée est si longue, doivent finir par étouffer les herbes et par s'emparer de toute l'étendue du sol. Aussi arrive-t-il dans ces forêts, qualifiées de primitives, que les herbes sont obligées de se réfugier sur les troncs et sur les rameaux des plantes arborescentes, et d'y vivre comme parasites, à moins qu'elles puissent s'élever jusque vers leurs cimes, à l'aide de vrilles ou de crampons. Toutes les sociétés humaines ont dû commencer dans les forêts, car la terre entière en fut autrefois couverte. Les voyageurs qui, les premiers, ont exploré l'Amérique, s'accordent à nous la montrer envahie par une prodigieuse quantité de plantes ligneuses, qu'il fallut détruire par le fer et par le feu pour pouvoir défricher. Il est donc bien établi que les forêts sont les plus anciens présens que la nature fit à l'homme, et son génie lui fit trouver en elles des ressources presque infinies; mais, pour qu'elles contribuassent à son bien-être sans nuire à sa santé, il fallut qu'elles ne fussent pas trop vastes. Qu'on nous permette de tracer ici le tableau des inconvéniens qui résultent du manque des forêts ou de leur trop grande étendue.

En Afrique, où le douma, le dattier et l'acacia à la gomme ne se montrent que de loin en loin au milieu de sables brûlans, aussi mobiles que les vagues de la mer, dans ce pays désolé où nulle végétation ne vient récréer la vue, excepté celle du bord des fleuves, trop rares dans ces climats, une population nomade erre çà et là, afin de pourvoir, le fer en main, aux besoins d'une existence aventureuse, aussi courte que pénible; pour elle quelques palmiers épars constituent une forêt, l'herbe courte, rare et piquante qui naît sous leur ombre, voilà la prairie; une mare à moitié desséchée, dont elle dispute l'eau saumâtre aux reptiles immondes, voilà la fontaine. Sous ce ciel dévorant les êtres vivans ne peuvent connaître le repos. Le besoin impérieux de l'alimentation leur fait parcourir les plus grandes distances; et si, pendant ce trajet, l'homme échappe au lion et le lion à l'homme, le simoun et les sables qu'il soulève les font expirer tous deux sur cette terre inhospitalière et frappée de mort.

Dans l'Amérique méridionale, des causes différentes déterminent d'aussi funestes effets. Des forêts immenses couvrent des provinces entières et empêchent toute communication; de grands fleuves, en se débordant, donnent naissance à d'immenses lagunes, dont la chaleur dégage, pendant le jour, des vapeurs aqueuses et brûlantes, qui, la nuit, se condensent en une rosée glaciale destinée à des évaporations et à des condensations successives, jusqu'à ce que des orages, effrayans par leur durée et par leur violence, les fassent tomber en torrens qui portent au loin la dévastation et la mort. L'humide et le chaud, ces deux causes de toute végétation, donnent aux plantes une vie et une activité toujours nouvelles. L'arbre s'y charge de lianes; la liane se couvre d'orchidées et de *loranthus*; et sur l'écorce de ces parasites rampent des fougères, des lichens ou des mousses. Les végétaux ligneux, ramifiés à l'infini, font un immense buisson d'une forêt entière, et l'homme tenterait en vain d'y pénétrer. On ne connaît dans ces climats si vantés ni la brise du soir, ni le vent rafraîchissant des régions tempérées. Les animaux, affaiblis par une chaleur humide et durable, languissent et ne doivent leurs moyens de défense qu'à cette influence funeste à laquelle tous sont soumis. Sous ce ciel meurtrier, où pourtant la nature est si riante, l'homme est dévoré par ces fièvres homicides que la navigation a transportées jusques sur nos bords; et, s'il résiste à ce fléau destructeur, il traîne une vie languissante, empoisonnée par les horreurs d'une vieillesse anticipée.

3. — Page 194, ligne 11. *Arbores, silvæque.* Suivant Bullet, *arbor* vient de l'article celtique *ar*, le, et de *bos*, arbre, d'où notre mot *arbre* serait formé. Le mot latin *arbor* a fourni le mot *arbre* à la plupart des langues de l'Europe australe : *arbre*, français ; *albero* et *arbore*, italien ; *arbos*, espagnol ; *arvore*, portugais ; tandis que le mot grec δρῦς, qui, en grec ancien, signifiait *arbre*, et qui, plus tard, a été exclusivement donné au chêne, comme à l'arbre par excellence, a fourni le mot *arbre* aux langues du nord, dont il serait possible qu'il eût été primitivement tiré : *tree*, anglais ; *trae*, danois et suédois ; *dera*, teuton ; *trie*, islandais ; *thara*, scandinave ; *drzewo*, polonais ; *dreue*, russe ; *drevu*, dans la Carniole ; *druu*, en épirote. Les seuls Allemands se servent du mot *baum*.

4. — II, page 296, ligne 3. *Hæc fuere numinum templa*, etc. Les arbres, dit Pline, furent autrefois les seuls temples des dieux, comme les forêts furent jadis les seules habitations des hommes.

> Tum primum subiere domos : domus antra fuerunt,
> Et densi frutices, et vinctæ cortice virgæ.
>
> Ovid., *Metam.*, 1, 121 et 122.

L'architecture gothique semble rappeler cet ancien usage ; les piliers cannelés de nos vieilles églises, et les arceaux qu'ils soutiennent, imitent assez bien de vieux troncs et les ramifications de leurs branches. Le soin qu'on prenait surtout d'empêcher la lumière d'arriver dans le sanctuaire semble donner la preuve qu'on cherchait à n'avoir qu'un demi-jour, afin de produire cette terreur mystérieuse qu'imprime à l'âme l'intérieur des vieilles forêts.

Les Grecs avaient une vénération toute particulière pour le chêne, puisqu'ils le consacrèrent à Jupiter ; mais ce sont surtout les druides qui avaient voué à cet arbre une espèce de culte. Les Celtes, s'il faut en croire Maxime de Tyr, voyaient la suprême divinité dans un chêne. Suivant un traité *de Idololatria*, composé en 1517 par Léonard Rubenus, les Estoniens qui habitent vers les confins de la Livonie, avaient encore, à cette époque, l'usage de consacrer aux divinités des arbres élevés qu'ils décoraient de pièces d'étoffes suspendues à leurs branches. Pallas (v, 152) a retrouvé le même usage chez les Ostiacks.

Sans être aujourd'hui l'objet d'un culte particulier, il est des arbres qui doivent leur conservation à leur beauté ou à leur ancienneté. Quelques-uns sont devenus ainsi de véritables monumens historiques ; tels sont le fameux chêne de la forêt de Tronsac en Berry, dont l'élévation et la grosseur étaient presque incroyables, et que François Ier fit entourer d'une barrière, pour empêcher qu'on ne le mutilât ; le chêne de Vincennes, sous lequel saint Louis rendait la justice ; celui qu'on voit dans le pays de Caux, et dont le tronc, creusé par l'âge, est métamorphosé en une chapelle où l'on récite l'office divin ; le *dracæna* de Ténériffe, admiré par les premiers Européens qui visitèrent cette île, etc.

Pline dit, et ce n'est pas non plus sans raison, que le liber des arbres servait à faire des vêtemens, *libro vestis*. Plusieurs voyageurs ont rapporté des étoffes faites avec des fibres corticales ou avec la seconde écorce de divers arbres, nous en avons vu d'assez bien fabriquées avec l'écorce de quelques *morus*, avec celle du tilleul, etc. C'est surtout dans l'Amérique du Sud et dans les îles de l'océan Pacifique qu'on trouve de ces étoffes grossières.

5. — Page 296, ligne 5. *Nec magis auro fulgentia atque ebore simulacra, quam lucos, et in iis silentia ipsa adoramus.* Ce respect religieux, que l'homme a toujours éprouvé au milieu des forêts, est très-bien dépeint par Lucain (*Phars.*, liv. III) : « Non loin de Marseille était un bois sacré, et dès long-temps inviolable, dont les branches entrelacées, écartant les rayons du jour, renfermaient, sous leur épaisse voûte, un air ténébreux et de froides ombres. Ce lieu n'était point habité par le dieu tutélaire des campagnes, ni par les sylvains et les nymphes des bois. Mais il dérobait à la lumière un culte barbare et d'affreux sacrifices...... Ce fut d'abord cette forêt que César ordonna d'abattre...... A cet ordre les plus courageux tremblent : la majesté du lieu les avait remplis d'un saint respect ; il leur semblait déjà voir les haches vengeresses retourner sur eux-mêmes, sitôt qu'ils frap-

peraient ces arbres sacrés. César, voyant frémir les cohortes dont la terreur enchaînait les mains, ose le premier s'emparer d'une hache : il la lève, frappe et l'enfonce dans un chêne qui s'élevait jusqu'aux cieux. Si quelqu'un de vous, dit-il, regarde comme un crime d'abattre la forêt, m'en voilà chargé, c'est sur moi qu'il retombe. Tous obéissent à l'instant, non que l'exemple les rassure ; mais la crainte de César l'emporte sur la crainte des dieux. »

6. — Page 296, ligne 6. *Arborum genera numinibus suis dicata...* La liste des arbres consacrés aux dieux du paganisme est bien plus longue que celle que notre auteur donne ici ; le chêne était dédié à Jupiter, ainsi que l'*esculus*, qui était, comme nous le verrons, une espèce de *quercus*; indépendamment du laurier, Apollon avait encore un *lotos*; Bacchus, auquel on a consacré la vigne, avait, en outre, le lierre et la férule ; Cybèle le pin, qui était aussi consacré à Pan. Pluton avait le cyprès, Mars le *gramen ;* le narcisse était dédié aux Furies, le capillaire à Proserpine, le pourpier à Mercure, le pavot à Cérès et à Lucine, l'ail aux dieux pénates, l'aulne et le genièvre aux Euménides, le palmier aux Muses, le platane aux Génies, l'érable à la Crainte, etc. Le christianisme offre de nombreux exemples de dédicace aux saints, ainsi qu'on peut s'en assurer en consultant la synonymie botanique vulgaire.

7. — Ligne 8. *Jovi esculus.* Nous traiterons de cet arbre au livre XVI, chap. 4, note 21.

8. — *Apollini laurus.* Nous en traiterons au livre XV, chap. 30. C'est arbre est mentionné dans une foule de passages.

9. — *Minervæ olea.* Pline en traitera au livre XV, chap. 2. Cf. les notes 1—40 au livre cité.

10. — Ligne 9. *Veneri myrtus.* Il en sera traité au livre XV, chap. 29. Cf. la note 266.

11. — *Herculi populus.* Pline en parlera au livre XVI, chap. 23. Cf. la note.

12. — Ligne 11. *Arbores postea blandioribus fruge succis hominem mitigavere..... Mille prœterea sunt usus earum, sine quis vita degi non possit...* Combien il nous serait facile d'ajouter à cet éloge! On ignorait du temps de Pline l'art de tirer de presque tous les fruits des liqueurs alcooliques et du sucre. On ne con-

naissait que très-imparfaitement les moyens de les conserver secs
et d'en faire des confitures et des liqueurs de table déli-
cieuses, etc.

13. — Page 298, ligne 2. *Produnt Alpibus coercitas, et tum
inexsuperabili munimento Gallias, hanc primum habuisse causam
superfundendi se Italiæ, quod Helico... ficum siccam et uvam, olci-
que ac vini præmissa remeans secum tulisset. Quapropter hæc vel
bello quæsisse venia sit.* Pline regarde comme pardonnable que les
Gaulois aient entrepris la guerre pour s'assurer la conquête des
figues, des raisins, de l'huile, etc. S'il parle ainsi c'est pour relever dans l'opinion les productions de l'Italie. Au reste, les
mers ont été de tout temps ensanglantées par des peuples qui se
disputaient la possession exclusive de diverses productions re-
cherchées: la muscade, la cannelle, le gérofle et le café ont été,
entre les principales puissances de l'Europe moderne, la cause de
débats qui ne se sont terminés que les armes à a main.

14. — III, page 298, ligne 11. *Sed quis non jure miretur, arborem umbræ gratia tantum ex alieno petitam orbe? Platanus hæc
est...* L'identité du platane des anciens avec le nôtre est suffisamment prouvée; les anciens avaient pour lui une prédilection toute
particulière. Ils aimaient à se reposer sous son ombre,

> Cur non sub alta vel platano, vel hæc
> Pinu jacentes.....................
> Potamus uncti ?

dit Horace (ode 12, liv. II). On ne voit plus, de nos jours, des
platanes gigantesques comme l'étaient ceux dont parle ici Pline.
Quoique naturalisé en Europe, cet arbre n'y est pas dans son
lieu natal; et l'Orient est soumis à trop de vicissitudes pour
qu'on puisse espérer d'y voir ces arbres atteindre une grande
longévité, condition nécessaire pour qu'ils puissent acquérir tout
leur accroissement. Indépendamment des platanes célèbres dont
parle ici notre auteur, nous pourrions mentionner le platane que
Xerxès rencontra en Lydie, arbre de la plus grande beauté,
et dont le monarque persan confia la garde à un officier de son
armée; celui qu'on montrait à Caphyes dans l'Arcadie, huit

siècles après la prise de Troie, et qui portait le nom de Ménélas, parce qu'on croyait qu'il avait été planté par ce prince, etc., etc. Pline a remarqué quelque ressemblance entre les sinus de la feuille du platane et la configuration du Péloponnèse. Denys le Géographe a reconnu ce singulier rapport. Ce que notre auteur dit des propriétés médicales du platane n'a point été adopté par les modernes : le platane est inutile. Nous établissons comme il suit la synonymie de cet arbre :

Πλατάνιστος, Hom., *Iliad.*, B. 310 ; Theoc., XVIII, 44 ; πλάτανος, Theoph., III, 7, etc.; Diosc., I, 107. — *Platanus*, Varr., I, 7 ; Plin. XII, 1 ; XXIV, 8 ; Claud., *Hym. Rom.*; Pallas, 87. — *Platanus Orientalis*, L., *Spec. plant.*, 1417 ; famille des amentacées, J. ; le platane d'Orient.

15. — IV, page 300, ligne 6. *Ut mero infuso enutriantur.* La pratique indiquée ici par Pline serait plus nuisible qu'avantageuse aux progrès de la végétation.

16. — V, page 302, ligne 8. *Platanus..... numquam folia dimittens.* Ce platane à feuilles persistantes, dont il est ici parlé, ne peut appartenir au genre *platanus* des botanistes. Aucun arbre d'Europe, parmi ceux qui gardent leurs feuilles, ne ressemble au platane d'Orient.

17. — VI, page 304, ligne 2. *Namque et chamæplatani vocantur coactæ brevitatis.* Il n'est pas rare de voir réduire ainsi de grands arbres à l'état de buissons : témoin, dans nos climats, le charme, *Carpinus Betulus*, L., qui forme ce que nous nommons des *charmilles.* Les ifs, le buis, et une foule d'arbres peuvent, étant taillés, former des palissades.

18. — VII, page 304, ligne 9. *Peregrinæ et cerasi.* Nous traiterons du cerisier, liv. xv, 25. Il est fréquemment question de cet arbre dans divers passages de Pline.

19. — *Persicæque.* Nous traiterons du pêcher aux livres XIII, chap. 9 ; et xv, chap. 12. Cf. les notes 92 à 95 de ce dernier livre.

20. — Page 3o4, ligne i3. *Malus Assyria, quam alii vocant Medicam, venenis medetur.* Les anciens confondaient l'orange et le citron. Nous donnerons néanmoins ailleurs la concordance synonymique de ces fruits, liv. xv, chap. i4. Le citronnier es' décrit par Virgile, avec une grande exactitude, dans les vers suivans :

> Media fert tristes succos, tardumque saporem
> Felicis mali . . . .
> . . . .
> Ipsa ingens arbos, faciemque simillima lauro ;
> Et si non alium late jactaret odorem,
> Laurus erat : folia haud ullis labentia ventis :
> Flos ad prima tenax : animas et olentia Medi
> Ora favent illo , et senibus medicantur anhelis.
>
> *Georg.* , ii , 126.

Cet arbre fut long-temps sans avoir de nom chez les Grecs comme chez les Romains. Théophraste l'appelle μηλέα μηδική ή περσική ; mais ce nom fut, plus tard, exclusivement réservé au pêcher. *Malus assyriaca* cessa d'être en usage ; et la désignation de citronnier devint plus précise sous le nom de *malus medica* ou de *citrus*.

Est-ce du citron que parle Josèphe, quand il parle de la pomme de Perse, qui, de son temps, servait de *hadar?* Quand la chose serait certaine, il n'en résulterait pas que ce mot signifiât *citron* ou *citronnier*, comme l'ont cru quelques savans. On entendait uniquement par là un fruit remarquable et choisi, qui devait servir d'offrande au Seigneur. Rien ne fait penser que les Juifs, du temps de Moïse, connussent le *citrus;* ils employèrent vraisemblablement à cet usage sacré divers fruits, jusqu'à l'époque où celui-ci fut transporté de Perse en Judée.

Le mot de *citrus* est employé par Pline au liv. xiii, chap. 16, où il dit *arbor citri malum ferens execratum*, au liv. xv, chap. i4, et ailleurs.

21. —Ligne i4. *Folium ejus (mali medicæ) est unedonis, intercurrentibus spinis.* Il y a sans doute ici quelque altération du texte, car les feuilles du citronnier ne sont point épineuses, et Pline a certainement vu cet arbre qu'il décrit avec assez d'exactitude. Il

faudrait, pour que le texte fût d'accord avec la vérité, mettre comme il suit : *Folium ejus est unedonis, ramis intercurrentibus spinis;* la feuille est semblable à celle de l'unède (arbousier), et ses rameaux sont armés de quelques épines. Nous traiterons ailleurs de l'arbousier.

22. — Page 306, ligne 5. *Sed nisi apud Medos, et in Perside, nasci noluit.* Le citronnier est aujourd'hui cultivé dans l'Inde entière, en Chine, dans la plupart des nouvelles républiques américaines, dans l'Europe australe, et dans la France méridionale ; nous avons même vu quelques citronniers et plusieurs orangers en pleine terre à la Malmaison. Ils étaient adossés à des murailles destinées à les défendre du vent du nord ; on se contentait de les abriter pendant l'hiver avec un paillasson.

23. — Ligne 6. *Hæc est autem, cujus grana Parthorum proceres incoquere diximus esculentis, commendandi halitus gratia.* Peut-être ces semences, qui sont très-amères, peuvent-elles en effet détruire la mauvaise haleine, en agissant comme toniques.

24. — VIII, page 306, ligne 11. *Lanigeras Serum .. narravimus.* Pline en a parlé effectivement au livre VI. Cf. plus loin la note 52.

25. — Ligne 12. *Item Indiæ arborum magnitudinem.* Pline en a parlé au chap. 2 du liv. VII. Il y est dit : *Arbores quidem sanctæ proceritatis traduntur, ut sagittis superari nequeant.* Virgile a fourni ce passage à Pline ; le poète au II⁰ liv. des *Géorgiques*, a dit :

> Et quos oceano propior gerit India lucos,
> . . . . Ubi aera vincere summum
> Arboris haud ullæ jactu potuere sagittæ.
>
> *Georg.*, *loco cit.*, v. 122.

Le père Catrou présume qu'il s'agit du cocotier qui, pourtant, n'atteint jamais une élévation pareille à celle que feraient supposer les vers de Virgile. L'un des arbres les plus élevés du règne végétal est un palmier, l'*Alfonsia oleifera* qui dépasse deux cent quarante pieds ; mais c'est un arbre du Nouveau-Monde ; et une flèche, lancée par un bras vigoureux, en dépasserait certainement le sommet. Nous ne perdrons pas notre temps à chercher quel arbre le poète a eu en vue. Qui ne voit ici, avons-nous dit (*Flore de Virg.*, page 20), l'une de ces traditions fabuleuses que l'Orient conserve, et dont la poésie s'empare? Le meilleur commentaire sur cette espèce d'arbres gigantesques, est une aventure assez originale des Voyages de Sindbâd le Marin. Nous y renvoyons nos lecteurs.

26. — Page 306, ligne 12. *Unam e peculiaribus Indiæ Virgilius celebravit ebenum, nusquam alibi nasci professus.* Pline s'appuie de l'autorité de Virgile pour annoncer que l'ébène ne se trouve que dans l'Inde ; néanmoins les anciens distinguaient un ébène d'Éthiopie ; mais il existe un passage d'Hérodote (lib. III, 97) qui confond évidemment cette espèce avec l'autre. Le nom d'*Éthiopie* avait une signification large et mal définie ; ce nom signifie seulement, « pays où les visages sont brûlés par le soleil. » C'est dans la famille des ébénacées qu'il faut chercher les arbres à ébène. Les dissertations qui, jusqu'ici, ont eu pour but de fixer l'opinion relativement à l'arbre qui fournit le véritable ébène, l'ont égarée en désignant une espèce exclusive. Plusieurs arbres ont leur système central noir. Voici la liste des arbres auxquels on rapporte l'ébène ; tous en fournissent en effet, et avec eux d'autres végétaux moins connus :

> *Diospyros Ebenum*, Lamrk, *Encycl.*, v. 429.
> — *Ebenaster*, Retz.
> — *Melanoxylon*, Roxb., *Pl. corom.*, t. 46.
> — *Nodosa*, Lamrk, *Encycl.*, loco cit.
> — *Tesselaria*, Comm., *Manuscr.* 105.
> *Ebenoxylum verum*, Lour., *Fl. Cochinch.*, 75.
> *Elaïs guineensis*, Linn., *Mantiss.*, 137.

Parmi les espèces d'arbres que nous avons citées, quelle pourrait être celle à laquelle il faudrait, de préférence, rapporter l'ébène? Cela n'est pas facile à décider. Cependant, parmi les diospyros, celui qui a mérité de porter le nom d'*ebenum* forme de grandes forêts dans l'Inde [1] ; tandis que les autres viennent au

[1] .... Sola India nigrum
Fert ebenum.
Georg., II, 117.

Japon, à la côte de Coromandel et à Madagascar. Mais à quoi bon chercher à préciser l'arbre à ébène. Il est prouvé que le commerce reçoit sous ce nom le bois d'un grand nombre d'arbres; pourquoi ne pas croire qu'il en était autrefois de même? Contentons-nous de fixer notre opinion sur le genre diospyros. Cf. sur les propriétés médicales de l'ébène la note 117 au liv. XXIV.

Quant au nom que les Grecs et les Latins ont donné à l'ébène, et qu'il porte encore dans toutes les langues de l'Europe, il vient de l'homonyme hébreu הגן (*haban*). Au contraire, son nom arabe أبنوس (*abnous*) n'a point le caractère primitif; ce n'est que la transcription littérale du grec *denos*. Cf. Hérod., III; Dioscor., I, 129; Lucain, X, 117, 118, 303 et 304.

27. — IX, page 308, ligne 14. *Duo genera ejus* (*ebeni*). La seconde espèce d'ébène ne peut nullement se rapporter au *Cytisus Laburnum*, L., aubours faux-ébénier. Cet arbuste, commun dans toute l'Europe australe, ne se trouve point dans l'Inde. Les renseignemens donnés par notre auteur ne permettent pas d'arriver à la détermination précise de l'arbre dont il est ici question. Cf., sur le cytise, la note 165, au livre XIII.

28. — X, page 310, ligne 2. *Ibi et spina similis, sed deprehensa vel lucernis, igni protinus transiliente.* Cet arbre épineux, qui ressemble à l'ébène, et dont le bois est translucide, ne peut être rapporté à aucune plante connue des modernes.

29. — XI, page 310, ligne 6. *Ficus ibi exilia poma habet. Ipsa se semper serens, vastis diffunditur ramis...* Il s'agit certainement ici du figuier des Indes ou figuier admirable, *Ficus Indica*, L., spec. 96, Rheed., *Malab.*, III, 37. Mais Pline a mêlé beaucoup d'inexactitudes dans la description qu'il en donne, les feuilles ne sont pas semi-lunaires; elles sont oblongues et pointues; les fruits sont loin d'avoir une saveur délicieuse et ne sont guère mangés que par les oiseaux; il n'est pas vrai qu'ils mùrissent difficilement. Notre auteur décrit très-bien le mode de reproduction de cet arbre par une bouture naturelle. Cette singularité a été pour les voyageurs un sujet d'admiration. Delille (poëme des *Trois Règnes*) a parlé

de ce figuier en naturaliste exact et en grand poète. Nous ne
pouvons résister au plaisir de citer ses vers :

> Comparez cette mousse, ou cet arbuste nain
> ...... A ce figuier dont les vastes branchages,
> Qui jadis, dans les cieux, buvaient l'eau des nuages,
> S'affaissant sous leur poids, et descendant des airs,
> S'en vont chercher des sucs jusqu'auprès des enfers.
> De leurs bras enfouis s'élèvent d'autres plantes,
> Qui, ployant à leur tour sous leurs charges pesantes,
> Forment d'autres enfans, dont la fertilité
> Est le gage immortel de leur postérité.
> Ainsi de tige en tige, ainsi de race en race,
> De ces troncs populeux la famille vivace
> Voit tomber, remonter ses rameaux triomphans,
> Du géant leur aïeul gigantesques enfans ;
> Et leur fécondité, qui toujours recommence,
> Forme, d'un arbre seul, une forêt immense.

30. — XII, page 312, ligne 6. *Arbori nomen palæ, pomo
arienæ.* Il n'est pas possible d'arriver à la détermination exacte de
cet arbre. Nous pensons néanmoins qu'il s'agit d'un palmier et
peut-être du cocotier. C. Bauhin a prétendu que le pala était
la même chose que le bananier, et Sprengel a adopté cette opinion, fondée principalement sur la grosseur des fruits de cette
belle plante ; mais elle est aussi peu admissible que l'opinion de
Dodonée qui veut voir dans le pala le grenadier.

Les marins nomment *pala* le *Nerion anti-dysentericum* (LAMRK,
Encycl., IV, 427) ; mais cet arbuste n'a aucun rapport avec la
plante de Pline. Les fruits du sycomore naissent attachés sur le
tronc ; il en est de même de ceux du caroubier. Thevet (chap. 33)
dit que le pala est appelé dans l'Inde *paquovera*, et le fruit *pacona* ;
Oviedo lui donne le nom de *platane* ; ces deux auteurs désignent
encore un arbre nommé *hoyriri* et *jajama*, mais ces opinions n'ont
rien de fondé.

31. — Ligne 8. *Est et alia similis huic, dulcior pomo, sed interaneorum valetudini infesta.* On tenterait vainement de reconnaître
l'arbre dont il est ici question ; et c'est sans probabilités qu'on a
désigné le tamarinier, uniquement parce que son fruit est purga-

tif (*Voyez* le texte). Pline et Théophraste lui accordent une saveur douce et le tamarin est acide.

32. — XIII, page 312, ligne 14. *Est et terebintho similis cetera....* Cet arbre ne peut être déterminé faute de renseignemens qui manquent au texte. Dalechamp veut que ce soit le pistachier; mais sur quoi cette opinion est-elle basée?

33. — Ligne 16. *In Bactris utique hanc aliqui terebinthum esse proprii generis potius, quam similem ei, putaverunt... foliis moro similis, calyce pomi, cynorrhodo.* Peut-être est-il ici question du cotonnier, *gossypium arboreum*, L.? (Cf., sur cet arbre, la note 52 de ce même livre; et sur le cynorrhodon, production due à la piqûre du cynips bedeguar, et qu'il ne faut pas confondre avec le fruit de la rose, le livre XXV, chap. 2.)

34. — XIV, page 314, ligne 3. *Oliva Indiæ sterilis, præterquam oleastri fructu.* Il n'est pas possible d'arriver à la détermination des arbres dont veut ici parler Pline.

35. — Ligne 4. *Passim vero quæ piper gignunt, juniperis nostris similes...* Quoiqu'il soit bien certainement question du poivre dans le passage que nous signalons, cependant ce que dit Pline de cette espèce est mêlé de beaucoup d'inexactitudes. D'abord il n'est pas vrai que le poirier ressemble à nos genévriers; c'est, comme chacun sait, un arbrisseau grimpant, à feuilles ovales marquées de nervures, et n'ayant aucun rapport avec les feuilles des crucifères. Les graines sont en grappes, et non renfermées dans une gousse; enfin le poivre long, et le poivre noir, dont le blanc ne diffère que parce qu'il est débarrassé de sa première enveloppe, sont deux espèces distinctes. La première, nommée *Piper longum* par Linné, *spec.* 40, a des fruits en chaton, et n'a jamais été connue des anciens; la seconde, le *Piper nigrum*, L., *spec. loc. citat.*, est le πίπερι d'Hippocrate, *vers. acut.* 401 de Théophraste, (IX, 19), de Dioscoride (II, 189) et le *piper* des Latins. C'est avec raison que Pline regarde le poivre blanc comme provenant du même arbrisseau que le poivre noir; mais la coloration des fruits de ce dernier tient uniquement à son intégrité, le poivre blanc est dépouillé de son tégument externe,

ainsi que nous l'avons dit plus haut. Les Orientaux ayant fait connaître ce poivre aux Grecs, leur mot *babary* (πέπερι) est passé
dans leur langue. C'est de là que dérive *pepper* en anglais, *pepe*
en italien, et enfin notre mot *poivre.* Le verbe français *piper*
(tromper) vient peut-être du mot *poivre*, épice le plus souvent
falsifiée de toutes celles admises dans l'usage culinaire, et aussi
souvent falsifiée du temps de Pline que du nôtre. Les baies de
genièvre sont de tous les fruits d'Europe, celui qui peut le mieux
simuler les grains du poivre.

36. — Page 314, ligne 7. *Hæ, priusquam dehiscant, decerptæ,
tostæque sole, faciunt quod vocatur piper longum : paulatim vero dehiscentes maturitate, ostendunt candidum piper.* Le poivre long n'est
pas une espèce distincte pour Pline, mais elle l'est pour les modernes ; il n'en est pas de même du poivre blanc qui appartient
bien au poivre *Piper nigrum.* Cf. la note précédente. Rien n'est plus
obscur que les renseignemens donnés sur les poivres par les anciens ; sans doute ils regardaient comme identiques des espèces
différentes et comme distinctes des espèces qu'il faut réunir.

37. — Ligne 16. *Non est hujus arboris radix, ut aliqui existimavere, quod vocant zimpiberi, alii vere zingiberi.* Le gingembre des
modernes fournit, comme le *zingiberi*, une racine blanche, âcre
et piquante au goût, qui devient très-vite la proie des vers. Le
système foliaire en est très-développé ; il n'est donc pas juste de
la qualifier de *petite herbe;* voici comment nous établissons la synonymie du gingembre :

Ἰνδικὸν φάρμακον, Hipp., *Morb. mulier.*, ii, 666 ; Ζιγγίβερι,
    Diosc., ii, 190 ; Gal., *et* Orib., *Zingiberi*, Latinor ;
    Zingiber officinale, Rosc., *Trans, L., Amomum Zingiber*, L.,
    Syst., 1, 5.

Les divers noms du gingembre, dans toutes les langues de l'Europe, ont été formés du nom grec donné par Dioscoride, mais avec
des désinences propres au génie de chacune de ces langues.

38. — Page 316, ligne 9. *Piperis arborem jam et Italia habet ma-
iorem myrto, nec absimilem.* Il s'agit sans doute ici d'une tout autre
plante que le poivrier ; quelle est-elle? c'est ce qu'on ne peut
dire faute de renseignemens. Nous ne savons pas trop sur quelles

données Sprengel (*Hist. Rei herb.*, I, 203) décide qu'il est question du *Daphne Thymelæa* dont il sera traité ailleurs.

39. — XV, page 316, ligne 16. *Est etiamnum in India piperis grani simile, quod vocatur garyophyllon.* Ce ne peut être le girofle dont il est ici fait mention. Sprengel (*Hist. Rei herb.*, I, 204) indique le *Vitex trifolia*, L., le gatillier trifolié, dont les fruits sont en effet plus gros et plus fragiles que les grains de poivre. J. Bauhin, *Hist. Pl.*, I, 425, dit qu'il pourrait bien être ici question des cubèbes, *Piper Cubeba*, L. Hypothèse pour hypothèse, mieux vaudrait, je crois, désigner le *Myrtus Caryophyllata*, L., de Ceylan, dont le fruit réunit les conditions voulues par la courte description de Pline.

40. — Page 318. ligne 2. *Foliis parcis densisque, cypri modo.* Nous parlerons plus loin du cyprus. *Voyez* la note 99 de ce même livre.

41. — Ligne 5. *Ea spina.... pyxacanthum chironium vocant*). La description que donne Pline de l'arbre épineux avec les fruits duquel on prépare le lycion serait incomplète pour le reconnaître, si l'on n'avait recours à Dioscoride (1, 114), qui le dit épineux, feuillu, à branches longues de trois coudées, etc. Il s'agit probablement de l'*Acacia Catechu* (WILLD., IV, 1079), arbre des Indes orientales qui fournit le suc extractif nommé *Cachou*, lequel paraît être la même chose que le lycion ; du moins est-il bien vrai que ces deux médicamens se préparent de la même manière et jouissent de propriétés physiques semblables. Voici la concordance synonymique du lycion :

Ἄκανθα *quæ lacrymam fundit*, THEOPH., IV, 5. — Λύκιον ἰνδικὸν, DIOSC., I, 132. — *Spina indica*, PLIN., XII, 15. — *Acacia Catechu*, WILLD., IV, 1079. — L'acacia qui donne le cachou et le suc extractif qu'on retire des légumes *catechu, terra japonica* Offic. — Cate, cachou, kastchu, hadhadh des Arabes ; λύκιον ἰνδικὸν, DIOSC., *loco cit.* — *Lycion*, PLIN., *loco cit.*

Toutefois, en adoptant cette synonymie, nous devons faire remarquer que, suivant Pline, l'arbre qui donne le lycion a de petits fruits semblables à ceux du poivre, ce qui n'est pas applicable aux fruits de l'acacia—cachou.

L'arbre épineux qui croît sur le mont Pélion serait-il le même que le *Lycium europœum*, L., arbrisseau épineux de la famille des solanées, et commun dans l'Europe australe?

42. — Page 318, ligne 7. *Item asphodeli radix... aut absinthium... vel amurca.* Pline traitera de l'asphodèle au chap. 68 du liv. XXII, de l'absinthe au chap. 28 du liv. XXVII, du rhus au chap. 13 du liv. XIII, et de l'amurca au liv. XV, chap. 8.

43. — XVI, page 318, ligne 13. *Et macir ex India advehitur, cortex rubens radicis magnœ, nomine arboris suœ : qualis sit ea, incompertum habeo.* Pline avoue, en parlant du macir, qu'il ne connaît pas l'arbre qui le produit; Dioscoride ne le décrit point, et dit seulement qu'on tire le macir de Barbarie. Les Arabes nomment *talisfar* et les médecins brachmanes *macre*, un arbre que les Portugais appellent *arvore de las camaras* (arbre de la dysenterie), *arvore sancto*, *arvore de sancto Thome;* il est fâcheux qu'ils ne l'aient pas mieux fait connaître. Est-ce là le végétal qui donnait le macir? Tout ce qu'Acosta, Clusius et J. Bauhin nous ont appris du macir, dans de fort longues et fort savantes dissertations, n'a pu résoudre la question. On compare l'arbre au macir à un orme pour le port ; son fruit est cordiforme, membraneux, aplati, contenant deux graines, porté sur le milieu d'une feuille plus obtuse que les autres, et gorgé d'un suc laiteux. Ses racines sont très-grosses et couvertes d'une écorce épaisse, raboteuse, dure, de couleur cendrée, mais devenant jaunâtre par la dessiccation. On lui reconnaît une vertu astringente très-prononcée. Il croît sur la côte de Malabar, à Cochin, et sur les bords du fleuve Margate. Poinsinet de Sivry a cherché, sans succès, à établir que le macir était la rhubarbe. M. de Jussieu (*Dict. des Sciences natur.*, XXVII, 484) serait disposé à croire qu'il s'agit du *soulamea, rex amaroris* de Rumph., si le fruit naissait au milieu de la feuille ; ou bien du *polycardia* de Commerson, si le fruit était aplati et membraneux. Il faut donc attendre pour décider la question qui nous occupe, et cette question sera sans doute résolue quelque jour, car le macir des anciens paraît bien être la même chose que le macre d'Acosta et de Clusius.

44. — XVII, page 318, ligne 18. *Saccharon et Arabia fert, sed laudatius India*... Le sucre dont Pline parle ici paraît être ce sucre cristallisé que l'on recueille sur le bambou, et dont parlent quelques auteurs sous le nom de *tabaxir* ou *tabasheer,* nom donné aussi abusivement à une concrétion siliceuse que l'on trouve dans l'intérieur des chaumes du bambou ; cependant il serait possible que Pline entendît parler du sucre de canne ; et, ce qui semble le faire croire, c'est que dans tous les passages des auteurs anciens, où il est question du sucre, c'est de celui de canne qu'ils veulent parler ; Strabon, par exemple (xv, 1016), dit positivement qu'on trouve dans l'Inde un miel préparé sans le secours des abeilles ; et, plus tard, Lucain écrivait ce vers :

Quique bibunt tenera dulces ab arundine succos.

Il s'agit certainement ici d'un sucre sirupeux, et non d'un sucre cristallisé ; le mot miel sans cela n'eût pas été employé, et Lucain se fût bien gardé de dire *bibunt succos dulces;* nous regardons aussi comme fort douteux qu'il eût employé l'épithète *tenera* pour une graminée de soixante pieds de haut. Dioscoride (II, 104) nous apprend que l'on trouvait un miel concret et semblable au sel sur des roseaux de l'Inde et de l'Arabie Heureuse ; mais cela ne prouve point que le sucre des anciens soit différent du nôtre ; car on sait que la fabrication du sucre, fabrication aussi simple que facile, était connue des Chinois depuis plusieurs milliers d'années : il serait donc déraisonnable d'affirmer qu'elle ait été entièrement ignorée des Indiens. Ainsi, suivant nous, il est question de la liqueur sucrée de la canne, dans les citations de Strabon et de Lucain, et du sucre cristallisé dans celle empruntée aux ouvrages de Dioscoride. Ce qui prouve évidemment qu'il ne peut être question du bambou, c'est que cet auteur dit « les roseaux de l'Inde et de l'Arabie Heureuse ; » or le bambou ne se trouve point dans cette dernière localité, tandis qu'il est bien prouvé que le *Saccharum officinarum*, originaire de l'Inde, où seulement il fructifie, a été, dès la plus haute antiquité, transporté dans l'Arabie Heureuse.

45. — XVIII, page 320, ligne 4. *Contermina Indis gens Ariana*

27.

appellatur, cujus spina lacrymarum pretiosa, myrrhæ similis, accessu propter aculeos anxio. L'arbre à la myrrhe est épineux comme celui dont il est ici question. Sprengel veut que ce soit l'*Acacia Latronum*, L. F., légumineuse hérissée d'épines ; mais cette désignation nous semble arbitraire. On ne peut rien décider de raisonnable ni sur l'*ariana*, ni sur l'arbrisseau vénéneux qu'on prendrait pour un raifort, dont les feuilles ressemblent à celles du laurier, et qui est mortel aux chevaux. Il faut, en commentant les anciens auteurs, se rappeler que leurs ouvrages ont été écrits d'après des renseignemens inexacts, et que bien rarement ils ont vu les choses dont ils ont parlé.

46. — Page 420, ligne 9. *Item laurino folio et ibi spina tradita est, cujus liquor aspersus oculis, cæcitatem infert omnibus animalibus.* L'Inde possède un arbre de la famille des euphorbiacées, nommé *Excæcaria Agallochum*, L., auquel on attribue le bois d'aloès. Le suc propre de cet arbre a une âcreté remarquable, et l'on raconte que des matelots faillirent perdre la vue pour avoir abattu à coups de hache des *excæcaria*, dont le suc propre les atteignit à la figure et pénétra dans leurs yeux. Est-ce bien là la plante dont veut ici parler Pline ? tout dispose à le croire. Quant à l'herbe, d'une odeur exquise, et couverte de serpens venimeux, il est bien entendu qu'elle n'a jamais pu exister.

47. — Ligne 13. *Onesicritus tradit in Hyrcaniæ convallibus ficis similes esse arbores, quæ vocentur occhi....* Il est sans doute question ici de l'*Hedysarum Alhagi*, L., qui, comme on sait, donne une manne connue sous le nom de manne d'Orient ou de manne tereniabin. Les feuilles de l'alhagi sont ovales-oblongues ; il est moins haut que nos figuiers et se trouve communément dans les environs de Tauris, en Perse, non loin de l'ancienne Hyrcanie ; il abonde aussi en Syrie, en Mésopotamie, et ailleurs. La manne en découle principalement le matin.

48. — XIX, page 320, ligne 19. *Vicina et Bactriana, in qua bdellium nominatissimum. Arbor nigra est, magnitudine oleæ, folio roboris....* On trouve encore le bdellium dans le commerce européen, et c'est bien là le bdellium des anciens. Il est assez remarquable que l'origine d'une gomme-résine, connue depuis plus de

vingt siècles, soit demeurée inconnue. Kæmpfer (*Amœnit.*, 668) et Rumphius (*Amboin.*, 1, 50) ont dit qu'elle découlait d'un palmier, du *Borassus flabelliformis*, L. — W. *Lontarus* de quelques auteurs. Abulfeda désigne le palmier *mukul, Chamærops humilis*, L., qui a quelques rapports de forme extérieure avec le borassus, et qui abonde dans les champs de Tunis et dans les plaines de l'Andalousie. Tout cela est invraisemblable, et c'est avec plus de raison qu'on a pu croire qu'elle provenait d'un Amyris. Elle nous arrive de l'Arabie et des Indes. La gomme arabique du commerce est presque toujours mêlée de bdellium. Tout ce que dit Pline de cette production ne se rapporte pas entièrement à cette gomme-résine. Celle que cet auteur dit venir de la Bactriane, qui est sèche, luisante et marquée d'impressions onguiculées, paraît être cette variété de myrrhe dont notre auteur a dit: *Utque fracta candidos ungues habeat.* Dioscoride a traité du bdellium, βδέλλιον, liv. 1, chap. 80.

49. — Page 322, ligne 10. *Cetera ejus genera cortice et scordasti.* Cet arbre, avec l'écorce duquel on falsifiait certaines espèces de bdellium, ne peut être rapporté à aucune synonymie moderne.

50. — XX, page 322, ligne 20. (*Arbores*) *erosœ sale, incectis derelictisque similes, sicco litore radicibus nudis polyporum modo amplexœ steriles arenas spectantur.* Ces arbres inondés, qui s'étendent fort avant dans les flots, et qui résistent aux vagues de la mer, etc., doivent être certainement rapportés au *Rhizophora Mangle*, L.; JACQ., *Amer.*, 141, t. 81. *Peckandel*, RHEED., *Malab.*, 6, t. 34, arbre qui croît sur toute la côte de l'Inde, depuis Siam jusqu'à l'entrée du golfe Persique. Il se plaît dans les terrains inondés par les marées; ses rameaux forment de longs jets; ils pendent jusqu'à terre et s'y attachent pour constituer de nouveaux troncs qui continuent à se multiplier de la même manière, et à s'avancer dans la mer. Du reste, leur feuille a quelque rapport avec celle de l'arbousier *unedo*, et leur fruit est ligneux comme celui de l'amandier. Sprengel pense que Théophraste aurait bien pu parler, au livre 1, chap. 12, du *Rhizophora Mangle*.

51. — XXI, page 324, ligne 8. *Tylos insula in eodem sinu est, repleta silvis, qua spectat Orientem, quaque et ipsa œstu maris perfunditur.* Il est peut-être ici question de quelque espèce de palétuvier, d'*avicennia* ou de *bruguiera*, qui vivent sur les bords de la mer inondés par les flots.

52.— Ligne 13. *Lanigeræ arbores* (*insulæ Tylos*). Voyez la note suivante.

53. — Page 326, ligne 1. *Arbores vocant gossympinos...* Il est ici question du *Gossypium arboreum*, L., le cotonnier, cultivé dans plusieurs contrées du globe, et plus loin du *Gossypium usitatissimum* (FÉE, *Cours d'hist. naturelle pharm.*), *G. herbaceum* des auteurs. On cultive aujourd'hui plus particulièrement cette espèce en Sicile, à Malte, en Grèce, en Égypte, en Arabie, dans l'Inde, à Java et ailleurs. Néanmoins, dans l'Inde, on cultive beaucoup plus la première espèce. Indépendamment des *G. arboreum* et *usitatissimum*, on plante encore les *G. hirsutum*, L. ; *barbadense*, PLUK. ; *indicum*, L. ; *tricuspidatum*, LAMRK, et *peruvianum*, plantes qui, pour la plupart, sont originaires de l'Inde. On connaît encore dans ce pays un *G. vitifolium ;* et l'on voit, au chapitre précédent, que Pline attribue au cotonnier des feuilles en tout semblables à celles de la vigne. En effet, tous les *gossypium* ont des feuilles palmées, peu différentes de celles de notre vigne.

La première mention du coton se trouve dans Théophraste que Pline a ici copié presque littéralement. « Des arbres porte-laine, dit-il, croissent dans l'île de Tylos, sur la côte orientale du golfe Arabique. Leur laine est contenue dans un globe de la grosseur d'une pomme (ἐαρινή) qui s'ouvre lors de sa maturité. » Il ajoute qu'on fait de ce duvet des tissus plus ou moins précieux, et que la chose se pratique dans l'Inde aussi bien qu'en Arabie. C'est là ce *byssus* ou lin oriental qui servait aux vêtemens des prêtres d'Égypte, suivant Philostrate. C'est la substance le plus anciennement célébrée chez les Arabes pour les étoffes de luxe ; et le nom de قطن, qu'elle porte de toute antiquité, chez ce peuple, est devenu l'origine du mot coton. La *moallaka* de Lébid, et d'autres poëmes, antérieurs au siècle de Mahomet, parlent des voiles de coton qui ferment les palanquins des femmes.

54.— XXII , page 326, ligne 7. *In Tylis autem et alia arbor floret albæ violæ specie , sed magnitudine quadruplici...* Cet arbre, sur
lequel Pline n'avait sans doute que des notions vagues, ne peut
se rapporter avec certitude à aucune plante connue.

55. — XXIII , page 326 , ligne 11. *Est et alia similis , foliosior
tamen , roseique floris : quem noctu comprimens, aperire incipit solis
exortu, meridie expandit. Incolæ dormire eum dicunt.* La plupart
des plantes s'épanouissent à certaines heures , et se ferment à
certaines autres. Linné a examiné avec soin un grand nombre
de plantes à l'époque de la floraison , pour s'assurer des heures
précises auxquelles s'opérait l'épanouissement des fleurs ; ce
grand homme a ainsi établi ce qu'il a nommé l'*horloge de Flore:* ce
phénomène naturel, commun à un très-grand nombre de plantes ,
ne peut servir à distinguer les espèces ; il faut donc renoncer à
déterminer la plante dont parle ici Pline : peut-être s'agit-il d'un
magnolia.

56.—XXV, page 328, ligne 8. *Radix costi gustu fervens , odore
eximio, frutice alias inutili.* Tous les commentateurs rapportent le
costus des anciens au *Costus arabicus*, L., que nous avons cru devoir nommer *indicus* dans notre *Cours d'hist. nat. pharm.* , parce
qu'on ne le trouve point dans l'Arabie ; mais nous regardons ce rapprochement comme hasardé ; et, en effet, le peu de renseignemens
que nous avons sur le costus des anciens rend la solution de
cette question impossible. Théophraste nomme seulement cette
racine; et Dioscoride, qui en fait trois espèces, se contente de
dire que la première espèce, l'arabique, est blanche ; que la seconde, celle de l'Inde, est noire et lisse ; enfin que la troisième
est pesante et de couleur de buis. Pline n'ajoute rien à ces légères
indications : il reconnaît deux costus, un noirâtre et un blanchâtre, qui est le meilleur. La tradition nominale n'éclaircit rien ;
car les Arabes et les peuples de l'Inde ne nomment le costus de
nos pharmacies d'aucun nom qui rappelle le nom grec ou latin.
Ainsi donc tout ce qu'il y a de certain se borne à savoir qu'il y
avait, chez les Grecs et chez les Romains, une racine odorante
qui servait comme aromate et se brûlait sur l'autel des dieux ;

que plusieurs espèces étaient réunies sous le nom collectif de
costus ; et enfin, que divers pays les fournissaient. Le costus des
modernes a une odeur assez douce ; mais il ne mérite pas, à
beaucoup près, la qualification de *précieux aromate* qui lui est si
souvent donnée par les anciens.

Quant à ce qui touche à la question botanique, il y a moins
d'incertitude. Tous les traités de matière médicale négligent
d'avertir que Linné avait deux *Costus arabicus*, qui constituent
maintenant deux espèces distinctes : l'une décrite dans l'*Hortus
Cliffortianus*, à feuilles glabres, originaire de l'Amérique, et seulement naturalisée depuis peu dans l'Inde ; l'autre mentionnée
dans le *Species Plantarum*, indigène de l'Inde, à feuilles soyeuses,
devenue le *Costus speciosus* de Smith, et regardée par Murray,
Bergius et Sprengel comme le costus officinal, contre l'opinion
de MM. Poiret et Turpin, qui l'attribuent au *Costus arabicus* de
l'*Hortus Cliffortianus*, qui, comme nous l'avons dit, est d'origine
américaine. Il est donc facile de prononcer entre ces auteurs ; car
il faut choisir une plante de l'Inde. L'épithète d'arabique donnée
à deux espèces différentes de costus, tendant à embrouiller la synonymie, nous avons cru devoir changer ce nom spécifique vicieux.

57. — XXVI, page 328, ligne 13. *De folio nardi plura dici
par est... Frutex est gravi et crassa radice, sed brevi ac nigra, fragilique...* Le nard indien des modernes est la racine ou plutôt l'assemblage des filets entortillés des feuilles radicales desséchées de
l'*Andropogon Nardus*, L., grande graminée qui se trouve dans diverses parties de l'Inde. Ce n'est donc ni un épi, *spica nardi*,
ni une racine, *nardi radix ;* son odeur est agréablement aromatique, sa saveur chaude et amère ; elle parfume l'haleine. Il est
douteux que ce soit là le nard indien des anciens ; néanmoins
plusieurs passages de la description de Pline se rapportent assez
bien à notre plante pour qu'elle puisse justifier les premiers
auteurs qui l'ont indiquée comme le véritable *nardus* des anciens. Le mot arbrisseau, *frutex*, employé par Pline, ne pourrait suffire pour détruire cette très-ancienne opinion, car on
sait qu'on est peu d'accord sur les limites à établir entre l'arbre
et l'arbrisseau, et entre ce dernier et l'herbe. L'odeur du *nard*

indien, dit notre auteur, est analogue à celle du souchet, et cela peut se remarquer aussi dans le *nard indien* des modernes ; les feuilles des deux plantes sont petites et touffues; et ils produisent tous deux des épis terminaux; enfin on les falsifie avec le spica-nard faux, *Allium Victorialis*, L. ; mais si l'on trouve ces points de ressemblance, on en trouve d'autres qui tendent à nous empêcher d'établir une synonymie définitive. Pline dit le nard noir ; il assure que les feuilles en sont odorantes : et chacun sait qu'il n'existe aucune graminée à feuilles aromatiques. Il ajoute que les épis sont employés ; or les épis des graminées sont dans le même cas que les feuilles, et presque tous sont inodores. Il faut donc chercher une autre plante que l'*Andropogon Nardus*, et peut-être la trouverait-on dans la famille des valérianées. Jones a établi d'une manière victorieuse qu'il s'agissait de la *Valeriana Jatamansi*, plante connue des Indous sous le nom de *djatâmânsi*, et des Arabes sous le nom de *sombul*, mot qui signifie épi, pique, parce qu'en effet la base de la tige est entourée de fibres qui ont l'apparence d'un épi, ce qui justifie très-bien les noms de σταχυς et celui de *spica*, que les Grecs et les Romains ont donnés à cette drogue. Cette valériane croît dans les parties les plus éloignées et les plus montagneuses de l'Inde, le Népaul, le Boutan, par exemple. Voici comment nous établissons la concordance synonymique de cet aromate célèbre : Cf. la note 288, au livre XVI.

Σχοῖνος εὔοσμος, Hippoc., *Morb. mul.*, II, 673. — Νάρδος ἰνδικὴ, Diosc., I, 6. — *Spica indica sive Nardi radix, vel Nardus indica sive Spica nardi*, AUCT. LAT.; TIBUL., *Eleg.*, 2; HOR., *Od.*, II, 2: *Epod.*, 13, etc., etc. — *Valeriana Spica*, ROEM., III, 357. — V. *Jatamansi*, ROXB. JOHN., *in Act. Beng.*, II, 405.

58. — Page 328, ligne 18. *Alterum ejus genus apud Gangem nascens, damnatur in totum, ozænitidis nomine, virus redolens.* Ce nard des rives du Gange était récolté dans des lieux humides, ce qui lui donnait des proportions plus considérables, mais aux dépens de sa fragrance. Nous pensons que c'est là le *nardus hadrosphærum* (à grands épis).

59. — Page 328, ligne 20. *Adulteratur et pseudonardo herba.* Le pseudo-nard, avec lequel Pline assure qu'on falsifiait le véritable nard, n'est pas la lavande, mais bien, si l'on en croit les commentateurs, l'ail du mont Victoire, *Allium Victorialis*, L. On le mêle encore de nos jours avec le nard-andropogon. On conçoit difficilement qu'on ait pu impunément altérer le vrai nard avec la gomme, la litharge et l'antimoine, substances si distinctes et si hétérogènes.

60. — Page 330, ligne 6. *Folii (nardi) divisere annonam : ab amplitudine hadrosphœrum vocatur majoribus foliis,* X. L. *Quod minore folio est, mesosphœrum... Laudatissimum microsphœrum e minimis folium.* Pline reconnaît, comme on voit, plusieurs espèces commerciales de feuilles de nard; mais nous pensons que Pline s'égare et que les auteurs grecs qui lui ont fourni ce passage n'entendent point parler des feuilles, mais de l'épi du nard; le nom de σαίρα ne peut convenir à des feuilles planes, et convient au contraire merveilleusement à des fleurs réunies en épi ; Pline a certainement copié ce passage avec une inexactitude dont il ne donne, au reste, que trop d'exemples.

61. — Ligne 12. *In nostro orbe proxime laudatur Syriacum...* Si l'on en croit Dioscoride (1, 6), il ne s'agit pas d'un nard qui viendrait en Syrie, mais bien d'un nard récolté dans les montagnes des Indes qui sont en face de la Syrie ; c'est le meilleur de tous, suivant cet écrivain, tandis que celui qui se trouve sur les rives du Gange , *N. gangeticus,* est d'une qualité fort inférieure : son odeur était désagréable, et lui avait valu l'épithète d'ozænite (ὄζαινα, puanteur).

62. — *Mox Gallicum (nardum).* Nous en traiterons au livre XXI, chap. 79. On croit que c'est la valériane celtique , *Valeriana celtica*, L.

63. — Ligne 13. *Tertio loco (nardum) Creticum.* Il s'agit ici de la valériane qualifiée d'italique, *Valeriana italica*, LAMRK. Nous renvoyons nos lecteurs à la note que nous donnerons livre XXI, *loco cit.*

64. — Ligne 16. *Baccharis vocatur nardum rusticum.* Voyez liv. XXI, 16.

65. — Ligne 23. *Cum Gallico nardo semper nascitur herba, quæ*

hirculus vocatur. Clusius a établi que l'*hirculus* de Pline n'était qu'une simple variété de la plante à laquelle on doit le nard celtique ; il s'agit donc d'une valériane, et probablement de la valériane celtique, *Valeriana celtica*, L. Son nom d'*hirculus* rend compte de l'odeur qui est très-forte et très-désagréable ; la racine était pourtant inodore.

66. — XXVII, page 332, ligne 4. *Nardi vim habet et asarum : quod et ipsum aliqui silvestre nardum appellant.* Les premiers commentateurs de Théophraste et de Dioscoride ont confondu l'asarum et la baccharis, et ont ainsi introduit dans la langue italienne le mot *baccara*, qui est un des noms de l'asarum, nommé aussi par eux *azaro*. Nous nous réunissons à la totalité des commentateurs, qui regardent l'*asarum* de Pline comme l'*Asarum europæum* des auteurs modernes, plante assez commune en France ; seulement nous ferons remarquer en passant une inexactitude de Pline, il n'est pas vrai qu'elle fleurisse deux fois par an.

67. — XXVIII, page 332, ligne 15. *Amomi uva in usu est, Indica vite labrusca...* La détermination de cette plante a beaucoup occupé les commentateurs, et leurs opinions présentent de grandes différences ; il paraîtra sans doute curieux de les faire connaître successivement. Tragus veut que ce soit un liseron ; Matthioli, le *Piper æthiopicum*, L. ; Cordus et Scaliger, la rose de Jéricho, *Anastatica hierocuntica*, L. (*Bunias syriaca* de Gærtner). L'opinion de Gessner tend à désigner le poivre des jardins, *Solanum bacciferum* de Tournefort ; Cæsalpin veut qu'il s'agisse du cubèbe, *Piper Cubeba*, L. ; Plukenet du *Cissus vitiginea*, et c'est aussi l'avis de Sprengel ; enfin nous avons cherché à établir (*Flore de Virgile*, p. 15) que l'*amomum* des anciens pourrait bien être l'amome en grappe des modernes, *Amomum racemosum* L., et Paulet se range à notre sentiment. Une si grande divergence d'opinions prouve qu'il y a beaucoup de vague sur cette partie de la botanique des anciens ; et nous pensons que trop d'obscurité entoure l'amome pour qu'on puisse espérer de satisfaire complètement, sur ce point, les personnes exigeantes.

Ici nous devons faire un aveu. En désignant, dans notre *Flore de Virgile*, l'amome des modernes, comme étant celui de Pline, nous avons commis une erreur grave, et cela s'explique par l'attention toute particulière que nous avons accordée au second paragraphe du texte de notre auteur, où réellement il est question du fruit des amomes. L'amome est une plante monocotylédone herbacée, qui est à la vérité indigène de l'Inde. (Cf. PLIN., livre XVI, 59); mais qui ne ressemble nullement au myrte, et qui surtout n'est point grimpante; sa racine est inusitée, ses feuilles inodores sont marquées de nervures et tout-à-fait distinctes de celles du grenadier. Le *Cissus vitiginea* est bien un arbrisseau grimpant, mais il est inodore dans toutes ses parties, etc., etc. Il nous serait tout aussi facile de trouver des objections contre les autres plantes désignées par Tragus, Scaliger, Cordus, etc. Ce que dit Dioscoride de l'amome (1, 14) tend encore à jeter du vague dans toutes les hypothèses citées plus haut; c'est, suivant cet auteur, un arbrisseau muni de vrilles, qui se trouve dans le royaume de Pont, la Médie et l'Arménie. Son bois est rougeâtre, odorant et veineux, on met ses fleurs en bouquet, et ses sommités sont garnies d'un grand nombre de semences. Nous terminerons cette note en déclarant qu'il nous semble impossible, faute de renseignemens suffisans, de pouvoir désigner avec quelque certitude une plante qu'on puisse regarder comme fournissant l'amome des anciens. Cf. le premier paragraphe de la note 288, liv. XVI.

L'étymologie d'ἄμωμον se tire évidemment de l'homonyme arabe حمحم *hahmâma*, les anciens Arabes ayant été les premiers qui aient fait connaître cet aromate aux Grecs. *Hahmâam* peut, à son tour, n'être qu'un nom indien, devenu arabe. S'il en est autrement, alors, dérivé de la racine حم, il exprime la saveur chaude, particulière aux épices. On retrouve le mot amome dans *cinn*amomum, et *card*amomum; c'est pourquoi quelques savans ont cru qu'il signifiait aromate; M. de Théis fait dériver *amomum* de *a* privatif et de μῶμος, impureté, parce qu'il a des propriétés alexipharmaques. Ce mot a toujours voulu exprimer une substance pure, non falsifiée. Les Grecs disaient ἄμωμον λιβάνιον, de l'encens (oliban) pur.

68. — Page 334, ligne 10. — *Est et quæ vocatur amomis, minus venosa atque durior, ac minus odorata.* L'amomide diffère peu, suivant Pline, de l'amome avec lequel il peut être convenable de le réunir ; ce n'était autre chose que l'amome avant sa maturité. Mais à quoi convient-il de rapporter l'amome ? Voyez la note précédente.

69. — XXIX, page 334, ligne 15. *Simile his.... et frutice cardamomum, semine oblongo.* Le cardamome des anciens paraît être le fruit qui se trouve encore aujourd'hui dans nos pharmacies, sous le nom de *cardamome ;* et, en effet, il est allongé, à angles aigus ; son odeur se rapproche de celle du costus, et il est difficile à rompre ; toutefois on ne le trouve point en Arabie, mais bien dans l'Inde qui le fournissait aux Romains et aux Grecs par la mer Rouge et l'Arabie. Pline distingue quatre espèces de cardamomes assez semblables les uns aux autres ; les modernes en reconnaissent trois sortes commerciales, le grand, le moyen et le petit. Voici quelle est la synonymie du cardamome :

Καρδάμωμον, HIPPOC., *Morb. mul.,* 1, 603 : DIOSC., 1, 5.
Cardamomum, LATINER. — *Amomum Cardamomum,* L.

M. Bonastre (*Journal de pharmacie.* mai 1828, pense que le mot *cardamomum* signifie amome à siliques ; le mot égyptien *kardi* devant se rendre par notre mot *silique.* (Cf. Abdellatif *sur l'Égypte.*) Des étymologistes avaient cru jusqu'ici que *cardamomum* venait de καρδία, cœur, et de ἄμωμον, amome ; amome fortifiante ou cardiaque.

70. — XXX, page 336, ligne 4. *Cinnamomo proxima gentilitas erat, ni prius Arabicæ divitias indicari conveniret...* Nous traiterons du cinnamome même livre, chapitre 42 ; nous prévenons toutefois nos lecteurs qu'il ne peut être ici nullement question de notre cannelle, *Laurus Cinnamomum,* L., ainsi que le rapport nominal disposerait à le penser.

71. — Ligne 9. *Thura, præter Arabiam, nullis, ac ne Arabiæ quidem universæ...* C'était une opinion reçue chez les Romains

que l'Arabie seule fournissait l'encens. Virgile a dit (*Géorg.*, I, 57) :

India mittit ebur ; molles sua thura Sabæi.

et (*Géorgiques*, II, 139)

.... Non Bactra (certent), neque Indi,
Totaque thuriferis Panchaia pinguis arenis.

Or, l'on sait que la Panchaïe n'est que le Yémen ; et les Sabéens, que le poète qualifie assez légèrement de *molles*, étaient les Arabes civilisés, distingués des Nomades ou Bédouins. Pline répète, comme on voit, l'assertion du chantre de Mantoue, et affirme que l'Arabie seule produit l'encens.

C'est seulement d'après Théophraste, Dioscoride et les écrivains grecs, que les auteurs du moyen âge parlent d'un encens indien et d'un encens arabique ; nous avons aujourd'hui la preuve que cette distinction est raisonnable ; il est même prouvé que la plus grande partie de l'encens, qui, de l'Arabie, se répandait dans toute l'Europe, venait des Indes ; ce n'est que depuis un fort petit nombre d'années qu'il y arrive directement.

L'encens de l'Inde provient d'un arbre de la famille des térébinthacées ; il a été nommé par Roxburg qui l'a découvert, *Boswellia thurifera* (Cat. pl. Calc., page 32) : on dit qu'il abonde dans les lieux montagneux de l'Inde.

L'encens de l'Arabie est attribué, sans preuves suffisantes, à un arbre de la famille des conifères, du genre *juniperus;* tantôt au *Juniperus lycia*, L. ; tantôt au *J. phœnicea ;* et tantôt enfin au *J. thurifera*, L. S'il est prouvé maintenant que l'encens indien découle d'une térébinthacée, n'est-il pas naturel de chercher dans les plantes de ce groupe qui vivent en Afrique, et surtout en Arabie, l'arbre qui fournit l'encens ? Les conifères ne laissent exsuder que des résines, tandis que les térébinthacées ne donnent que des gommes-résines ; et l'on ne doit pas perdre de vue que l'encens appartient à ce genre de produits végétaux.

Nous concluons de ces observations 1° que l'encens indien passait jadis dans le commerce sous le nom d'encens arabique ; 2° que cette dernière espèce est inférieure et souvent mélangée avec la première ; 3° et enfin que l'arbre qui produit l'encens arabique est encore inconnu, et qu'on doit espérer de le trouver plutôt parmi les térébinthacées que parmi les conifères ; du moins si l'on consulte les lois analogiques, moins trompeuses que les opinions qui ne reposent que sur des traditions. Ce qui semble fortifier cette opinion, c'est que Pline nous apprend, au chap. 34, que quelques personnes avaient avancé que la myrrhe et l'encens étaient fournis par le même arbre (*voyez* chap. 33). Or l'on sait que la myrrhe est due à un *amyris*, arbuste de la famille des térébinthacées. Voici comment on peut établir la synonymie de l'arbre à encens, et celle de l'encens lui-même :

Arbre à encens. — Λίβανος, THÉOPH., IX, 4 ; DIOSC., 1, 81 ; *Thurea virga*, VIRG., *Georg.*, 1, 57 ; II, 139 ; *Ecl.*, VIII, 65. *Thura*, PLIN., *loco cit.*—*Boswellia serrata.* STACK, *DC. Pr.*, II, 176. — *B. thurifera*, ROXB., *Cat. pl. Calc.*, page 32.

Gomme résine, première sorte. — Λίβανος ἀραβικὸς, THÉOPH., IX, 4 ; DIOSC., 1, 81 ; *Manna thuris seu Thura orobia.* PLIN., *loco citato ;* encens d'Afrique ou d'Arabie.

Seconde sorte. — Λίβανος ἰνδικὸς, THÉOPH., *loco citato; Thus masculum*, PLIN., *loco citato ;* encens mâle ou de l'Inde.

Notre vieux mot français *oliban* n'est que le mot grec λίβανος, joint à l'article ὸ (comme dans *hoqueton*, venu de ὸ χιτὼν). Quant au mot *thus*, c'est le nom arabe de la montagne de Sinaï طور. On lit pourtant dans le *Ryâcarana* (page 206) que le nom sanskrit de l'encens est *tourouzca*, mot dans lequel on peut trouver l'origine de *thus*.

Le mode de récolte de l'encens étant inconnu aux modernes, il est impossible de critiquer ce qu'en dit Pline, quoiqu'on doive raisonnablement penser qu'il n'était pas mieux instruit que nous.

72. — XXXII, page 342, ligne 15. *Secunda vindemia est vere, ad eam hieme corticibus incisis. Rufum hoc exit, nec comparandum priori. Illud carpheotum, hoc dathiatum vocant.* Le premier de ces mots signifierait, suivant Poinsinet, *vivace*, en tirant ce mot du celto-scythe, et le second (*dathiatum*) *mort*, d'un autre mot de la même langue. Il est bien difficile de contredire

Poinsinet, qui puise la plupart de ses étymologies dans des langues peu connues, et qui ont été parlées par des peuples avec lesquels il est difficile de supposer que les Grecs aient eu des rapports suivis.

73. — Page 344, ligne 3. *Masculum aliqui putant a specie testium dictum.* On a beaucoup discuté pour expliquer l'épithète de *masculum* donnée à l'encens; quant à nous, il nous semble démontré qu'on le qualifie ainsi, non parce que la forme de cette variété le fait ressembler à des testicules, mais seulement parce qu'il est supérieur aux autres sortes, plus odorant, mieux choisi, etc.

74. — Ligne 7. *Græci stagonium et atomum tali modo appellant.* Cet encens stagonien est une espèce de choix qui paraît être la même chose que l'encens mâle et que nous avons cru devoir rapporter à l'encens indien. Cf. la note 71.

75. — Ligne 8. *Minorem..... orobiam.* Cet encens était ainsi qualifié parce qu'il était du volume et de la forme de la semence d'orobe, légumineuse dont nous aurons occasion de parler ailleurs.

76. — *Micas concussu elisas (thuris) mannam vocamus.* Suivant quelques commentateurs, cette expression doit se rendre par *minutum thus.* On connaît encore, dans le commerce des drogues, les *menus,* c'est-à-dire les débris des subtances qui ont voyagé ou qui ont été exposées à divers chocs : on les trouve ordinairement au fond des caisses. La manne du Liban (le mastic) et plusieurs produits résineux portent le nom de manne, et même des produits entièrement différens : telle est la manne de Briançon qui ne diffère pas sensiblement de celle qui découle des frênes.

77. — XXXIII, page 346, ligne 20. *Myrrham in iisdem silvis permixtam arborem nasci tradidere aliqui, plures separatim : quippe multis in locis Arabiæ gignitur, ut apparebit in generibus.* La myrrhe est fort célèbre; elle est toujours nommée avec les parfums les plus exquis; ce qui a fait douter que la myrrhe des anciens et la nôtre fussent identiques. Cependant nous ferons remarquer que les peuples ne sont pas souvent d'accord sur le mérite des par-

fums, non plus que sur l'excellence des mets. Les anciens nommaient l'assa que nous avons qualifié de *fétide*, le parfum des
dieux, et nous doutons fort qu'un Apicius moderne voulût
mettre entre les mains de son cuisinier un Athénée au lieu d'un
Beauvilliers. Il paraît, par deux passages de Virgile (*Æneid.*,
XII, v. 100, et *Ciris* 438) que la myrrhe était chez les anciens le
parfum employé pour les cheveux, principalement dans la coif-
fure des gens efféminés qui se faisaient friser. Voyez *Flore de
Virgile*, 114.

Il est fait mention de la myrrhe dans les livres saints ; et malgré cette haute antiquité, et l'usage non interrompu qu'on en a
fait depuis les Hébreux jusqu'à nous, on a long-temps ignoré
le nom du végétal qui la produit.

Théophraste la fait naître chez les Sabéens d'un arbre plus
petit que celui qui porte l'encens, plus dur, plus tortu, ayant
une écorce lisse, des feuilles crépues peu différentes de celles de
l'orme. Pline ajoute que l'arbre a cinq coudées d'élévation. Dioscoride dit qu'il croît en Arabie, et qu'il ressemble au *spina
ægyptia* (*Mimosa nilotica*, L.). Depuis ces trois écrivains, on
s'est contenté de suivre leurs traces en cherchant à reconnaître
dans l'arbre indiqué un *mimosa*.

Bruce, qui demeura si long-temps en Abyssinie, et qui pénétra
jusque sur les frontières de l'ancien pays des Troglodytes, dans
la partie la plus orientale de l'Arabie Heureuse, sur les côtes du
Tal-Tal, chercha à se procurer des rameaux de l'arbre à myrrhe,
mais en vain ; ce qu'il en reçut était méconnaissable, et absolument brisé. Il s'assura seulement que l'écorce et les feuilles res-
semblaient à celles de l'*Acacia vera ;* il vit aussi parmi ces fragmens de longues épines minces et fragiles. On se crut donc au-
torisé à penser, d'après ces données, que la myrrhe provenait
d'un *mimosa*, et l'on alla même jusqu'à désigner le *Mimosa Sassa*,
qui produit l'opocalpasum et non la myrrhe. La loi des analogies, bien moins trompeuse qu'on ne pourrait le croire, empêche de penser que la myrrhe puisse venir d'une légumineuse :
tandis, au contraire, que tout tendrait à la faire croire produite par une amyridée, si la chose ne paraissait aujourd'hui
prouvée.

Forskhal a désigné l'*Amyris Kataf* ou *Kafal*, comme donnant la myrrhe. Le bois de cet arbre, qui se trouve en Arabie, est résineux, et ses fruits renferment un baume fluide odorant; les rameaux sont épineux, et les feuilles composées. Depuis les voyages de Forskhal on n'avait rien recueilli sur l'arbre à la myrrhe, et la question paraissait résolue, lorsque Ehrenberg annonça avoir trouvé sur les frontières de l'Arabie et de la Nubie un *balsamodendrum*, sur lequel il avait récolté une myrrhe identique avec celle que nous recevons par le commerce, et qui, au moment de son écoulement, avait une consistance sirupeuse. Cet arbre a été nommé, par Nées d'Esenbeck, *Balsamodendrum Myrrha*, et déterminé sur les échantillons mêmes rapportés par Ehrenberg; ainsi donc l'origine de la myrrhe n'est plus hypothétique. Le *Balsamodendrum Myrrha* est épineux, et les fragmens de l'arbre à la myrrhe, envoyés au voyageur Bruce, pourraient fort bien lui avoir appartenu; il ressemble au *Balsamodendrum Kataf*, mais constitue cependant une espèce distincte. Tous deux fournissent vraisemblablement de la myrrhe; mais nous ferons remarquer toutefois que Forskhal n'a point récolté de myrrhe sur l'arbre qu'il a désigné, tandis qu'Ehrenberg en a recueilli sur le nouveau *balsamodendrum* décrit et figuré par Nées d'Esenbeck. Ce sera donc désormais cette térébinthacée qu'il faudra mettre en première ligne.

La myrrhe qui nous vient d'Abyssinie arrive par les Indes Orientales, et celle d'Arabie par la voie de la Turquie. On en reconnaît de deux espèces : l'une est en larmes et l'autre en sorte; c'est dans la myrrhe en sorte que l'on trouve l'opocalpasum et plusieurs autres produits résineux qui peuvent varier suivant les temps et les lieux où l'on entrepose la myrrhe. Voici quel est la concordance synonymique de la myrrhe :

לבכה *Genes.*, XI; *Exod.*, 79, 83. — Σμύρνα, DIOSC., 1, 77; THEOPH., *Hist.*, IX, 4. — GALEN., *de Simplic.*, 8. — *Myrrha*, ROEMNGR. La *myrrhe officinale*, gomme‑résine attribuée au *Balsamodendrum Myrrha*, NÉES D'ESENBECK.

Tout ce qu'on lit dans Pline relativement à la myrrhe est hypothétique; cependant la localité indiquée est exacte : l'arbre myrrhifère est épineux et rabougri, ainsi que nous l'avait depuis long-temps appris le naturaliste romain.

78. — XXXV, page 348, ligne 18. *Sudant autem sponte prius quam incidantur, stacten dictam, cui nulla præfertur.* M. Valmont de Bomare a écrit que les gros fragmens de myrrhe étaient pleins d'un suc huileux, que les modernes nomment quelquefois aussi *stacté*; la myrrhe ne nous a jamais offert rien de semblable il arrive pourtant que l'intérieur des fragmens de diverses gommes-résines est plus mollasse que les parties extérieures. Au reste, le stacté n'est autre chose que la myrrhe qui découle naturellement de l'arbre auquel on la doit, et recueillie avant son épaississement à l'air. Les modernes ne savent rien de positif sur le mode d'extraction de la myrrhe. Quelques auteurs anciens ont soutenu que le stacté était notre styrax liquide: cette opinion ne paraît pas fondée.

79. — Page 350, ligne 9. *Genera complura : Troglodytica silvestrium prima. Sequens minæa, in qua et atramitica est, et ausaritis Gebanitarum regno, etc.* Nous ne connaissons aujourd'hui qu'une seule sorte de myrrhe. Les fragmens qui montrent des impressions onguiculées ne constituent pas une espèce distincte, mais une simple variété, comme des pharmacographes modernes. Il semble, en lisant avec attention ce chapitre, qu'il y soit question de plusieurs produits résineux confondus autrefois sous le nom de myrrhe : telle est la myrrhe blanche. On chercherait vainement à préciser les diverses espèces énumérées par Pline; elles tiraient, comme on voit, leur nom du pays qui les produisait.

80. — Page 352, ligne 7. *Fallacissime autem adulteratur Indica myrrha, quæ ibi de quadam spina colligitur.* Cette myrrhe des Indes, avec laquelle on falsifie la myrrhe des Troglodytes, est un produit résineux qui est inconnu de nos jours. On trouve dans la myrrhe une assez grande quantité de bdellium, et peut-être est-ce de lui qu'il est ici question.

81. — XXXVI, page 352, ligne 12. *Ergo transit in mastichen, quæ et ex alia spina fit in India, itemque in Arabia : lavinam vocant.*

Ce que Pline dit de la dégénérescence de la myrrhe en mastic est une fable. Le mastic est dû au *Pistacia Lentiscus*, L., spec. 144, qui abonde en Grèce et dans toute l'Europe australe ; c'est le Σχῖνος, Diosc., 1, 89, dont le fruit est nommé Σχίδαξ par Hippocrate (*de Morb. mul.*). Le mastic avait été nommé par les Arabes mastech, d'où les Espagnols ont fait *almastiga ;* c'est encore Chio qui fournit au commerce le mastic qu'on trouve en Europe. La première récolte appartenait au grand-seigneur, lorsqu'il tenait la Grèce sous son joug de fer.

On ne sait point de quelle sorte de plante Pline entend parler, quand il dit qu'on retire une autre sorte de mastic d'une herbe à tête de chardon.

Le produit, résineux semblable au bitume que Pline dit être la troisième sorte de mastic, est inconnu aux modernes. C'est certainement d'après de faux renseignemens que Pline annonce qu'il existe un mastic des Indes et d'Arabie provenant d'un arbre épineux, à moins qu'il ne s'agisse d'un autre produit résineux.

82. — XXXVII, page 354, ligne 8. *Arabia etiamnum et ladano gloriatur.* On voit que Pline assigne l'Arabie pour patrie à l'arbrisseau auquel on doit le ladanum, et qu'il ne parle que secondairement du ladanum de Chypre. Les localités diverses, indiquées par notre auteur, n'ont rien qui doivent nous surprendre. Il s'agit bien toujours de la même production due à plusieurs espèces du genre *cistus*, et notamment au *Cistus creticus*, L., *Spec. pl.*, 738, qui est évidemment le Κίστος d'Hippocrate, *Morb. mul.*, 1, 614, Κίστος de Théophraste, *Hist.*, VI, 2 ; et de Dioscoride, 1, 126, dont Pline parlera liv. XXIV, 48, sous ce même nom de cisthon, et au *Cistus ladaniferus*, L., *Spec. pl.*, 737, commun en Espagne. (Cf., au liv. XXIV, la note 105.) Notre auteur est assez exact sur toutes les choses qui se rapportent au ladanum ; toutefois on ne le recueille plus sur la barbe des chèvres qui paissent le ladanum, on préfère employer un fouet garni de courroies, qu'on promène sur les arbrisseaux ladanifères ; Dioscoride et Pline parlent tous deux de ce dernier mode de récolte. Quant au *leda* de l'île de Chypre, il rentre

dans le *Cistus creticus*, L., et il n'en diffère point. Le mot *herba*, employé par Pline pour désigner ce ciste ladanifère, n'est pas juste, c'est un sous-arbrisseau.

Il y a encore aujourd'hui, dans le commerce, deux sortes de ladanum, l'un friable, cassant et falsifié avec une grande quantité de matières terreuses (les modernes le nomment *ladanum in tortis*), l'autre noirâtre et susceptible de se ramollir sous le doigt; il ne contient qu'une faible quantité de sable et quelques poils. On le qualifie du nom de ladanum vrai.

83. — XXXVIII, page 358, ligne 4. *In Arabia et olea dotatur lacryma , qua medicamentum conficitur , Græcis enhæmon dictum , singulari effectu contrahendis vulnerum cicatricibus.* C'est d'après Théophraste (*Hist. pl.*, IV, 8) que Pline parle de l'enhémon, suc gommeux qui se recueille sur les oliviers, et dont les propriétés sont, suivant lui, de pouvoir cicatriser les plaies ; il est nommé gomme de *lecce* en Italie. On ne le trouve pas souvent sur les oliviers de France, mais il est commun dans le royaume de Naples et dans la Calabre. Ce n'est point un médicament actif ; les pharmacographes qualifient cette production résineuse du nom d'olivine, et les chimistes lui font prendre place parmi les principes immédiats des végétaux. Son action est presque nulle sur le corps humain. Pline dit qu'elle fait la base d'un médicament composé, nommé enhémon, du nom de la principale drogue qui y entrait. La médecine moderne n'en tire aucun parti. Dioscoride, I, 142, consacre à cette production un chapitre tout entier, Τὸ δὲ δάκρυον τῆς αἰθιοπικῆς ἐλαίας, ἔοικε πῶς σκαμμωνία ; or, l'olivier d'Éthiopie, dont il est question dans cette phrase, est bien l'olivier sauvage, *oleaster*.

84. — XXXIX, page 358, ligne 14. *Petunt igitur in Elymæos arborem bratum, cupresso fuscæ similem, exalbidis ramis, jucundi odoris accensam.* Quoique la sabine se nomme en grec βράθυς, ce n'est point de ce genévrier qu'il peut être question ici : il est évident que Pline veut parler d'une conifère, car c'est surtout dans cette famille qu'on trouve des bois résineux qui dégagent une odeur balsamique quand on les brûle. Poinsinet nous ap-

prend qu'il s'agit sans doute d'un sapin, et voici sur quoi il se
fonde : *brat* vient du chaldéen *berata* qui signifie la même chose
que l'hébreu *berösch*, savoir une sorte de sapin rare, le cèdre de
Phénicie, ou cèdre du Liban. Il est vrai que le cèdre offre des
rameaux diffus, que son bois est odorant quand on le brûle, etc.
Mais ces circonstances n'ont rien de convaincant, puisqu'il est
question plus loin du cèdre.

Quelques auteurs, à la tête desquels il faut placer les deux
Bauhin, ont voulu chercher à prouver que le *bratum* était le
θύον de Théophraste, et que le θύον était un thuya (*Thuya occiden-
talis*, L.) : il n'en est rien, car cette conifère est originaire du
Canada. On ne serait pas plus heureux si l'on voulait désigner
le thuya oriental, car il est originaire du Japon, et connu en
Europe depuis peu d'années. Seulement nous chercherons à établir que le θύον de Théophraste est le *Thuya articulata* que l'on
trouve dans l'Atlas, et que nous avons cru devoir reconnaître
pour le citrus de Pline. Cet arbre et le *bratum* seraient-ils les
mêmes ? (*Voyez* note 122 du livre suivant.)

85. — XL, page 360, ligne 5. *Strobum.* La matière médicale
des peuples modernes n'offre aucun bois qu'on puisse rapporter
au strobum. Les bois d'aloès étant brûlés pourraient bien, ainsi
que plusieurs autres bois résineux et odorans, déterminer le
narcotisme léger dont parle Pline, mais cette particularité ne
peut nous conduire à la détermination d'une espèce.

86. — Ligne 17. *Ex Syria revehunt styracem, acri odore ejus in
focis abigentes suorum fastidium.* Voyez, plus loin, note 107 de ce
même livre.

87. — XLI, page 362, ligne 10. *Non sunt eorum cinnamomum
aut casia.* Rien n'est plus difficile que de décider à quel arbrisseau il convient d'attribuer le cinnamome et le casia. Sprengel
décide que la première de ces écorces doit être rapportée au
Laurus Cinnamomum, et la seconde au *Laurus Casia;* mais, suivant nous, les preuves s'accumulent contre cette opinion, qui ne
peut être la nôtre.

Le cannellier est un arbre de Ceylan, aujourd'hui cultivé dans

plusieurs de nos colonies ; il s'élève à la hauteur de quinze à
vingt pieds, et acquiert quelquefois quinze à dix-huit pouces de
diamètre. Son écorce est d'un brun grisâtre à l'extérieur, et d'un
jaune rougeâtre à l'intérieur ; ses feuilles sont opposées, ovales
oblongues, glabres, entières, luisantes, marquées de trois fortes
nervures longitudinales ; les fleurs paniculées sont jaunâtres et
veloutées. Voyons si les anciens nous fourniront les moyens de
rapprocher leur cinnamome de notre cannellier.

Dioscoride dit (I, 13) que le cinnamome est un arbrisseau
à rameaux menus et noueux ; que le meilleur, le mosylitique, est
noir, vineux, ou cendré, poli et lisse, et que son odeur est voisine de celle du cardamome. Il en existe plusieurs sortes : les unes
rappellent l'odeur de l'encens, d'autres celle du casia, d'autres
enfin celle du myrte et de l'amome : il s'en trouve encore de
blancs, de roux, de noirs, de lisses, de spongieux, etc. On connaît un cinnamome bâtard, nommé gingembre, un cinnamome
qui provient d'un arbuste à rejets pliants, etc. Pline nous apprend, dans le passage que nous commentons, que le cinnamome est un arbrisseau de trois pieds environ de hauteur, ayant
quatre pouces de diamètre et l'apparence d'un tronc desséché.
Les feuilles sont semblables à celles de l'origan (ovales). Il vient
dans les plaines ; ses rameaux seuls fournissent le cinnamome,
le bois est peu estimé ; sa saveur est âcre et tenace ; on en distingue deux espèces, un blanc, un noir, etc. Théophraste,
qui a fourni plusieurs des détails que nous venons de citer,
ajoute que le cinnamome est un arbrisseau de la hauteur de
l'*agnus-castus*. Certes, dans tout ceci, il est impossible de reconnaître un cannellier. Comment donc espérer de pouvoir
rattacher leur synonymie avec la nôtre ? La région cinnamomi-
fère était au nord de cette chaîne de montagnes qui traverse
l'Afrique de l'ouest à l'est, et qui prend le nom de monts Al-
quamar ou de la Lune, au sud de la Nigritie, et l'on sait que la
cannelle est originaire de Ceylan.

Tout récemment M. Bonastre a voulu établir que le cinnamome des anciens était la noix muscade, *Myristica moschata*, L.
Cet auteur a été amené à cette opinion par l'analyse chimique
d'une poudre d'embaumement dans laquelle il lui sembla re-

connaître, entre autres aromates, la muscade; or, comme il
semble prouvé qu'on faisait entrer le cinnamome dans ces sortes
de poudre, il en tire la conséquence que c'est la muscade, fruit
que sa description sans doute trop incomplète n'a pu encore permettre de reconnaître dans les ouvrages des anciens. Nous ne
pouvons nous rendre aux raisons données par M. Bonastre, car
c'est bien une écorce qui est décrite dans les auteurs; et l'on
peut s'en convaincre en lisant les passages que nous avons cités
plus haut. Quelle est donc cette écorce? Hypothèse pour hypothèse, nous préférons penser qu'il s'agit des écorces de divers
amyris, arbrisseaux qui abondent dans toute l'Afrique, et auxquels on doit déjà le xylobalsamum.

Voici comment nous établissons la concordance synonymique
du cinnamome :

Κάρφη, Herodot., III. — Κιννάμωμον, Hippocr., *Morbus
mul.*, 1, 609; — Theoph., IX, 5, 12; — Diosc., 1, 13. —
Cinnamomum, Latinor. — *Cortex amyridarum variarum
Africæ?*

M. de Théis fait dériver le mot *cinnamomum* de deux mots
grecs qui voudraient dire amome de la Chine; cette étymologie n'a rien de probable, la Chine n'yant pas été connue des
Grecs, et le mot *cinnamomum* ayant été employé dès le temps
d'Hippocrate.

88. — XLIII, page 370, ligne 14. *Frutex et casia est, juxtaque
cinnami campos nascitur.* L'obscurité qui règne à l'égard du cinnamome s'étend au casia. Nous avons démontré (*Flore de Virg.*, 32)
qu'il fallait reconnaître deux casia, l'un indigène d'Italie et du
midi de l'Europe, distingué par Virgile, dans divers passages des
Géorgiques, par les épithètes d'*humilis, suavis, viridis, etc.*, et dont
Pline a parlé (liv. XXVII, 9) sous le nom de *coccum gnidium,
Daphne Gnidium* des auteurs; l'autre exotique, rappelé dans le
vers 466 du deuxième livre des *Géorgiques* :

Nec casia liquidi corrumpitur usus olivi.

C'est de ce casia qu'il va être ici question. Nous avons paru disposé à penser qu'on pouvait le reconnaître dans le *Laurus Casia*, et nous pensons aujourd'hui de même.

Faisons d'abord connaître le *Laurus Casia* des modernes. C'est un arbre qui s'élève à vingt-cinq pieds environ : ses rameaux sont grêles, très-nombreux, rougeâtres, garnis de feuilles alternes, lancéolées, aiguës, rougeâtres ou pourprées en dessous, à trois nervures longitudinales ; ses fleurs, petites et blanchâtres, sont pédonculées ; le fruit est baccien, et soutenu à sa base par le calice ; son écorce, telle que nous la présente le commerce, est d'un rouge-brun, sous forme de morceaux épais d'une ligne, planes ou bien roulés, glabres, durs et un peu flexibles ; son odeur est aromatique, assez agréable ; sa saveur amère, âcre et chaude. Voyons si les descriptions puisées dans les auteurs anciens nous offriront des ressemblances dont nous puissions tirer parti, pour décider la question.

Dioscorides écrit (liv. I, 12) que le casia a des feuilles semblables à celles du poirier, c'est-à-dire ovales et nervées ; une écorce rousse, étroite, longue, épaisse, fistuleuse, piquante, chaude et aromatique. Il en est une variété, grosse, brunâtre ou rougeâtre, dont l'odeur a quelque analogie avec celle de la rose. Les diverses sortes sont originaires d'Arabie et fournies par le commerce d'Alexandrie.

Pline nous assure que le casia se trouve dans le même pays que le cinnamome (Éthiopie, Abyssinie). Il en parle comme d'un arbrisseau à grosses branches dont l'enveloppe est plutôt une peau mince qu'une écorce, ce qui est l'opposé du cinnamome. Il a trois coudées de haut ; son odeur est suave ; sa saveur plus brûlante que mordicante ; sa couleur purpurine, sa légèreté fort grande.

La patrie de ces deux aromates est différente, mais ceci n'est point une difficulté, car on sait qu'il arrive souvent qu'on indique, comme étant la patrie d'une substance, le lieu qui la fournit au commerce ; n'appelle-t-on pas encore de nos jours séné d'Alexandrie le séné que cette ville nous expédie, et qui se récolte seulement dans la Haute Égypte ?

Certes, d'après tout ceci, l'on ne peut s'empêcher de reconnaître qu'il existe de grands rapports entre le casia des anciens

et notre casia-lignea. Tous deux sont arborescens, tous deux
ont des feuilles ovales et nervées, une écorce rougeâtre, fistuleuse, aromatique, à saveur chaude, piquante, etc. Nous n'hé-
sitons donc pas à établir la concordance synonymique suivante :

Καola, HIPP., *Morb. mul.*, 1, 609. — DIOSCOR., I, 12. —
  Casia, PLIN., *loco cit.* — *Casia*, VIRG., *Georg.*, II, 466.
  — *Laurus Casia*. L., *Spec. pl.*, 528. Le laurier casia-lignea.

89. — Page 372, ligne 12. *His addidere mangones, quam daphnoiden vocant, isocinnamon cognominatam.* Il paraît que l'isocinname est une variété du casia, laquelle aurait été distinguée
par une écorce lisse et sans inégalités. La fin de ce paragraphe
semble nous donner la preuve que Pline a étendu abusivement
au casia d'Europe le nom de *casia*, sans doute à cause de quelque prétendue ressemblance. Ces casia dont parle notre auteur,
et qui se trouvent jusque sur les bords du Rhin, ne sont autre
chose que des *Daphne Gnidium*, L. Ils n'ont, dit Pline, ni l'odeur
ni la couleur de la bonne écorce de casia. Ce que notre auteur
attribue à l'influence d'une température basse, doit l'être à une
différence d'espèce.

La casia daphnoïde rentre dans la variété précédente, et tou[tes]
les peuvent, sans nul inconvénient, être attribuées au *Laurus
Casia*, L. *Voyez* la note 87 de ce livre.

90. — XLIV, page 372, ligne 20. *Ex confinio casiæ cinnamique, et cancamum... incehitur.* Le cancame, Κάγκαμον, DIOSC., I,
23, est une gomme-résine inconnue aux modernes, qu'il faut
probablement chercher parmi les produits des amyridées. Ama-
tus Lusitanus croyait que le cancame était une résine animée
qu'il qualifia de *blanche*. Lemery, d'après Pomet, nomme *cancamum* une gomme qu'il dit très-rare. C'est, suivant lui, un
produit résineux composé de quatre substances distinctes, réunies ou agglutinées ensemble; il venait du Brésil ou d'Afrique.
C. Sprengel attribue le cancame des anciens, qui est évidemment
distinct de celui-ci, à l'*Imyris Kafal*, auquel on croit devoir la
myrrhe. Le même auteur désigne ailleurs le *Gardenia gummifera*;
mais cette opinion n'a rien de probable, et les renseignemens qui

pourraient nous conduire à la détermination de cette production manquent absolument dans les ouvrages des anciens.

91. — Ibid. *Ex confinio casiæ cinnamique, et... tarum incehitur...* C'est là, suivant nous, le bois d'aloès des modernes, reconnaissable aux qualités physiques suivantes : il est noueux, gris ou noirâtre, d'une pesanteur spécifique différente, suivant la plus ou moins grande quantité de résine qu'il recèle ; à surface lisse et résineuse ; étant coupé en travers on y découvre, sous forme de petits points blancs, l'orifice des vaisseaux propres qui, pendant la vie, charriaient les sucs propres. Son odeur est agréable lorsqu'on le brûle ; il a une saveur amère.

Est-ce à cette espèce qu'il convient de rapporter le bois d'aloès des Grecs, celui des Arabes, et le tarum ? Cette question est, suivant nous, insoluble dans l'état actuel de la science, et cette lacune ne pourra de long-temps être remplie, car la distinction des espèces a été faite sur les rapports inexacts des voyageurs et sur des traditions contradictoires. Les écrivains n'ont pu jusqu'ici présenter que des hypothèses qui ont nui à la science au lieu de la servir.

Les divers bois d'aloès paraissent appartenir à trois genres de plantes distinctes : l'*aloexylon*, l'*excœcaria* et l'*aquilaria*; il est donc probable que l'aloès des anciens était fourni par quelques-uns de ces végétaux, et peut-être par tous les trois, car on en distinguait autrefois plusieurs espèces ; mais chercher à les rattacher à une synonymie moderne est une chose superflue et impossible.

Sprengel attribue pourtant, d'après l'Encyclopédie méthodique, l'*aloe præstantissimum* à l'*excœcaria*; il serait apporté de Chine, de l'Inde et de l'Arabie par Sofala. Cependant les écrivains arabes disent qu'il vient de Java. Le bois de l'*excœcaria*, dont nous avons vu un morceau d'une origine certaine, n'a pas une odeur dont la suavité puisse se comparer à celle du bois de l'*agallochum* de Loureiro ; lequel n'offre pas non plus, dans sa coupe transversale, l'orifice de ces vaisseaux propres si apparens dans le bois de l'*excœcaria*.

On peut juger quelle confusion règne dans l'histoire des bois d'aloès, en examinant la synonymie incertaine établie par les divers auteurs; nous présentons ici celle qu'on trouve dans l'En-

cyclopédie méthodique, I, 48 ; l'on verra que nous avons bien
peu de données nouvelles, depuis l'époque où elle a paru :

1°. *Agallochum præstantissimum*, BAUH., *Pin.* 393. — *Calam-bac* INDOR. — *Kenam* COCHINCHIN. — *Suk-hiang* SINENS. ,
DALE, *Pharm. suppl.* — *Sokio*, G. CAMELLI ; RAY, *Hist.*,
1808. — Bois de calambac : c'est l'*agallochum Excœcaria*
dont il vient d'être parlé.

2°. *Agallochum* OFFIC., *Pin.*, 393. — *Lignum aloe vulg.* OFFIC.
—*Tchin-hiang* SINENS., DALE, *Pharm.* — *Thimhio*; G. CA-MELLI. — *Pao de aguila* (portug.). — Bois d'aloès, bois
d'aigle de Sonnerat, analogue au sinkoo de Kæmpfer et à
l'*agallochum* de Rumph. L'*Aquilaria malaccensis* le produit.

3°. *Agallochum silvestre*, BAUH. *Pin.* 394. — *Agallochum sive
lignum aloes Mexicanorum*, CAMELLI, RAY., *Suppl.*, 87.
— Le calambac ou bois d'aloès des Mexicains, grand arbre
dont le bois a une saveur amère et une odeur suave. Il est
d'un brun tirant sur le vert, peu pesant. On en fait des
boîtes, des étuis, etc.

Indépendamment des trois arbres cités dans cette synonymie,
il est certain que le commerce et les collections de matière médi-cale montrent encore, sous le nom de bois d'aloès, des bois qui
appartiennent à d'autres végétaux, circonstance qui n'a pas peu
contribué à rendre impossible la distinction des espèces ; aussi
voit-on des descriptions incomplètes faire varier à l'infini les
caractères physiques tirés de la pesanteur spécifique, de la du-reté, de la couleur et de l'odeur.

On a donné à l'euphorbiacée, qui nous occupe, le nom d'*ar-bor excœcans*, arbre qui aveugle, à cause de l'âcreté du suc propre
dont la causticité est telle, qu'on l'a vu déterminer, lorsqu'il pé-nétrait dans les yeux, des inflammations suivies de cécité.

Voici quelle est la concordance synonymique des bois :

Ἀγάλλοχον, GRÆC. ANTIQ.; ξυλαλόη, GRÆC. RECENTIOR.—
Agallochum sive lignum aloe LATINOR. — Bois d'agalloche,
GUIB., I, 368. *Excœcaria Agallochum*, L. — WILLD.,
Spec., 864. Sw., *Fl. Ind.*, II, 1121. — *Arbor excœcans.*,
RHUMPH., II, t. 79, 80.

92. — XLV, page 374, ligne 4. *Eo comportatur et serichatum, et gabalium, quæ intra se consumunt Arabes, nostro orbi tantum nominibus cognita, sed cum cinnamo casiaque nascentia.* Les mots arabes *serichatum* et *gabalium* trouvent, suivant Poinsinet, leur origine dans la langue slawone : le premier désigne une drogue cordiale ou alexipharmaque ; l'autre une drogue qui se débite en tablettes, témoin les expressions slawones *serce*, cœur, et *glablolek*, tablette. On ne peut espérer de découvrir le nom moderne de ces drogues, presque inconnues du temps de Pline.

93. — XLVI, page 374, ligne 10. — *Myrobalanum Troglodytis, et Thebaidi, et Arabiæ, quæ Judæam ab Ægypto disterminat, commune est...* Ce mot, comme on voit, signifie fruit à parfum, *unguentaris glans*. Il est évident qu'il est ici question de la noix de Ben et de l'arbre qui la produit. L'huile de Ben qui se trouve dans le commerce d'Europe est extraite des fruits du *Moringa oleifera*, LAMRK, *Dict.*, 1, 398, arbre de la famille des légumineuses, qu'on croit originaire de l'Inde, mais qu'on trouve abondamment en Arabie et en Afrique ; l'huile de Ben se prépare particulièrement en Syrie et en Égypte. Il existe un moringa qualifié d'arabique, *Moringa arabica*, PERS., *Syn. pl.*, II : mais ce n'est point là l'espèce à laquelle on doit l'huile de Ben ; la véritable espèce, observée depuis long-temps par Belon, est semblable au bouleau ; elle a un fruit fort différent qui peut servir à l'extraction de l'huile, tandis que le *Moringa arabica*, PERS. a un fruit dont le *nucleum* ne peut servir à l'extraction de l'huile. Il se présente une difficulté assez grande, relativement à la détermination précise de cet arbre ; elle est tirée du nom même du myrobalan qui, comme nous l'avons dit, signifie *fruit aromatique.* Or, l'huile de Ben est inodore. Mais doit-on entendre par μυρ un aromate ou un corps gras, susceptible de servir à composer des parfums ? Nous adopterons cette dernière signification. Dioscoride, IV, 153, dit qu'on retire de la noix du balanus myrepsique une liqueur que l'on fait entrer dans les parfums au lieu d'huile ; et, de nos jours encore, les parfumeurs l'emploient pour fixer l'odeur fugace de plusieurs fleurs, telles que celle du jasmin et de quelques liliacées. D'après tout ce que nous avons dit plus haut, nous propo-

sons la concordance synonymique suivante pour le myrobalan de
Pline :

Βαλάνου δένδρον, Theoph., IV, 2. — Βάλανος μυρεψική,
Diosc., IV, 160. — *Balanus myrepsica*, Cord., *Hist.* —
Glans unguentaria, C. B., 402. — *Moringa oleifera*, Lamrk.,
Encycl., 1, 398. *Hyperanthera*, Forsk.

Le myrobalan d'Éthiopie, qui provient d'un fruit noir, et dont
Pline parle dans ce chapitre, est un fruit inconnu, différent du
véritable myrobalan. Ce que notre auteur dit de l'emploi de
l'écorce chez les parfumeurs est inexact, mais il pouvait bien arriver qu'on employât les semences pilées et arrosées d'eau chaude.
Il en résultait alors une émulsion qui pouvait agir comme pur-
gative ou comme vomitive.

94. — XLVII, page 376, ligne 13. *Quod si relinquatur, phœnicobalanus vocatur, et nigrescit, vescentesque inebriat.* Ce nom de
phœnicobalanus semble annoncer qu'il est question d'une sorte
de datte ; mais les données que nous avons sur la famille des palmiers ne nous suffisent pas encore pour décider de quel fruit
Pline entend parler. L'élaïs ou avoira de Guinée, *Elaïs guineen-
sis*, Jacq., *Stirp amer*, p. 280, t. 172, qui se trouve jusque
vers la Haute Égypte, et qui donne un fruit à péricarpe huileux,
dont on retire une huile fine connue sous le nom d'huile de
palme, pourrait bien être le *phœnicobalanus*, à moins qu'il ne
paraisse plus convenable d'adopter pour ce fruit celui du *Douma
thebaïca*, Pers. *in Duham.*, IV, 47, l'un des palmiers les plus
communs du territoire d'Égypte. Ce fruit est ovale, de la grosseur d'une petite poire : il contient une pulpe mielleuse, aromatique, dans laquelle se trouve une semence cornée et blanchâtre ;
il peut donner, par la fermentation, une boisson vineuse, susceptible de causer l'ivresse. On peut choisir de ces deux hypothèses celle qui paraîtra la plus vraisemblable, et nous nous
décidons pour la dernière, sans néanmoins la regarder comme
étant tout-à-fait concluante.

95. — XLVIII, page 376, ligne 18. *Calamus quoque odoratus*

in Arabia nascens, communis Indis atque Syriæ est... Il ne faut pas confondre cette plante avec le *calamus aromaticus* des modernes dont Pline traite (liv. xxv, 100) avec assez de détails pour qu'on puisse reconnaître parfaitement en lui l'*Acorus Calamus*, L., *Spec.*, 568. Le *calamus verus* ne peut, dans l'état actuel de la science, être rapporté à aucune plante connue. Il est probable néanmoins qu'il s'agissait d'une graminée du genre *andropogon*. Tout récemment M. Guibourt (Journal de chimie médicale, t. I, p. 129) a émis l'opinion que le chirayta pourrait bien être le *calamus verus* des anciens. Le chirayta est une gentianée de l'Inde, nommée *Gentiana Chirayta*. Roxb., *Corom. et asiat. research.*, qui se trouve dans le Coromandel, sur les montagnes. Pline dit (XIII, 21) que le *papyrus* croît en Syrie, aux bords du même lac où l'on trouve le *calamus odoratus*. Or, l'on sait que l'*Andropogon Schœnanthus* abonde en Arabie, et qu'on l'a fréquemment trouvé en Syrie, ce qui semble appuyer l'hypothèse émise plus haut avec doute.

L'opinion de M. Guibourt, développée dans le journal cité, a été reproduite par son auteur, dans la deuxième édition de l'*Histoire abrégée des drogues simples*, avec cette modification pourtant, que ce ne serait plus la même espèce de plante qui fournirait les deux substances ; mais deux congénères ou même deux variétés d'une même espèce. Nous allons rapidement exposer la probabilité de cette opinion par un examen comparatif du chirayta et du calamus vrai :

Tiges du Chirayta.	*Tiges du Calamus verus.*
Tiges de couleur grisâtre, non articulées, appartenant à un sous-arbrisseau, ayant au plus quatre millimètres de diamètre, montrant des cicatrices résultant de la chute des feuilles, revêtues d'un épiderme blanc-jaunâtre, sous lequel on trouve une écorce de la même couleur, non visqueuse quand on la mâ-	Tiges de couleur roussâtre, marquées de géniculations rapprochées, faciles à réduire en éclats, creuses et remplies d'une sorte de bourre (moelle) qui imite des toiles d'araignées, visqueuses lorsqu'on les mâche, d'une saveur astringente, amère, mêlée d'acrimonie ; il vient des Indes ; on le mêle comme aro-

che, ni astringente, ni âcre, mais fortement amère.

Canal médullaire ayant trois millimètres de diamètre, moelle jaunâtre.

Odeur nulle.

Saveur amère. La moelle est moins amère que le bois.

Patrie : la côte de Coromandel.

mate aux onguens et emplâtres (Diosc., I, 17). Tiges entièrement semblables à celles des autres roseaux, d'apparence sèche, et croissant dans les marais, par delà le mont Liban. Leur odeur parfume l'air des lieux où on les trouve (Theoph., IX, 12).

Pline copie Théophraste et Dioscoride. Il ajoute (XII, 48) que le meilleur calamus est celui qui se rompt net, qui est mou au toucher, noir, quoique l'on n'estime pas partout celui qui a cette couleur, et qu'on préfère les cannes les plus courtes et celles qui se brisent difficilement sous la dent.

Galien (*Simpl. med.*, lib. VII) dit :

« Le calamus odorant est amer, un peu astringent et légèrement piquant. »

Mathioli assure que de son temps on ne voyait plus de vrai calamus.

Ce parallèle nous prouve que ces deux tiges sont entièrement différentes ; ajoutons qu'il y a jusqu'ici impossibilité de reconnaître à quelle plante il faut rapporter le *calamus verus* des anciens ; car les passages de Théophraste et de Pline, qui seuls pourraient nous mettre sur la voie, sont insuffisans.

96. — Page 378, ligne 4. *Sanc enim dicamus et de junco.* **Cf.** liv. XIX, 18.

97. — XLIX, page 378, ligne 20. *Ergo Æthiopiæ subjecta Africa Hammoniaci lacrymam stillat in arenis suis... quam metopion vocant...* Il s'agit bien ici de la gomme-résine ammoniaque des

pharmacies modernes. On en reconnaît encore deux sortes commerciales : la première en masses volumineuses, de couleur jaunâtre, d'un aspect sale, souillées intérieurement par divers corps hétérogènes et de consistance plastique ; c'est le *phyrama* de Pline, mot qui veut dire mélange. La deuxième en larmes de forme irrégulière, blanchâtres ou jaunâtres, opaques, assez solides, à cassure vitreuse : c'est le *thrauston* de notre auteur, ou *thransma* de Dioscoride, que ces auteurs disent ressembler à l'encens.

La plupart des auteurs s'accordent pour attribuer la gomme-résine ammoniaque à une férule. Lemery, qui adopte cette idée, désigne l'espèce qu'il qualifie d'ammonifère, mais sans donner de description. Olivier dit que la férule qui donne la gomme-résine ammoniaque croît en Perse, et il la nomme *Ferula persica*, circonstance qui n'infirmerait pas absolument l'opinion de Lemery, car plusieurs plantes croissent tout-à-la-fois en Asie et en Afrique, et il est certain que la plus grande quantité de cette gomme nous vient par Alexandrie. Sprengel veut qu'il s'agisse du *F. Ferulago*, DESFONT. D'autres veulent que ce soit un *bubon*, le *B. gummiferum*. Willdenow a désigné avec moins de vraisemblance l'*Heracleum gummiferum*, L. M. Jackson a donné la figure de la plante à laquelle on doit la gomme ammoniaque, et la comparaison qui en a été faite ne permet pas de reconnaître la plante de Willdenow qui se trouve figurée dans la *Flora Berolinensis*. Or, M. Jackson mérite sur ce point une confiance aveugle, puisqu'il habita long-temps Maroc, dans les environs duquel la plante à l'ammoniaque est très-commune, tandis que le botaniste de Berlin ne décrivit la plante que sur des individus provenant de semences, trouvées, il est vrai, dans la gomme-résine dont il est question ; mais cette circonstance ne prouve rien. L'opium est couvert de semences de rumex, et l'on n'a jamais songé à attribuer ce suc à une polygonée. Il arrive souvent qu'on va trop loin dans les inductions que l'on tire de la présence des corps qui se trouvent mêlés avec les médicamens dont l'origine est encore hypothétique.

Ce n'est point de Maroc que nous vient la gomme ammoniaque ; celle qu'on y recueille tombe sur le sol et se souille d'une terre rouge qui la rend presque méconnaissable ; pourtant on pourrait, avec plus de soin, l'obtenir pure. Suivant M. Jackson, les habitans de Maroc nomment la plante de son nom arabe *feskouk ;* elle ressemble assez à un grand fenouil, s'élève à près de dix pieds, et abonde dans les environs d'El-Arisch et de M'shrraa Rummillah, au nord de Maroc. La gomme-résine qu'on en obtient par incision sert, dans le pays, à faire des fumigations. Au reste, s'il n'est pas encore prouvé que la plante appartienne à une férule, il est certain du moins que la gomme ammoniaque est le produit d'une ombellifère. La loi des analogies ne permet pas de révoquer cette assertion.

98. — L , page 380, ligne 9. *Sphagnos infra eos situs in Cyrenaïca provincia maxime probatur, alii bryon vocant.* Pline en dit assez dans ce passage pour montrer qu'il est question dans tout ce paragraphe de lichens filamenteux. Ces expansions ou barbes blanchâtres qui sont attachées aux arbres peuvent se rapporter aux genres *Usnea* et *Alectoria :* les plus blanches, à l'*Usnea florida*, L. ; les plus rouges, à l'*Usnea barbata ;* les plus noires, à l'*Alectoria jubata*, L., lichen presque inodore. Quant aux lichens qui croissent sur les pierres, plusieurs étant dans ce cas, on ne peut arriver à une détermination précise ; seulement nous dirons que le lichen qu'on trouve le plus fréquemment sur les roches maritimes est la roccelle, *Roccella tinctoria*, L. Voici comment nous établissons la synonymie du sphagnos :

Σπλάγχνος, Diosc., I, 20. — φάσκος, Theoph., III, 9. — Sphacos et Phascos, Hesych. — Sphagnos et Bryon, Plin., *loco citato. — Panos arentes muscoso villo canos e ramis dependentes,* ejusd., XVI, 13. — اشنة ☙ , Arab. — *Lichenes filamentosi præcipue usneæ et alectoriæ species , Hypnum* auct. quorumd. Cf. la note 64 du livre XVI.

99. — LI, page 380 , ligne 19. — *Cypros in Ægypto est arbor ziziphi foliis, semine coriandri, candido, odorato.* C'est bien là le henné, *Lawsonia inermis* des botanistes, arbrisseau de l'Égypte,

de la Barbarie et de la Syrie. Il est bien possible qu'on ait cru que c'était la même plante que le troëne, car il y ressemble beaucoup. Les fleurs, qui sont fort odorantes, peuvent très-bien avoir servi à composer un parfum. Voici quelle est la synonymie de cette plante :

כֹּפֶר, *Cantiq.*, 1, 14. — حِنا, *Abulfadhi ap. Cels.*, 1, 224. — Κύπρος, Diosc., 1, 125. *Lawsonia inermis*, L., *Spec. pl.*, 478. Le henné d'Orient.

100. — Ibid. *Ziziphi.* Nous parlerons du jujubier liv. xv, 14. Cf. la note 102 du livre cité.

101. — Page 382, ligne 1. *Coriandri.* Voyez livre xx, 82, où Pline parle de la coriandre.

102. — LII, page 382, ligne 8. *In eodem tractu aspalathos nascitur, spina candida, magnitudine arboris modicæ, flore rosæ.* Dans ce paragraphe, Pline dit que l'aspalath croît en Chypre ; puis, au liv. xxiv, 68, qu'on le trouve dans l'île de Rhodes. Suivant notre auteur et suivant Dioscoride (1, 19), l'aspalath est un arbre épineux, fort branchu, dont la fleur ressemble à la rose ; son nom de sceptron et d'*erysisceptron* semble annoncer que les fleurs ont une disposition racémiforme ou en grappe. Le bois est dur et conséquemment fort lourd. On emploie dans les parfums la racine qui est ligneuse, ainsi que le bois, qui est plus ou moins rouge, ou purpurin. Son odeur est délicieuse, sa saveur amère. Le bois de Rhodes, *lignum rhodium* des pharmacies, est le bois d'une racine débarrassée de son écorce ; il est dur, compact, pesant, veiné de rouge ; son odeur suave rappelle celle de la rose ; la saveur en est amère. On a attribué ce bois au *Genista canariensis*, L., et plus récemment au *Convolvulus scoparius*, L., arbrisseaux des Canaries, qui tous deux produisent une grande quantité de rameaux et montrent des fleurs disposées en grappe. On ne peut disconvenir qu'à part la localité qui est différente, on doit reconnaître dans le bois d'aspalath le bois de Rhodes. Quelques commentateurs veulent que l'aspalath des anciens soit un bois d'aloès ; mais celui auquel on donne ce nom

n'est point amer, et vient des Indes ; son odeur est d'ailleurs assez peu prononcée. Il est inutile de réfuter le ridicule préjugé qui veut que l'aspalath, sur lequel se courbe l'arc-en-ciel, acquière une odeur délicieuse. L'arc-en-ciel ne s'appuie sur la terre qu'en apparence ; ce n'est point un corps particulier, mais une décomposition de la lumière. Pline nous dira encore ailleurs que la terre, sur laquelle repose l'arc-en-ciel, devient aussitôt odorante. Ce préjugé, qui était reçu comme une vérité chez les anciens (Cf. Theoph., *de Causis*, VI, 25 ; Plin., XVII, 3), n'est plus au nombre des sottises modernes. Dans l'état actuel des choses, nous proposons la synonymie suivante :

Ἀσπαλάθος, Diosc., I, 23. — *Aspalathus*, Plin., *loco cit.*, et XXIV, 68. *Lignum rhodianum* offic.; bois de Rhodes, et abusivement bois de roses, *Convolvulus scoparius*, L., *Spec. plant.*, 135.

103.— LIII, page 382, ligne 17. *In Ægypto nascitur et maron, pejus quam Lydium, majoribus foliis ac variis.* Tous les auteurs s'accordent à regarder le marum comme étant notre *Teucrium Marum*, L., *Spec.*, 788 ; c'est une labiée frutescente très-odorante, que l'on trouve dans presque toute l'Europe méridionale, et jusque dans l'Orient. Dioscoride lui donne aussi le nom de *marum*, μάρον (III, 42). Plusieurs plantes portent le nom de marum, et toutes appartiennent aux labiées : l'une est le *Marum Cortusi*, ou vrai marum, et il vient d'en être question ; l'autre est le *Marum vulgare* de Dodonée, *Thymus Mastichina*, L. Le marum d'Égypte est une espèce de sauge, *Salvia æthiopis*, L.

104. — LIV, page 384, ligne 2. *Sed omnibus odoribus præfertur balsamum, uni terrarum Judææ concessum.* Il y a déjà bien long-temps qu'on sait que le baume est dû à deux arbrisseaux de la famille des térébinthacées, renfermés tous deux dans le genre *amyris* (*balsamodendron*, Kunth.). On les trouve dans l'Arabie, et divers voyageurs les ont décrits ; peut-être ne sont-ils que des variétés l'un de l'autre. C'est mal à propos que notre auteur affirme que le balsamier ne croît qu'en Judée. Si

l'on en croit le voyageur Bruce, cet arbre est originaire du pays
de la myrrhe ; il abonde derrière Azab et tout le long de la côte
qui s'étend le long du détroit de Babel-Mandeb ; il est si commun dans ce pays, que les habitans ne brûlent pas d'autre bois.
Le voyageur que nous citons l'a vu à Beder. Son lieu natal
est donc l'Éthiopie, et c'est de là qu'il aurait été transporté en
Arabie, où il prospère. En Judée, il ne vient que dans les jardins ; cependant, au rapport de l'Écriture, il abondait à Gi-
lead, en Palestine ; on ne l'y voit plus à présent, et s'il y
existait autrefois, c'est qu'on l'y avait transporté. Au reste,
notre auteur dit positivement qu'on ne le trouvait en Judée que
dans deux jardins de médiocre étendue.

On a peu de détails en Europe sur la culture des balsamiers. Il
est douteux que Pline connût ces arbres qui sont loin de ressembler à la vigne ou au myrte, et qui portent des feuilles bien
distinctes de celles de la rue. Leur taille est plus élevée que vou-
drait le faire entendre le naturaliste romain. Les trois sortes de
baumier, qualifiées d'*eutheriste* (qui se taille aisément), de *trakhy*
(qui a une écorce raboteuse) et d'*eumekes* (élevé), ne sont point
connues des modernes et n'indiquent vraisemblablement que trois
états différens d'un seul et même arbre.

105. — Page 386, ligne 10. *Succus e plaga manat, quem opobalsamum vocant...* Il y a quelque exagération dans ce que dit
Pline de l'odeur de l'opobalsamum. Cette térébenthine a un parfum fort inférieur à celui des véritables baumes qui contiennent de
l'acide benzoïque. Le balsamier rend plus de térébenthine que Pline
ne le dit. Cet auteur ne parle que du baume obtenu par incision :
cette sorte ne parvient pas en Europe, où l'on ne trouve que
celui qui s'obtient par décoction : il est connu des modernes sous
le nom de baume de la Mecque ou de Judée. Cette oléo-résine,
très-peu employée de nos jours, est fort souvent falsifiée, et
c'est ce qui arrivait aussi du temps de Pline. Nous concevons difficilement qu'on la mêlât, soit avec l'huile de rose, qui a toujours
été une production très-précieuse, soit avec le cérat qui la déna-
turerait totalement, ou avec la gomme qu'il serait impossible d'y
combiner. Ce que dit Pline de l'action du baume sur le lait qu'il
coagulerait est une fable, qu'il doit au reste à Dioscoride.

Voici quelle est la concordance synonymique du balsamier et
du baume qu'il produit :

Βαλσαμον δενδρον, THEOPH., *Hist.*, IX, 6; — Βάλσαμον ιου-
δαϊκὸν, DIOSC., I, 18; — *Balsamum*, COL., X, 3o1 *et*
LATINOR. — *Balsamodendrum Opobalsamum, DC. Pr.*, II,
76. — *Var. B. gileadense*, KUNTH; *DC.*, *loco cit.* — *Balsamum meccanense, Opobalsamum, Balsamum verum b. ju-
daicum.* Oléo-résine (baume) de la Mecque.

106. — Page 388, ligne 3. *Xylobalsamum vocatur......* Le bois
de baumier, ainsi que ses fruits, se trouvent encore dans le commerce des Européens, sous les noms de *xylobalsamum* (bois de
baumier) et de *carpobalsamum* (fruit du baumier).

107. — LV, page 390, ligne 14. *Proxima Judææ Syria supra Phœnicen styracem gignit, circa Gabala, et Marathunta, et
Casium Seleuciæ montem.* Ce baume est dû au *Styrax officinale*, L., mant. 63, arbre du midi de l'Europe et du Levant; il
est connu en France sous le nom d'aliboufier, mais il n'y donne
point de baume ou n'en donne qu'une fort petite quantité. Le
styrax liquide des pharmacies est une toute autre production. On
distingue aujourd'hui dans le commerce trois espèces de storax:
1º. Le storax en grains que Pline semble ne pas avoir connu;
2º le storax amygdalite, qui pourrait bien être la sorte que
notre auteur dit être falsifiée avec les amandes amères; 3º et
enfin le storax en masses, ou rouge-brun fort souvent souillé
de vermoulure ou de sciure de bois : Pline en a parlé; c'est un
produit très-peu estimé et fort peu digne de l'être.

108. — LVI, page 392, ligne 13. *Dat et galbanum Syria in
eodem Amano monte e ferula, quam ejusdem nominis resinæ modo sta-
gonitin appellant.* On sait, mais seulement depuis peu d'années,
que le galbanum est produit par un arbrisseau de la famille des
ombellifères, lequel appartient au genre *bubon*. Il croît en Asie
et en Syrie. Dioscoride savait depuis long-temps qu'on devait le
galbanum à une férulacée, νάρθηξ, de Syrie, et Pline dit ici qu'il
sort d'une sorte de férule. C'était une opinion reçue générale-

ment chez les Romains, que le galbanum mettait les serpens en fuite.

> Galbaneoque agitare graves nidore chelydros,

a dit Virgile, vers 415 du troisième livre des *Géorgiques*.

Le galbanum est regardé par l'Écriture comme un agréable parfum; ce qui ne doit pas nous surprendre, bien que son odeur nous déplaise. Lapeyrouse a séjourné chez un peuple à qui l'odeur du poisson pourri plaisait bien plus que l'odeur des roses; et les Arabes nomment encore mets des dieux, ce que nous appelons *stercus diaboli*.

Galbanum vient de l'hébreu חֶלְבְּנָה, *khèlbenâh*, d'où les Grecs ont formé γαλβάνη. On disait autrefois d'une personne dont les promesses étaient sans effet : elle donne du galbanum.

Voici la concordance synonymique du galbanum et de la plante à laquelle on le doit :

Gummi resina. Bubonis Galbani offic. — Γαλβάνη ou μετώπιον, Græc. — *Galbanum*. PLIN., XXIV, 13; COLUM., VIII, 5: X, 17; PALLAD., *Januar.*, 35. — VIRG., *Georg.*, III, 415: IV, 264. — *Ferula africana galbanifera folio et facie ligustici*, HERM., *parad.*, t. 163. — *Bubon Galbanum*, L., *Spec.*, 364. Le bubon qui donne le galbanum.

109. — Page 392, ligne 17. *Sic quoque adulteratur faba, aut sacopenio.* Il s'agit sans doute ici du sagapenum dont il sera traité liv. XX, chap. 18.

110. — LVII, page 394, ligne 2. *Panacem et unguentis eadem gignit, nascentem et in Psophide Arcadiæ...* La plante qui produit cette gomme-résine est bien connue : c'est le *Pastinaca Opopanax* de Linné (*Mantiss.*, 357). *Panax Copticum* de C. BAUH., *Pin.* 156, ombellifère qui abonde dans l'Orient et qui n'est pas rare dans la France australe. Tout ce que dit Pline et de la plante et du produit qu'on lui doit est exact. L'Inde et la Turquie nous fournissent aujourd'hui l'opopanax. On en a recueilli en France, mais il était de qualité inférieure. Jadis on trouvait dans le commerce cet opopanax noirâtre dont parle notre auteur; c'était un

produit falsifié. Dioscoride traite de *l'opopanax*, 'Οποπαναξ , liv. III, 55. L'étymologie du mot *opopanax* indique suffisamment l'estime dans laquelle on tenait cette gomme-résine (ὁπὸς, suc ; πᾶν, tout ; ἄκος, remède ; remède à tous maux, panacée).

111. — LVIII, page 394, ligne 13. *Ab hac ferula differt, quæ vocatur spondylion, foliis tantum, quia sunt minora, platani divisura.* Le sphondylion de Pline est rapporté à l'ombellifère nommée par les modernes *Heracleum Sphondylium*, L., *Spec.* 358. On la nomme en français berce-branc-ursine. Il abonde dans les pâturages de presque toute la France. Ce nom de sphondylium, Σφονδύλιον, Diosc., III, 90, lui a été donné parce que les semences ont l'odeur de l'insecte spondylium ou sphondylion (de Σφονδύλη, qui porte une mauvaise odeur); insecte qu'on trouve dans l'intérieur du bois des pins : c'est le spondylis de Fabricius.

112. — LIX, page 394, ligne 18. *Dat et malobathron Syria, arborem folio convoluto, arido colore.* Clusius fait dériver le nom de malobathrum du nom indien *tamalpatra*, donné de temps immémorial à la feuille d'un arbre nommé en arabe *cadegi-indi*, qui pourrait bien être la même chose que le *katou-carua* des Malabares. Linné en faisait une variété du cannellier ordinaire, que Lamarck a regardé comme une espèce distincte, connue maintenant sous le nom de *Laurus Malabathrum*. Tout cela paraît bien établi ; mais ce que nous nommons aujourd'hui malabathrum, ou *folia indica* dans nos pharmacies, peut-il se rapporter au malabathrum des anciens ? nous ne le croyons pas. Les auteurs grecs et latins ne s'accordent guère sur la description qu'ils en donnent, et ne paraissent pas l'avoir vu. Dioscoride (liv. I, 11) en fait une plante aquatique qui nage sur l'eau et qui n'a point de racines. « Son odeur est, dit-il, semblable à celle du nard de l'Inde : on ne peut la rompre facilement. Sa saveur n'est ni chaude ni aromatique. Pline, ainsi qu'on l'a vu, en reconnaît de deux sortes : l'un est la feuille d'un arbre de Syrie et d'Égypte ; l'autre, qui est meilleur, vient des Indes et croît dans les marais. Son odeur est comparable à celle du safran et son goût est salé. Comment pourrait-on, sur de pareilles données, reconnaître la

feuille du laurier malabathrum si facile à distinguer à ses trois fortes nervures qui, partant du point d'insertion du pétiole, vont se réunir vers le sommet de la feuille, et sont unies entre elles par des nervilles transversales nombreuses ; feuille si remarquable par son odeur analogue à celle du gérofle, par sa saveur chaude et aromatique? Peut-on supposer que si les anciens l'eussent vue, ils ne l'eussent pas décrite de manière à ce qu'on pût la reconnaître? Il faut donc abandonner toute discussion sur ce sujet, et déclarer franchement qu'il y a impossibilité d'arriver à une solution satisfaisante sur ce point de la botanique des anciens.

L'huile de malabathrum de Pline n'est point une huile essentielle, mais une huile fixe quelconque, dans laquelle on mettait macérer une quantité déterminée de feuilles de ce *Laurus*.

Voici quelle est la concordance synonymique des anciens sur le malabathrum :.

Μαλάβαθρον, Diosc., 1, 11. — Μαλάβαθρον et φύλλον μαλάβαθρον, Gal., *Fac simpl.*, 7, 98, 114. — Φυλλα, Plut., *Gryll.*. 990. — *Malobathrum syrium* et *malobathrum indicum*, Plin., *loco cit.*

113. — LX, page 396, ligne 11. *Oleum et omphacium est. Fit duobus generibus, et totidem modis, ex olea, et vite...* — *Oleum et omphacium est*, dit Pline ; ce qui est vrai pour l'omphacion d'olives ; quant à l'omphacion de verjus, c'est une espèce de rob (*sapa*), tel qu'on définit cette préparation dans les pharmacopées. Les deux omphacions devaient jouir de propriétés bien différentes, puisque l'un était adoucissant et l'autre excitant, en raison de la grande quantité d'acide tartirique qu'il devait recéler. Dioscoride (liv. 1, 29) parle de l'omphacion d'olives ; et (au liv. v, chap. 6) de celui des raisins. Certains auteurs disent que le mot *omphacinum* signifie *suc vert ;* et en effet on employait pour le préparer les olives non mûres et le verjus. Au livre xxiv, Pline traite des propriétés médicinales de l'omphacion ; mais sous ce nom il n'entend parler que de celui qu'on extrayait des olives non mûres. Cf. la note 85 du livre cité.

114. — LXI. page 398, ligne 2. *Eodem et bryon pertinet. uca*

populi albæ... secunda in Lyciæ cedro. Par le bryon du peuplier
blanc, qui en est comme la grappe, nous pensons qu'il faut entendre les chatons, ou plutôt les bourgeons, lorsqu'ils commencent à s'ouvrir. Leur odeur n'est pas sans agrément : on pouvait
donc les faire entrer dans les parfums. Ce qui fortifie notre opinion sur la désignation à faire de la grappe du peuplier blanc,
c'est que Pline, rassemblant des productions voisines, vient à
parler plus loin de l'*œnanthe*, fleur de vigne, et de l'*elate*, qui
n'est autre chose, comme nous le prouverons, que l'enveloppe
du régime du palmier-dattier lorsqu'il est en fleur. C'est aussi par
analogie qu'il parle de l'*uva Cedri Lyciæ*, qui doit aussi se rapporter au bourgeon du *Juniperus Lycia.*

115. — Ligne 4. *Eodem et œnanthe pertinet : est autem vitis
labruscæ uva.* C'est la grappe du raisin *Vitis vinifera*, L. Cueillie
et desséchée au moment de la floraison, on sait qu'elle exhale
une odeur délicieuse. Les modernes n'en tirent pourtant aucun
parti. Nous parlerons de l'énanthe en traitant de la vigne, liv. XIV,
note 206.

116. — Ligne 11. *Nam quæ in Africa fit, ad medicos tantum
pertinet, vocaturque massaris.* Suivant quelques commentateurs,
massaris, que l'on devrait écrire *masaris*, est un surnom de
Bacchus chez différens peuples.

117. — LXII, page 398, ligne 15. *Est præterea arbor ad eadem
unguenta pertinens, quam alii elaten vocant, quod nos abietem, alii
palmam, alii spathen.* On croit qu'il s'agit encore ici du *Phœnix
dactylifera*, du dattier, qui ne produit aucune espèce de gomme
ni de résine. Par *elate* et par *spathe*, il faut entendre l'enveloppe
du régime (grappe du fruit) que les modernes nomment aussi
spathe. Pline applique ici à l'arbre le nom de l'une de ses parties seulement, et c'est une erreur. Dioscoride écrit que cette
enveloppe était fort propre à donner de la consistance aux corps
gras, ce qui ne peut s'expliquer d'après l'état actuel de nos
connaissances chimiques. Il est certain pourtant qu'employée
dans l'état récent et avant le complet développement du régime, elle peut être riche en mucilage. C'est par erreur que
Pline dit cet arbre odorant. Cf. la note 124, au livre XXIII.

118. — LXIII, page 400, ligne 4. *In Syria gignitur et cinna-mum, quod comacum appellant.* Quoique Pline donne au comaque le nom de cinname, il dit plus loin que cette huile est fort dif-férente de la véritable huile de cinname, mais que seulement elle en approche par son odeur qui est fort agréable. Théophraste a aussi un *comakon*; et Bauhin, dans son *Pinax,* croit devoir le rapporter à la noix muscade, *Myristica moschata,* THUNB. ; cette opinion peu vraisemblable a été reproduite récemment par M. Bonastre (*Voyez* la note 87 de ce même livre). Il s'ensuivrait donc que le cinname dont parlerait ici Pline serait le beurre de muscade des modernes, mais comme le cinname-comaque serait différent du cinname-cinnamome dont il est parlé au chap. 61, il faudrait opter et ne pas désigner le muscadier pour les deux aromates.

L'opinion de C. Bauhin ne nous semble pas admissible, car elle n'est pas suffisamment fondée. Le muscadier est un arbre de l'Inde, le comaque un arbre de Syrie. Quelques auteurs, tout en reconnaissant dans la noix muscade le comacum, le cinname et le caryopon, veulent aussi que ce soit le *chrysobalanos* de Galien.

Nota. Il sera donné à la fin de l'ouvrage une explication des abré-viations de noms d'auteurs employées dans les notes des divers livres commentés.

FIN DU HUITIÈME VOLUME.